WISSENSCHAFTLICHE ABHANDLUNGEN
DER DEUTSCHEN MATERIALPRÜFUNGSANSTALTEN

FRÜHER: SONDERHEFTE DER MITTEILUNGEN DER DEUTSCHEN MATERIALPRÜFUNGSANSTALTEN

I. FOLGE   HEFT 2

DIE BEARBEITUNG VON FRAGEN DER SCHWEISSTECHNIK AN DEN DEUTSCHEN MATERIALPRÜFUNGSÄMTERN

STAND ENDE 1938

HERAUSGEGEBEN VOM

PRÄSIDENTEN
DES STAATLICHEN MATERIALPRÜFUNGSAMTS
BERLIN-DAHLEM

MIT 243 ABBILDUNGEN

AUSGEGEBEN AM 3. FEBRUAR 1939

BERLIN
VERLAG VON JULIUS SPRINGER
1939

PREIS RM 19.60

(WISS. ABH. DTSCH. MAT.PRÜF.-ANST.)

MEHRSCHICHTIGE WERKSTOFFE

Plattierte Grob- und Mittelbleche, glatte Bleche, gebog. Mäntel, gepreßte Böden

PLATTIERUNGSWERKSTOFFE:

Rost- und säurebeständiger Stahl „Remanit", Kupfer, Nickel, Tombak, Messing, Monel, Nickelin, Silber, hochhitzebeständige, verschleißfeste, wasserstoffdiffusionssichere, warmfeste, zunderbeständige Stähle usw., Kesselblechgüten, Baublechgüten

GRAND PRIX PARIS 1937
in der Klasse „I F Natur- und synthetische Produkte und ihre Anwendung"

DEUTSCHE RÖHRENWERKE A.G.

WERK THYSSEN  MÜLHEIM-RUHR

WISSENSCHAFTLICHE ABHANDLUNGEN
DER DEUTSCHEN MATERIALPRÜFUNGSANSTALTEN

FRÜHER: SONDERHEFTE DER MITTEILUNGEN DER DEUTSCHEN MATERIALPRÜFUNGSANSTALTEN

I. FOLGE   HEFT 2

DIE BEARBEITUNG VON FRAGEN DER SCHWEISSTECHNIK AN DEN DEUTSCHEN MATERIALPRÜFUNGSÄMTERN

STAND ENDE 1938

HERAUSGEGEBEN VOM

PRÄSIDENTEN
DES STAATLICHEN MATERIALPRÜFUNGSAMTS
BERLIN-DAHLEM

MIT 243 ABBILDUNGEN

AUSGEGEBEN AM 3. FEBRUAR 1939

BERLIN
VERLAG VON JULIUS SPRINGER
1939

ISBN 978-3-7091-5864-7   ISBN 978-3-7091-5914-9 (eBook)
DOI 10.1007/978-3-7091-5914-9

Alle Rechte vorbehalten

VORWORT DES HERAUSGEBERS
DIE AUFGABESTELLUNG DER SCHWEISSTECHNIK, BETRACHTET NACH DEN WISSENSCHAFTLICHEN GRUNDSÄTZEN EINER NEUZEITLICHEN WERKSTOFF-FORSCHUNG

Den im vorliegenden Heft zusammengefaßten Arbeiten liegt zwar keine planmäßige Aufgabestellung an die Verfasser zugrunde; vielmehr sind die Arbeiten so aufgenommen, wie sie bei einer vom Herausgeber an die Verfasser im Sommer 1938 gerichteten Umfrage gerade vorlagen oder niedergeschrieben werden konnten. Gleichwohl geben diese Arbeiten einen bezeichnenden Überblick über Aufgaben, die der Technik und Wissenschaft durch Einführung von Schweißverbindungen an Stelle von Nietverbindungen gestellt werden, wobei eine Ordnung in drei Gruppen gegeben erschien:

A. Gegenseitige Bedingtheit von Konstruktion, Konstruktionsglied und Werkstoff bei Anwendung von Schweißverbindungen;

B. Einfluß der Herstellung, Nachbehandlung und Beschaffenheit von Schweißverbindungen auf deren Festigkeitseigenschaften; mechanische Prüfung unter diesen Gesichtspunkten;

C. Die Überwachung der Schweißverbindungen durch Verfahren der Zerstörungsfreien Werkstoffprüfung.

Die in der **Gruppe A** vereinigten Arbeiten behandeln hauptsächlich durch Forschung zu lösende Aufgaben. Sie können in folgende Fragen zusammengefaßt werden:

1. Welche Änderungen der Konstruktion sind notwendig oder möglich bei Einführung der Schweißverbindung an Stelle der Nietverbindung?

2. Welche Änderungen der für die Konstruktionsglieder zu wählenden Walzprofile und zusammengesetzten Profile werden notwendig oder möglich und wie wirken diese auf die Gesamtkonstruktion zurück?

3. Welche Notwendigkeiten oder Möglichkeiten ergeben sich bezüglich der Wahl und Behandlung des zu verwendenden Stoffes — also der Stahlsorten?

Es sind mithin drei Aufgabengruppen, deren jede zwar besondere Fachleute verlangt, die aber alle so eng miteinander verbunden sind, daß das Gesamtproblem — nämlich die Ermittlung der zur Ausnutzung der Vorteile der Schweißverbindung günstigsten Gestaltung der Konstruktion und der Konstruktionsglieder — die ständige Zusammenarbeit aller hier einsetzbaren Fachleute und Industriezweige erfordert.

Betrachtet man den Aufgabenbereich der Gruppe A an Hand der in den „Leitgedanken einer neuzeitlichen Werkstoff-Forschung"[1] niedergelegten wissenschaftlichen Methode in Verbindung mit der dort entwickelten „Systematik Bleibender Formänderungen"[2], so zeigt sich, daß auch für den besondern Fall des Schweißproblems der wissenschaftliche Schlüssel in folgender Tatsache enthalten ist:

Das Verhalten eines beanspruchten Körpers wird bestimmt durch seinen Stoff (im technischen Sinne) und seinen geometrischen Aufbau (mit der geometrischen Gestalt als äußerer Begren-

---

[1] Leitgedanken einer neuzeitlichen Werkstoff-Forschung. Mitt. deutsch. Mat.-Prüf.-Anst., Sonderh. 33; darin betreffend Begriffsbestimmungen die Arbeit E. Seidl: Systematik Bleibender Formänderungen.

[2] Ausführlicher behandelt in E. Seidl: Systematik Bleibender Formänderungen, Bd. I des Werks: Bruch- und Fließ-Formen der Technischen Mechanik und ihre Anwendung auf Geologie und Bergbau. Berlin: VDI-Verlag, 1939.

zung). Durch Abstimmung dieser beiden Bestimmungsstücke aufeinander läßt sich für einen gegebenen Zweck ein Körper von günstigsten Eigenschaften schaffen.

Hiernach ordnen sich die drei Bereiche Gußkörper, Nietkonstruktionen, Schweißkonstruktionen folgendermaßen:

Bei Körpern, die in flüssigem Zustande durch eine Gießform ihre geometrische Gestalt erhalten, die sie dann beim nachfolgenden Erstarren beibehalten, zeigen die einzelnen erkennbaren Aufbauteile niedriger Ordnungszahl[1] keinerlei Trennungsflächen, der Gesamtkörper ist homogen oder wenigstens quasi-homogen und ist im Sinne der „Systematik Bleibender Formänderungen"[2] vielfach den „Vollkörpern" zuzurechnen. Bei denjenigen Körpern jedoch, deren Aufbauteile durch Nietung miteinander verbunden sind — im Sinne der Systematik sind sie meist den „Körpern mit skelettartigem Aufbau" zuzuzählen — besitzen diese Aufbauteile (zu denen auch die Nieten gehören) nach wie vor ihre scharfen Trennungsflächen gegeneinander. Die Individualität der Aufbauteile technischer Nietkonstruktionen ist also, auch nachdem sie untereinander verbunden sind, erhalten geblieben. Eine mittlere Rolle spielen technische Konstruktionen, bei denen die Aufbauteile durch Schweißungen verbunden sind. Hier ist zwar der Körper nicht homogen, aber die Aufbauteile lassen auch keine scharfen Trennungsflächen erkennen; an Stelle der Trennungsflächen sind Übergangszonen — die Schweißnähte — getreten.

Da nun gemäß dem „Individual-Prinzip"[1] im allgemeinen das Ganze etwas anderes ist, als die Summe seiner Teile, so würde bei gleichartigem geometrischem Aufbau jede der drei betrachteten Körperarten andere Ganzheitseigenschaften aufweisen. Jede dieser Ganzheitseigenschaften kann durch Änderung der stofflichen oder geometrischen Eigenschaften der Aufbauteile weitgehend beeinflußt werden. Stehen also, wie im vorliegenden Falle, die Festigkeitseigenschaften des Gesamtkörpers im Vordergrund des Interesses, so können Änderungen, die diese Eigenschaften durch die Wahl einer anderen Verbindungsart der Aufbauteile untereinander erfahren, ausgeglichen werden durch Wahl eines anderen Stoffes (im technischen Sinne) oder durch eine Änderung des geometrischen Aufbaus des Körpers, also z. B. der geometrischen Gestalt der Aufbauteile oder ihrer Orientierung zueinander.

Betrachtet man die Begriffe Gießen, Schweißen und Nieten in der angedeuteten Weise von einem erhöhten Standpunkte aus, so erscheint das Gebiet der Metalle, für das diese Begriffe zunächst Bedeutung gewonnen haben, nur als Teilgebiet, und man sieht, daß sich diese Betrachtungen zwanglos auf die verschiedensten Werkstoffe und Werkstoff-Gruppen ausdehnen lassen.

Damit erlangt die Behandlung des Schweißens bei Stahlkonstruktionen über ihren zunächst verhältnismäßig engen Geltungsbereich hinaus eine Bedeutung für die Frage der **Austauschbarkeit der Werkstoffe.**

Gegenstand der Arbeiten der **Gruppen B und C** sind im wesentlichen Fragen der Prüfung. Durch die Trennung der technisch-mechanischen von den zerstörungsfreien Prüfungen kommen zwei auch auf anderen Gebieten der Technik bedeutsame Tatsachen zum Ausdruck:

1. Die mechanischen Prüfungen haben nach wie vor ihre Bedeutung beibehalten, da sie zahlenmäßige Vergleiche gestatten und zur Festlegung von Einheiten dienen. Allerdings haben sie den Nachteil, daß sie — abgesehen von den Fällen, bei denen der Bereich der Elastizität nicht überschritten werden soll — die Verhältnisse der Praxis vielfach nur nachahmen können und daß sich ihre Aussage dann nur auf den zu prüfenden Körper, nicht aber auf das in der Praxis wirklich zur Verwendung kommende Werkstück bezieht. Ihre Verwertung setzt also die Annahme eines Mindestmaßes von Ähnlichkeit zwischen dem der Prüfung unterworfenen Körper und dem tatsächlich verwendeten Werkstück voraus.

2. Die immer dringender werdende Notwendigkeit, bei technischen Konstruktionen einen möglichst großen Sicherheitsfaktor mit möglichst großer Materialersparnis zu verbinden, zwingt dazu, auch das fertiggestellte, an seiner endgültigen Stelle eingebaute und sogar das bereits im Betrieb beanspruchte Werkstück noch einer Prüfung zu unterziehen. Die Möglichkeit hierzu geben die Prüf-Verfahren der Zerstörungsfreien Werkstoffprüfung. Sie können zudem als wichtige Ergänzung der technisch-mechanischen Prüfungen dienen, weil sie gestatten, die bei diesen notwendige Annahme der hinreichenden Ähnlichkeit zwischen Prüfkörper und Werkstück durch Versuche zu belegen.

---

[1] Vgl. Leitgedanken einer neuzeitlichen Werkstoff-Forschung.
[2] Siehe Fußnote 2 auf Seite III.

INHALT

Seite

Vorwort des Herausgebers:

Die Aufgabestellung der Schweißtechnik, betrachtet nach den wissenschaftlichen Grundsätzen einer neuzeitlichen Werkstoff-Forschung III

A. Gegenseitige Bedingtheit von Konstruktion, Konstruktionsglied und Werkstoff bei Anwendung von Schweißverbindungen

W. Gehler, Grundbeziehungen für die Dauerfestigkeit geschweißter Stabverbindungen und spröder Stoffe im allgemeinen 1

W. Kuntze, Zur Beurteilung der Bruchsicherheit geschweißter Konstruktionen (auf werkstoffmechanischer Grundlage) 11

O. Graf, Über Erkenntnisse, welche bei der Gestaltung der Schweißverbindungen im Stahlbau zu beachten sind 19

A. Thum, Werkstoffersparnis durch konstruktive Maßnahmen 32

E. vom Ende, Bemerkungen zur Dauerfestigkeit geschweißter Stabanschlüsse an Fachwerkträgern im Kranbau 41

B. Einfluß der Herstellung, Nachbehandlung und Beschaffenheit von Schweißverbindungen auf deren Festigkeitseigenschaften; mechanische Prüfung unter diesen Gesichtspunkten

G. Richter, Untersuchungen an stumpfgeschweißten plattierten Blechen 45

K. H. Bußmann, Der Einfluß verschiedenartiger Nachbehandlung auf die Dauer-Zugfestigkeit gasschmelz-geschweißter Kesselbleche 59

G. Bierett, Über die Abhängigkeit von Nahtbeschaffenheit und mechanischen Eigenschaften 65

G. Bierett und W. Stein, Prüfung der Schweißempfindlichkeit des Baustahls St 52 an Biegeproben mit Längsraupen 71

O. Werner, Einige Bemerkungen zur Prüfung der Schweißrissigkeit dünner Bleche in der Einspannvorrichtung nach Focke-Wulf 75

C. Die Überwachung der Schweißverbindungen durch Verfahren der Zerstörungsfreien Werkstoffprüfung

R. Berthold, Bedeutung und Umfang der Zerstörungsfreien Prüfung von Schweißverbindungen 80

R. Berthold, Die Prüfung von Schweißnähten 81

R. Berthold und F. Gottfeld, Ein neues Hilfsmittel für Schweißnahtprüfungen 88

W. Kolb, Wurzelfehler bei Stumpfnähten an geschweißten Stahlüberbauten 91

A. GEGENSEITIGE BEDINGTHEIT VON KONSTRUKTION, KONSTRUKTIONSGLIED UND WERKSTOFF BEI ANWENDUNG VON SCHWEISSVERBINDUNGEN

DIE GRUNDBEZIEHUNGEN FÜR DIE DAUERFESTIGKEIT GESCHWEISSTER STABVERBINDUNGEN UND SPRÖDER STOFFE IM ALLGEMEINEN

Von Professor Dr. Dr.-Ing. **W. Gehler**,
Direktor des Versuchs- und Materialprüfungsamtes Dresden

Im letzten Jahrzehnt sind im Materialprüfungswesen Dauerfestigkeitsmaschinen in großem Umfange als Pulsatoren oder Schwingbrücken angewendet worden, die nicht nur zu neuen grundsätzlichen Erkenntnissen der Widerstandsfähigkeit der Baustoffe und Bauglieder unter vielfach wechselnder, sog. schwingender Belastung geführt haben, sondern auch zu einem großen Fortschritt im Maschinen- und Brückenbau. Da unsere amtlichen Vorschriften für geschweißte Stahlbauten hauptsächlich auf den Ergebnissen derartiger Dauerfestigkeitsversuche aufgebaut sind und diese Versuchsverfahren neuerdings auch auf Verbundbauteile des Eisenbetonbaues, wie z. B. auf den Stahlsaitenbeton, angewendet werden, soll hier ein Beitrag zur Festlegung der erforderlichen Grundbegriffe gegeben werden. Dabei wurde von den Ergebnissen der Dauerfestigkeitsversuche mit Schweißverbindungen (den sog. Kuratoriumsversuchen) ausgegangen, die 1935 in einer Gemeinschaftsarbeit des Staatlichen Materialprüfungsamtes Berlin-Dahlem und des Versuchs- und Materialprüfungsamtes Dresden durchgeführt wurden [1].

1. Die Darstellung der Grundgrößen Kraft, Weg und Zeit
Bild 1

a) Die bekannte Kraft-Weg-Ebene X—Y (oder Spannungs-Dehnungs-Ebene) veranschaulicht die Ergebnisse des statischen Zerreiß-Versuches. Die Elastizitäts- und Festigkeits-Lehre beruht auf den Begriffen der Streckgrenze σ_s, der zulässigen Spannung σ_{zul}

$$= \frac{1}{\nu} \cdot \sigma_s \ (\nu = \text{Sicherheitsgrad})$$

und der Zugfestigkeit σ_B, wozu noch als Kennziffer der statischen Werkstoffgüte die Bruchdehnung δ hinzukommt. In derselben Ebene können auch die Begriffe der Plastizitäts-Lehre (mit Hilfe der bleibenden Dehnungen) und der Kohäsionslehre dargestellt werden, z. B. die sog. Trennfestigkeit s_T (technische Kohäsion), die durch eine auf den Elementar-Würfel wirkende allseitige Zugbeanspruchung $\sigma_x = \sigma_y = \sigma_z = s_T$ gekennzeichnet ist und für Baustahl den 2—2,5fachen Wert der Zugfestigkeit σ_B hat. Der Einfluß der Zeitdauer des Zerreißversuches, der mitunter nicht beachtet wird, zeigt sich darin, daß bei schneller Versuchsdurchführung die übliche Linie 1 in Bild 1 in die Linie 2 übergeht und beim Schlag- oder Stoßversuch sogar in die Linie 3.

b) Wird die dritte Koordinatenachse Z als Zeit-Achse gewählt, so bildet die Y-Z-Ebene den Übergang zu dem Schwingungs-Gebiet oder dem der Zeit-Festigkeits-Beziehungen, in dem die Ergeb-

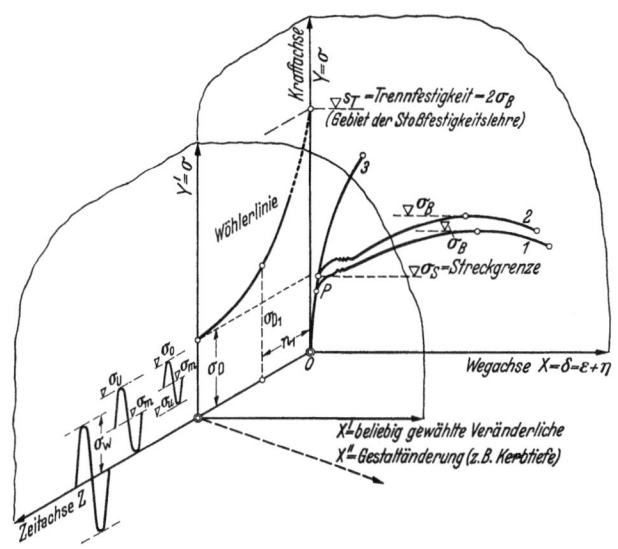

Bild 1. Die Darstellung der Ergebnisse von Festigkeitsversuchen im räumlichen System von Kraft—Weg—Zeit.

nisse der Dauerversuche als Dauerfestigkeits-Zeit-Linie (sog. Wöhler-Linie)[2] dargestellt werden. Dabei bedeuten die Abszissen z die Versuchsdauer, jedoch nicht im üblichen Zeitmaß ausgedrückt, sondern durch die Anzahl der Schwingungen (z. B. 2 Mill. Lastspiele zu je 4 Sek., die also 8 Mill. Sek. entsprechen), so daß die Zeit anstatt mit der Uhr durch die Zahl der gleichartigen Schwingungen gemessen wird. Die Wöhler-Linie gibt an, wieviel Schwingungen von dem Versuchskörper bei einer bestimmten Beanspruchung ertragen werden. Sie läuft bei hinreichend großer Versuchsdauer in ihrem Ende parallel zur Z-Achse in einem Abstand σ_D, der sog. Dauerfestigkeit, also der Spannung, die unendlich oft ertragen werden kann. Als Anfangspunkt

---

[1] Siehe Dauerfestigkeitsversuche mit Schweißverbindungen, 1935, VDI-Verlag, Berlin, gemeinsamer Bericht des Staatl. Materialprüfungsamtes Berlin-Dahlem und des Versuchs- und Materialprüfungsamtes Dresden: von K. Memmler, G. Bierett und W. Gehler.

[2] Wöhler, A.: Z. Bauwes. Berlin 1860, 1863, 1866, 1870.

der Wöhler-Linie möge die Trennfestigkeit s_T angenommen werden, die somit das einzige Verbindungsglied des statischen Gebietes mit dem Schwingungsgebiet bilden würde, während die sonstigen, in der Festigkeitslehre bedeutsamen Grundgrößen, wie z. B. die Streckgrenze, für die Beurteilung der dynamischen Eigenschaften ausscheiden.

c) Das Schwingungsgebiet umfaßt ein zum XYZ-System parallel verschobenes Koordinaten-System X' Y' Z, wobei wiederum als Ordinaten y' die Spannungen (in Richtung der Kraft-Achse) aufgetragen werden. In der Y'Z-Ebene (Kraft-Zeit-Ebene) kann man die Grundbegriffe der Grundwechselfestigkeit σ_W, der Grund-Schwellfestigkeit (oder Ursprungsfestigkeit) σ_U und der Schwellfestigkeit (Dauerfestigkeit bei einer Vorspannung σ_m) veranschaulichen. (Die Grenzwerte der Spannungswelle sind bei der Grundwechselfestigkeit $\sigma_o = +\sigma_W$ und $\sigma_u = -\sigma_W$, also $\sigma_m = 0$, dagegen bei der Grundschwellfestigkeit $\sigma_o = \sigma_U$ und $\sigma_u = 0$, also $\sigma_m = \frac{1}{2} \cdot \sigma_U$.) Genau genommen, liegen diese Linien in einer etwas schräg geneigten Ebene, die durch die Hookesche Gerade OP geht. Wegen der Kleinheit der Wege werden im Schwingungsgebiet aber an Stelle der Raumkurven ihre Projektionen auf die Y'Z-Ebene betrachtet, also die Dehnungen vernachlässigt.

d) Eine um die Y-Achse gedrehte Ebene X'' oder X' kann nun zur Darstellung irgendeiner anderen Funktion der Dauerfestigkeit dienen, wobei als Ordinaten y' stets die Spannungen σ_D aufgetragen werden, z. B. zur Darstellung ihrer Abhängigkeit von der Kerbtiefe bei gekerbten Zerreißstäben oder zur Beschreibung des γ-Verfahrens der Reichsbahn, wobei

$$x' = \sigma_{min} : \sigma_{max}$$

aufgetragen wird, oder endlich in Abhängigkeit von der statischen Vorspannung (Mittelspannung) σ_m (Haighsche Darstellung, Bild 7).

e) Während in der statischen Festigkeitslehre meist der Einfluß der Zeit und in der Schwingungs-Festigkeitslehre der des Weges (oder der Dehnungen) vernachlässigt werden, nehmen in der Stoß-Festigkeitslehre (z. B. bei unseren Schießversuchen) sowohl Weg, als auch Zeit äußerst kleine Werte an, so daß als Darstellungsgebiet nur der obere Bereich der Kraftachse (mit der Trennfestigkeit) übrig bleibt. Als Kennziffer dient dann die Schußenergie $\frac{mv^2}{2}$ und ihre Umwandlung im beschossenen Körper.

Durch diese Darstellung (Bild 1) werden alle Gebiete der Festigkeitslehre mit ihren Kennziffern aufgeteilt.

2. Zulässige Beanspruchungen und Rechnungsbeiwerte bei stählernen Brücken

A. Genietete Eisenbahnbrücken[3]

a) Während bei ruhender (statischer) Belastung als Sicherheit das Verhältnis der Spannung σ_s an der Streckgrenze zur Spannung bei der Gebrauchslast σ_{zul}, also $\nu = \sigma_s : \sigma_{zul}$ gilt, ist bei schwingender Beanspruchung die Anzahl der Spannungswellen maßgebend (statistisches Problem).

1. Fall: Wandglieder der fachwerkartigen Hauptträger einer genieteten Eisenbahnbrücke (Bild 2)

An einer älteren Fachwerkbrücke von 39 m Spannweite[4] wurde bei der Überfahrt mit zwei Brückenprüfungswagen von $4 \cdot 8 = 32$ t Gewicht in einer Wandstrebe AB die Zugspannung $\sigma_{max} = +215$ kg/cm² und die Druckspannung $\sigma_{min} = -70$ kg/cm² mit Schreibgeräten gemessen und dieselbe Spannungswelle im Bild 2 als Summen-Einflußlinie des Lastenzuges auch zeichnerisch gefunden. Soll bei Überfahrt einer Lokomotive die damals zulässige Spannung von $\sigma_{zul} = \sigma_{max} = 1000$ kg/cm² ausgenutzt werden, so muß die Spannungswelle bei einer gleichbleibenden ständigen Spannung von $\sigma_g = 210$ kg/cm² um das $\frac{1000-210}{215} = 3{,}67$ fache ähnlich vergrößert werden, so daß sich als Wellental $\sigma_{p2} = 70 \cdot 3{,}67 = 257$ kg/cm² und $\sigma_{min} = 210 - 257 = -47$ kg/cm² (also eine Druckspannung) ergibt. Die gesamte Schwingbreite ist dann in dieser Strebe

(1) $\qquad v_1 = 1000 + 47 = 1047$ kg/cm² $= 10{,}5$ kg/mm².

Handelt es sich nun um die Aufgabe, die Dauerfestigkeit σ_{D1} dieser Strebe und ihrer Anschlüsse versuchsmäßig zu fin-

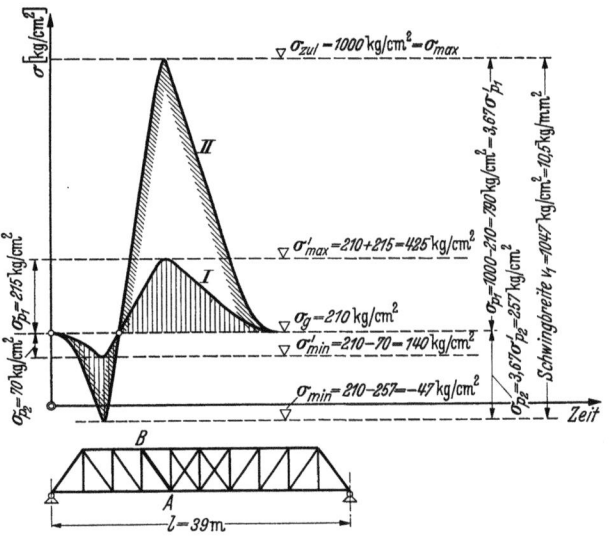

Bild 2. Der Begriff der Schwingbreite und der Sicherheit bei Stabverbindungen von Eisenbahnbrücken.

den, so müßte als Schwingbreite beim Versuch ebenfalls $2w_1 = v_1 = 10{,}5$ kg/mm² gewählt werden. Da hier die Spannungswelle der Zugstrebe nur wenig in den Druckbereich eintaucht, kann für den Dauerversuch mit Recht die Grundschwellfestigkeit ($\sigma_{min} = 0$, $\sigma_{max} = 10{,}5$ kg/mm²) zugrunde gelegt werden. Ergibt z. B. dieser Dauerversuch den Bruch bei $N_{D1} = 2\,000\,000$ Schwingungen und wird die Brücke täglich mit $N_T = 25$ Zügen befahren, so wird diese Zahl N_{D1}, also der Bruchzustand, frühestens in 80 000 Tagen oder in 220 Jahren erreicht (dagegen bei einem Stadtbahnverkehr von täglich $N_T = 250$ Zügen schon nach 22 Jahren). Als kennzeichnende Zahl für die Sicherheit ergibt sich hier somit die Lebensdauer der Brücke (in Tagen ausgedrückt), also das Verhältnis

(2) $\qquad v_T = N_D : N_T$.

Dieser Dauerversuch ist aber deshalb noch kein getreues Abbild der Wirklichkeit, weil er ohne jede Unterbrechung

---

[3] Unter Eisenbahnbrücken werden hier Brücken, die Eisenbahngleise tragen, im Gegensatz zu Straßenbrücken verstanden.

[4] Gehler, W.: Nebenspannungen eiserner Fachwerkbrücken, S. 67. Berlin: Ernst & Sohn 1910.

durchgeführt wird, während im Bauwerk längere Ruhepausen vielfach besonders während der Nacht eintreten, in denen eine Erholung des Werkstoffes immerhin denkbar ist. Selbst wenn bisherige Versuche keinen Einfluß von Ruhepausen hinsichtlich der Dauerfestigkeit der **Werkstoffe** selbst einwandfrei ergeben haben sollten, so können die Verhältnisse bei genieteten oder geschweißten **Stabverbindungen** doch vielleicht günstiger sein.

2. Fall. **Gurte vollwandiger oder fachwerkartiger durchlaufender Hauptträger**

Dieser Fall zeigt, daß es notwendig ist, im Brückenlängsschnitt den Trägerbereich, in dem die errechneten Grenzspannungen σ_{max} und σ_{min} gleiches Vorzeichen haben, von dem Wechselbereich (mit verschiedenem Vorzeichen beider Spannungen) zu trennen. In Abhängigkeit vom Verhältnis

$$(3) \quad \xi = \frac{\min S}{\max S} \text{ bzw. } \frac{\min M}{\max M}$$

der statischen Stabkräfte S oder der Momente M wird daher ein **Schwingbeiwert**

$$(4) \quad \gamma = \frac{\sigma_{zul}}{\sigma_{Dzul}} > 1$$

(entspr. dem bekannten **Knickbeiwert** $\omega = \frac{\sigma_{zul}}{\sigma_{dzul}}$ eingeführt, weil beim Dauerversuch die Wechselfestigkeit σ_W, die Grundschwellfestigkeit σ_U und die Schwellfestigkeit σ_{Dmax} für St 37 und St 52 verschieden groß sind. So erhält man die verschiedenen γ-ξ-Linien der Reichsbahn (B. E. § 36, Tafel 17). In ähnlicher Weise wie bei der Knickung $\frac{\omega \cdot S}{F} \leq \sigma_{zul}$ sein muß, ist hier eine gedachte Spannung

$$(5) \quad \sigma_I = \frac{\gamma \cdot \max S}{F} \leq \sigma_{zul}$$

zu berechnen, damit das Verfahren genau so wie bei rein statisch beanspruchten Bauteilen durchgeführt werden kann [5].

B. **Geschweißte Eisenbahnbrücken**

Die Einflüsse der Verkehrslast werden folgendermaßen berücksichtigt:

a) Ungünstigste Stellung der ruhenden Lastenzüge (mittels Einflußlinien).

b) **Stoßzahl** $\varphi \geq 1$ (wobei $S = S_g + \varphi \cdot S_p$ oder $M = M_g + \varphi \cdot M_p$ ist), um den Einfluß der Stöße und Erschütterungen durch die Bewegung der Lasten gegenüber ruhenden Lasten zu berücksichtigen (z. B. infolge des Triebradeffektes, der Schienenstöße und dgl.), wodurch jeweils die statische Durchbiegung vergrößert wird. (Künftiges Hauptproblem der Brücken-Meßtechnik.)

c) Durch den **Schwingungsbeiwert** $\gamma \geq 1$ **als Funktion der berechneten statischen Grenzwerte min S und max S** soll die verschiedene Ermüdung des Baugliedes bei Beanspruchung im Wechsel- oder schwellenden Bereich erfaßt, außerdem aber verschieden bewertet werden bei St 37 und St 52 sowie bei schwachem und starkem Zugverkehr ($n_T \leq 25$ bzw. $n_T > 25$ Züge am Tag).

d) **Der Gestalt-Abminderungsbeiwert** α (**Formziffer**). Während die Beiwerte γ für genietete und geschweißte Brücken grundsätzlich die gleichen sein können, wurden für geschweißte Eisenbahnbrücken auf Grund der deutschen Dauerversuche [6] die zulässigen Spannungen noch weiter abgemindert [7] und zwar (s. Gl. 5) auf

$$(6) \quad \sigma_I' = \frac{\sigma_I}{\alpha} = \frac{\gamma \max S}{\alpha \cdot F} \leq \sigma_{zul} \text{ bzw. } \frac{\gamma}{\alpha} \cdot \frac{\max M}{W} \geq \sigma_{zul},$$

wobei die Formziffer α verschieden groß ist, je nach der Nahtform (Stumpfnaht, Kehlnaht) oder nach der Ausführungsgüte (Wurzel nachgeschweißt oder auch nicht, ferner Nähte auf beste nachgearbeitet). Solche Abminderungsbeiwerte waren auch schon für geschweißte Stahlhochbauten (DIN 4100, § 5) im Gebrauch (z. B. bei Stumpfnähten auf Zug $\varrho_{zul} = 0,75 \sigma_{zul}$, also $\frac{1}{\alpha} = 0,75$).

C. **Genietete und geschweißte Straßenbrücken**

Da Straßenbrücken im Vergleich zu Eisenbahnbrücken gleichartigen, dauernd wiederholten Schwingungen viel weniger häufig ausgesetzt sind und vor allem unsere Lastannahmen (DIN 1073) hinsichtlich Gewicht und Dichte der Lasten bereits eine reichliche Sicherheit bieten, werden sie als vorwiegend statisch belastet betrachtet. Von den vier unter B) genannten Einflüssen kann daher hier der Schwingungsbeiwert ausscheiden, also $\gamma = 1$ gesetzt werden, während aber die Stoßzahl φ und für geschweißte Straßenbrücken auch gewisse Gestalts-Abminderungsbeiwerte α beibehalten werden.

3. Die Grenzspannungs-Zeit-Linie (Wöhler-Linie)
Bild 3 und 4

Da die Dauerfestigkeit σ_D von einer Anzahl Veränderlichen (z. B. n, σ_o, σ_u oder σ_m) abhängt, empfiehlt es sich, sie nach Bild 1 in den verschiedenen Ebenen mit den Achsen Z, X' bzw. X'' darzustellen. Das erste Bedürfnis besteht in der Auftragung der Versuchsergebnisse als sog. Wöhler-Linie (Bild 3). Soll z. B. am Pulsator σ_D durch Zugversuche für elektrisch geschweißte Stirnkehlnähte [8] bestimmt werden (Bild 3, Linie 3), so wählt man zunächst beim sog. Tastversuch willkürlich als obere Grenzspannung, z. B. $\sigma_o = 15$ kg/mm² bei einer unteren Grenzspannung $\sigma_u = 2,0$ kg/mm², wobei sich der Bruch schon bei $N = 270\,000$ Schwingungen ergeben möge (Punkt A). Beim zweiten Versuch mit $\sigma_o = 12$ kg/mm² und dem gleichen Wert $\sigma_u = 2,0$ kg/mm² erhält man $N = 1,07 \cdot 10^6$ (Punkt B) und endlich beim dritten Versuch mit $\sigma_o = 11,0$ kg/mm² $N = 1,81 \cdot 10^6$ (Punkt C). Da die Linie A B C im Bereich rechts von C schon annähernd waagerecht läuft, so darf als Endwert die Dauerfestigkeit $\sigma_D = \lim \sigma_o = $ rd. 11 kg/mm² angenommen werden.

Trägt man für denselben Versuch nach Bild 4 als Ordinaten $y = \log \sigma$ und als Abszissen $x = \log N$ auf, wendet man also nach **beiden Koordinatenrichtungen den logarithmischen Maßstab an (und nicht nur nach der X-Richtung, wie es oft geschieht)**, so erkennt man, daß die Linie A B C hinreichend genau in eine Gerade ED übergeht, die mit der zu ihr parallelen Geraden GF den Verlauf der Richtungen auch der übrigen

---

[5] Kommerell, O.: Erläuterungen zu den Vorschriften für geschweißte Stahlbauten, II. Teil, S. 39. Berlin: Wilh. Ernst & Sohn 1936.

[6] Siehe Anm. 1.
[7] Siehe Anm. 5. Kommerell: a. a. O. S. 44.
[8] Siehe Anm. 1, a. a. O., S. 16.

Versuchslinien deutlich angibt. Die Gleichung dieser Geraden A B C lautet:

(7a) $\qquad \log \sigma = \log 117 - 0{,}164 \log N$

und entspricht in der Darstellung des Bildes 3 der Exponentialkurve [9]

(7b) $\qquad \sigma = C \cdot N^a$,

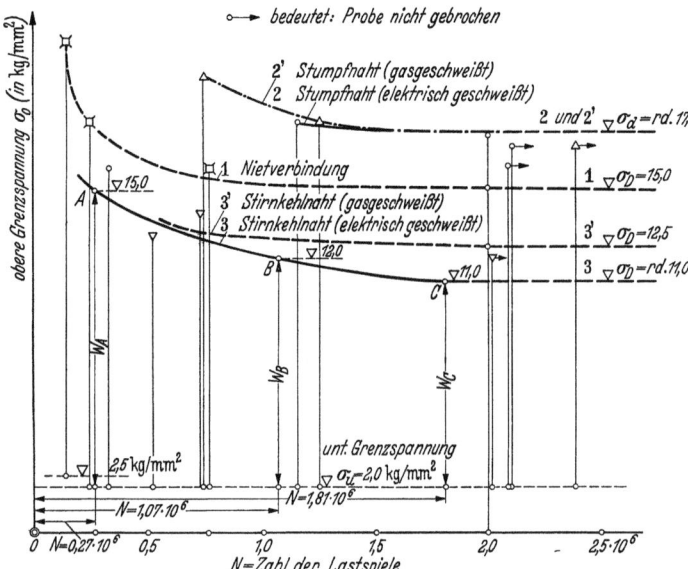

Bild 3. Wöhler-Linien der Kuratoriums-Versuche mit auf Zug beanspruchten, genieteten und geschweißten Stabverbindungen (σ-N-Linien).

wobei $a = \operatorname{tg} \alpha = 0{,}164$ die Neigung der Geraden und $C = 117$ kg/mm² den Wert σ für $N = 1$ bedeuten.

In Bild 5 ist die ganze Spannungs-Zeit-Linie in derselben logarithmischen Verzerrung aufgetragen. Den Bereich der abnehmenden Dauerfestigkeit, der hier als Wöhler-Bereich bezeichnet werden soll, haben wir durch die beiden Ordinaten in den

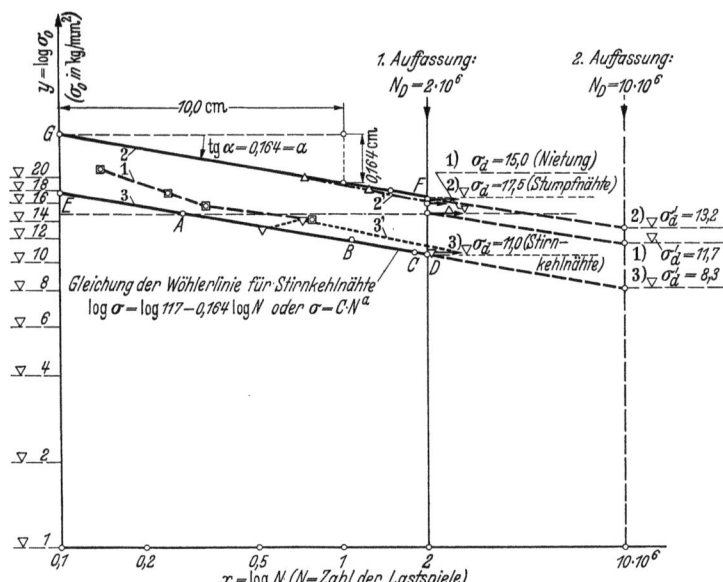

Bild 4. Der Bereich der abnehmenden Dauerfestigkeit (Wöhler-Bereich) der Spannungs-Zeit-Linie (in logarithmischer Darstellung) für genietete und geschweißte Stabverbindungen.

---
[9] Moore, H. F.: Proc.: Amer. Soc. Test. Mater. II, 1922, S. 266 und Basquin, O. H.: desgl. 1910, S. 625.

Punkten $N = 10\,000$ und $N = 2\,000\,000$ begrenzt. Nach links und rechts schließen sich hieran jeweils waagerechte Strecken an, so daß die ganze Spannungs-Zeit-Linie in dieser logarithmischen Darstellung aus einem doppelt geknickten Geradenzug besteht. Die Gerade DE schneidet auf der Koordinatenachse ($N = 1$) die Ordinate $D_1 = 117$ kg/mm² ab. Zieht man noch durch den Punkt J mit $\sigma_D = 10$ kg/mm² und $N = 2\,000\,000$ und durch den Punkt J_1 auf der Koordinatenachse mit $\sigma_D = 100$ kg/mm² die Geraden JJ_1 und dazu die Parallele HH_1, wobei im Punkte H der Wert $\sigma_D = 20$ kg/mm² ist, so begrenzt man einen Flächenstreifen, in dem nahezu sämtliche Werte, die sich bei Dauerversuchen von Stabverbindungen ergeben, untergebracht werden können.

Hiermit erhält man folgende Unterteilung der Spannungs-Zeit-Linie. Zunächst das Gebiet der statischen und vorwiegend statischen Beanspruchung, die bei den üblichen Hochbauten und bei den Straßenbrücken zugrunde gelegt wird; sodann das Gebiet der schwingenden Beanspruchung (Eisenbahnbrücken), das in den Bereich der abnehmenden Dauerfestigkeit bei Schwingungsversuchen (Wöhler-Bereich) und in den Bereich der gleichbleibenden Dauerfestigkeit, also den Endzustand zu unterteilen ist (IIa und IIb).

Die Abgrenzung dieser beiden Bereiche IIa und IIb ist zunächst willkürlich. Unsere bisherigen Erörterungen über die Dauerversuche mit Stabverbindungen führten zur Wahl von $N_D = 2\,000\,000$ (1. Auffassung). Würde man dagegen, wie es bei dem Prüfen von Werkstoffen üblich ist, $N_D = 10\,000\,000$ wählen (2. Auffassung), so würde die geradlinige Verlängerung der Linien im Wöhler-Bereich (z. B. bis zu den Punkten H' und J' Bild 5) für den Fall der Nietung anstatt $\sigma_D = 15$ kg/mm² nur noch $\sigma_D' = 11{,}7$ kg/mm² ergeben (s. Punkt V und W). Die Tatsache, daß unsere genieteten Eisenbahnbrücken bei $\sigma_{zul} = 14$ kg/mm² sich im Eisenbahnbetrieb einwandfrei bewährt haben, würde dann zu einem schwer lösbaren Widerspruch mit derartigen Versuchsergebnissen führen.

Das Verhältnis der bei den Kuratoriums-Versuchen mit genieteten Stabverbindungen gefundenen Dauerfestigkeit $\sigma_D = 15$ kg/mm² zur zulässigen Beanspruchung der genieteten Eisenbahnbrücken $\sigma_{zul} = 14$ kg/mm² betrug

(7c) $\qquad v_w = \dfrac{\sigma_D}{\sigma_{zul}} = \dfrac{15}{14} = 1{,}07.$

Da bei der Prüfung von Werkstoffen für $N > 10$ Mill. die Spannungs-Zeit-Linie waagerecht angenommen wird (Bereich IIb), war es überraschend, daß im Dresdner Versuchs- und Materialprüfungsamt noch bei 29 Mill. Schwingungen der Dauerbruch eines Kontrollstabes in der Schwingbrücke erfolgte (s. Punkt X Bild 5), und ferner daß an der Schwingbrücke des Staatl. Materialprüfungsamtes Berlin-Dahlem der Dauerbruch in dem Nietloch eines Fachwerkstabes erst bei 200 Mill. Schwingungen eintrat (s. Punkt Y). Eine wichtige Frage besteht nun darin, ob derartige ausgefallene Werte ($N > 10\,000\,000$) auch anderwärts bei Versuchen oder im Eisenbahnbetrieb gefunden worden sind.

In Bild 6 ist nochmals die Wöhler-Linie mit den Punkten V, W, X und Y in nicht verzerrtem Maßstab aufgetragen. Würde man den Dauerversuch mit Stabverbindungen anstatt bei N = 2 000 000 Lastwechseln (Punkt V) erst bei N = 10 000 000 Lastwechseln (Punkt W) abschließen, so würden sich um etwa 20% geringere Werte der Dauerfestigkeit ergeben. In den ausnahmsweise gefundenen Punkten X und Y sehr später Dauerbrüche von Stabverbindungen ist die Dauerfestigkeit zu $\tfrac{2}{3}$ bzw. zur Hälfte des Wertes im Punkt V anzunehmen. Hieraus ergibt sich, daß es von grundsätzlicher Bedeutung ist, wann der Endzustand des Bereiches IIb der gleichbleibenden Dauerfestigkeit (Bild 5) bei Stabverbindungen erreicht wird.

Nach dieser logarithmischen Darstellung der Spannungs-Zeit-Linie (Bild 5) kann das ganze Gebiet der statischen und der Dauerversuche in der Spannungs-Zeit-Ebene übersichtlich aufgeteilt werden. Bemerkt sei noch, daß die Ordinate im Hilfspunkt J_1 der unteren Begrenzungsgeraden JJ_1 etwa dem Werte der **Trennungsfestigkeit** (s. Bild 1) entspricht

(8) $\quad \begin{cases} s_T = 2{,}5\,\sigma_B = 2{,}5 \cdot 40 \\ \quad\quad = 100 \text{ kg/mm}^2 \end{cases}$

und daß die Schnittpunkte S_1 bis S_2 der waagerechten Geraden im statischen Gebiet mit den schrägen Geraden des Wöhler-Bereiches eigentlich ebenfalls eine bestimmte Gesetzmäßigkeit zeigen sollten. Die Versuchswerte der statischen und der Dauerversuche würden sich wesentlich befriedigender zusammenfügen, wenn für die Stumpfnähte künftighin $\varrho_{zul} = 1{,}0\,\sigma_{zul}$, anstatt $0{,}75\,\sigma_{zul}$ vorgeschrieben, also Punkt S_2 nach S_2' verschoben würde.

Physikalisch betrachtet, darf somit C in Gl. (7b) als ein **Kohäsionsbeiwert** bezeichnet werden (vgl. Gl. 8). Eine Deutung des anderen Beiwertes a ergibt sich dann, wenn man die Abgeleitete der Gl. (7b) bildet:

(9) $\quad \begin{cases} y' = \dfrac{d\sigma}{dN} = C \cdot a \cdot N^{a-1} = 117 \cdot 0{,}164 \cdot N^{-0{,}836} \\ \quad = \sim \dfrac{19{,}2}{N}, \end{cases}$

die also in erster Annäherung etwa einer gleichseitigen Hyperbel entspricht. Im Anfang des Wöhler-Bereiches fällt die y'-Linie zunächst stark ab und verläuft im Endzustand parallel der Abszissenachse (Bild 3). Ihre Ordinaten stellen eine Leistungsgröße dar $\left(\dfrac{\text{Arbeit}}{\text{Zeit}}\right)$, wenn man die Ordinaten $\sigma\left(\dfrac{\text{kg}\cdot\text{mm}}{\text{mm}^3} = \dfrac{\text{kg}}{\text{mm}^2}\right)$ als spezifische Arbeit oder Ladung der Raumeinheit von 1 mm³ auffaßt, so daß diese y'-Linie die Abnahme der Leistung oder die Ermüdung während der Versuchsdauer darstellt. Nach Bild 5 ist für die hier untersuchten Stabverbindungen der Verlauf dieser Linien im Wöhler-Bereich gleichartig. Hiernach kann a als **Ermüdungsbeiwert** bezeichnet werden (a = 0 im Bereich I und IIb im Bild 5).

4. Die σ_a-σ_m-Linie (Haighsche Darstellung) (Bild 7)

Um den grundsätzlich verschiedenen Einfluß von schwingender statischer Beanspruchung zu kennzeichnen,

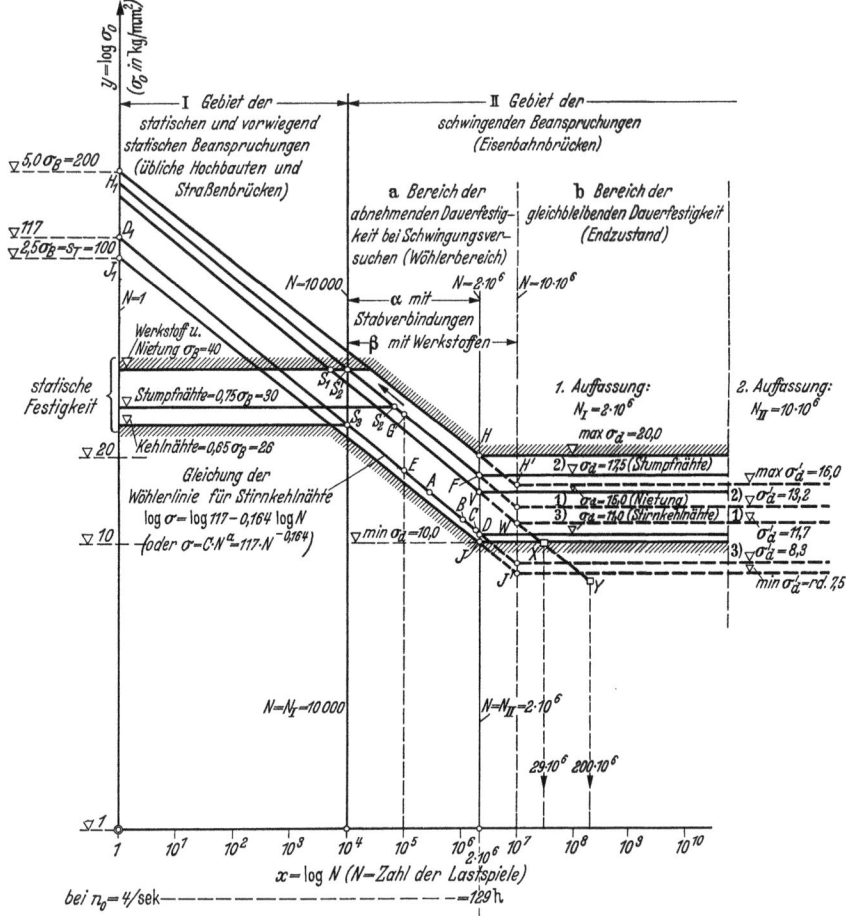

Bild. 5. Die Bereiche der Spannungs-Zeit und der Wöhler-Linie für Stabverbindungen (in logarithmischer Darstellung).

werden die mit Hilfe der Wöhler-Linie gefundenen Endwerte der Dauerfestigkeit meist derart aufgetragen, daß die Ordinaten

(10) $\quad y = \sigma_a = \dfrac{w}{2} = \dfrac{1}{2}(\sigma_o - \sigma_u)$

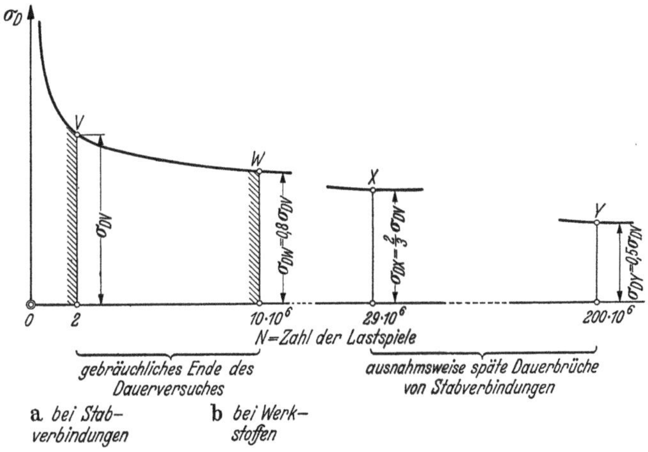

Bild 6. Wöhler-Linie zur Beurteilung der Frage der Begrenzung der Dauerversuche von Stabverbindungen.

die sog. **Schwingbreite** $2\sigma_a$ darstellen und die Abszissen

(11) $\quad x = \tfrac{1}{2}(\sigma_o + \sigma_u) = \sigma_m$

die statische Beanspruchung oder sog. Vorspannung oder Mittelspannung (σ_o und σ_u obere und untere

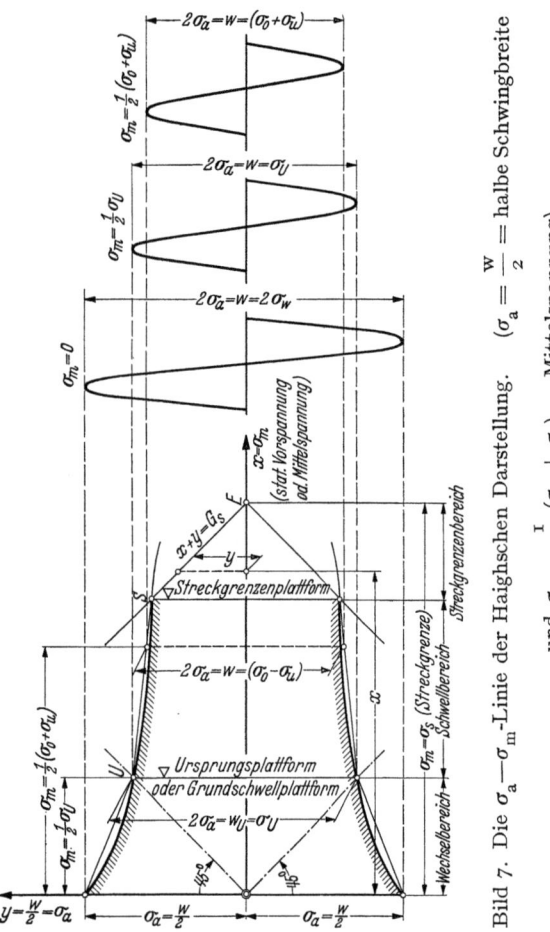

Bild 7. Die σ_a—σ_m-Linie der Haighschen Darstellung. ($\sigma_a = \frac{w}{2}$ = halbe Schwingbreite und $\sigma_m = \frac{1}{2}(\sigma_o + \sigma_u)$ = Mittelspannung).

Bild 7a. Der Spannungs-Turm der σ_a—σ_m-Linie.

Grenzspannung beim Dauerversuch, siehe Bild 3. In dieser sog. Haighschen Darstellung erscheint auf der Y-Achse die Schwingbreite $\sigma_a = \frac{1}{2}w$. Die Dauerfestigkeit wird durch eine Linie dargestellt, die im mittleren Teil nur wenig geneigt ist. Die Grundschwellfestigkeit (Ursprungsfestigkeit) σ_U erhält man für $\sigma_u = 0$ und $\sigma_o = \sigma_U$ nach Gl. (10) und 11) durch die Beziehung

(12) $\qquad \frac{1}{2}w_U = \frac{1}{2}\sigma_U = \sigma_m$,

also an der Stelle, wo die $45°$-Linie OU durch den 0-Punkt die σ^D-Linie schneidet. Da für die Dauerfestigkeit $\sigma_D = \sigma_o$ nicht größere Werte als die Streckgrenze σ_s ausgenutzt werden können, wird diese Darstellung nach rechts hin begrenzt durch die unter $45°$ geneigte Linie SE der Streckgrenze (nach Bild 7 und Gl. [10 u. 11])

(13) $\qquad \sigma_s = \text{const} = \sigma_m + \frac{w}{2} = x + y = \sigma_o$.

Dreht man Bild 7 um $90°$, so erhält man in Bild 7a ein Bild der σ_a-σ_m-Linie, das sich in der Gestalt eines sich nach oben verjüngenden Spannungsturmes dem Gedächtnis leicht einprägt. Die drei angedeuteten Bereiche werden durch die Grundschwell-Plattform (Ursprungs-Plattform) im Punkte U, die Streckgrenzen-Plattform im Punkte S und die Turmspitze im Punkte E begrenzt.

Aus dieser σ_a-σ_m-Linie, zu deren Darstellung die obere Hälfte in Bild 7 ausreicht, erkennt man:

I. Die Dauerfestigkeit ist nicht unabhängig von der statischen Vorspannung σ_m, besonders im Wechselbereich (Bild 7). Je größer die Vorspannung wird, um so kleiner ist die Dauerfestigkeit.

II. Im Schwellbereich US ($\sigma_m > \frac{1}{2}\sigma_U = \frac{1}{2}w_U$) darf jedoch die Dauerfestigkeit in der ersten Annäherung nahezu unabhängig von der statischen Vorspannung angenommen werden.

5. Die σ_o-σ_u-Linie (Grenzspannungslinie oder Spannungshaus)
Bild 8

Nach dem Vorschlag von Launhardt und Weyrauch [10] empfiehlt es sich, für die Nutzanwendung als Koordinaten die Grenzspannungen, und zwar

(14) $\qquad y = \sigma_o \text{ und } x = \sigma_u$

aufzutragen (Bild 8), wobei die Ordinaten-Achse mit der Ursprungsfestigkeit σ_U zusammenfällt. Die Wechselfestigkeit wird durch den Punkt A mit den Koordinaten $\sigma_u = -\sigma_W$ und $\sigma_o = +\sigma_W$ gekennzeichnet, der also auf der $45°$-Linie OA liegt, und die Streckgrenze durch eine Waagerechte CD ($\sigma_o = \sigma_s = \text{const}$). Der Einfachheit halber werden die Linienstücke AB im Wechselbereich und BC im schwellenden Bereich geradlinig angenommen.

Der Zusammenhang der σ_a-σ_m-Linie und dieser Grenzspannungslinie ergibt sich dadurch, daß man den Linienzug OE'E auf die unter $\alpha = 45°$ geneigte Linie OD projiziert, wodurch man

$OG = OF + FG = \sigma_u \cdot \cos\alpha + \sigma_o \cdot \cos\alpha = \frac{1}{2}(\sigma_u + \sigma_o) \times \sqrt{2} = \sigma_m \cdot \sqrt{2}$

erhält, ebenso durch Projektion von EH auf EG

$EG = EH \cdot \cos\alpha = (EE' - HE') \cos\alpha$
$\times \cos\alpha = \frac{1}{2}(\sigma_o - \sigma_u) \cdot \sqrt{2}$
$= \sigma_a \cdot \sqrt{2}$.

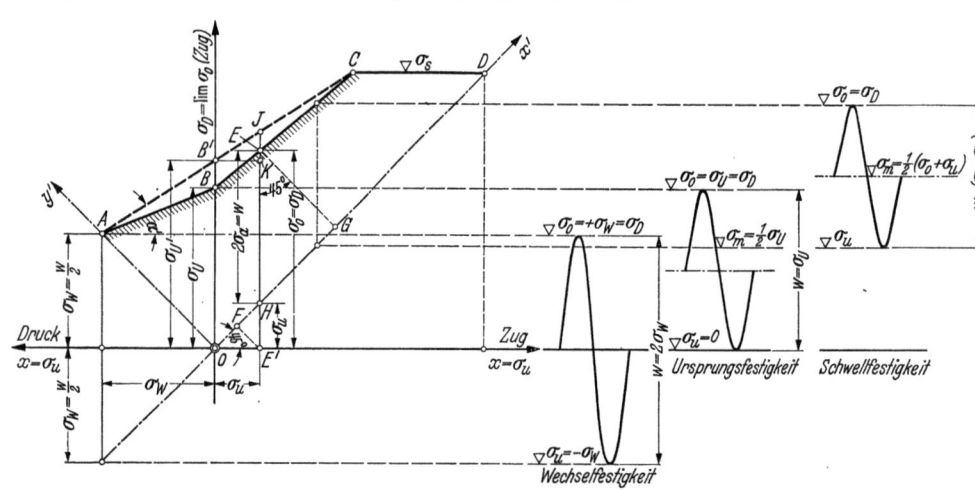

Bild 8. Die σ_o—σ_u-Linie (Grenzspannungslinie oder Spannungshaus).

Die Linie ABCD stellt somit in dem unter $45°$ verdrehten Quadranten AOD die σ_a-σ_m-Linie dar, deren Koordi-

[10] Z. d. Hann. Arch.- und Ing.-Vereins 1873.

naten allerdings mit $\sqrt{2}$ multipliziert sind. Hieraus ergibt sich, daß z. B. die Strecke BC des schwellenden Bereiches günstigstenfalls parallel zur 45°-Linie OD laufen kann, in der Regel aber unter einem flachen Winkel gegen diese Linie geneigt ist (vgl. Bild 8).

Aus dieser Darstellung kann auch die sog. Spannungsformel von Launhardt und Weyrauch für den Sonderfall abgelesen werden, daß an Stelle des gebrochenen Geradenzuges A B C eine einzige schräge Gerade AC vorliegt. Bezeichnet man die Neigung der Geraden AB′ im Wechselbereich mit

(15) $$\operatorname{tg}\alpha' = \frac{\sigma_U - \sigma_W}{\sigma_W},$$

so ist

$$\sigma_D = E'J = E'K + KJ = \sigma_U + \sigma_u \cdot \operatorname{tg}\alpha'$$

oder

(16) $$\sigma_D = \sigma_U + \sigma_u \cdot \frac{\sigma_U - \sigma_W}{\sigma_W}.$$

6. Die Linien der zulässigen Spannungen wie sie z. B. in den neuen vorläufigen Vorschriften für geschweißte, stählerne Eisenbahnbrücken der Deutschen Reichsbahn vom 20. November 1935 enthalten sind, entsprechen in den sog. Spannungshäuschen dieser Darstellung der σ_o-σ_u-Linie, wobei nur zu beachten ist, daß an Stelle der Ordinaten $\sigma_D = \sigma_o$ die zulässigen Spannungswerte σ_{Dzul} treten.

7. Vergleich der nach der statischen Berechnung wirklich auftretenden Spannungen im Bauwerk mit den Spannungen in den Versuchsstäben

Da die Versuchsanordnung möglichst einfach sein muß, beschränkt man sich auf sinusartige Wellen, die um eine mittlere Spannung σ_m zwischen den Grenzwerten σ_o und σ_u nach oben und unten gleich weit schwingen. In Wirklichkeit ist aber, wie Bild 2 zeigt, die Schwingbreite, z. B. bei Wandgliedern infolge der Verkehrslast nach oben und nach unten um die Laststufe der ständigen Last σ_g in der Regel sehr verschieden (nach oben $\sigma_{p1} > \sigma_{p2}$ nach unten). Bei Gurten ist sogar $\sigma_{p2} = 0$. Die Abweichung des Versuches von der Wirklichkeit besteht also nicht nur in der Form der Wellen, sondern auch in der Unsymmetrie derselben oder in der verschiedenen Schwingbreite nach oben (σ_{p1}) und nach unten (σ_{p2}). Der Einfluß dieser Abweichung ist leider ebenfalls noch nicht erforscht.

8. Die künstliche Lockerung oder Alterung des spröden Baustoffes Beton infolge des Dauerschwingversuches

Diese Betrachtungen [11] sind deshalb auch für Schweißverbindungen aufschlußreich, weil in den verschiedenen Zonen derselben ein mehr oder minder spröder Werkstoff im Gegensatz zu dem plastischen Mutterwerkstoff des Baustahles vorliegt.

a) Wird ein Betonkörper zuerst ständig wachsenden und sodann dauernd wechselnden Druckbeanspruchungen ausgesetzt, wobei die Last zwischen einer unteren und einer oberen Spannungsgrenze dauernd wechselt, so erhält man die Spannungs-Dehnungslinien des Bildes 9 (Züricher Versuche 1925 von Prof. Roš). Zuerst wird die Spannungs-Dehnungs-Linie O I II dadurch bestimmt, daß man von Stufe zu Stufe belastet und jeweils wieder entlastet. Führt man sodann mit dem Körper den Dauerschwingversuch durch, achtet aber dabei darauf, daß die obere Spannungsgrenze σ_o den Grenzwert der sog. Ursprungsfestigkeit

U = 60% der Prismenfestigkeit nicht überschreitet, so bleibt bei erneuter statischer Belastung diese Spannungs-Dehnungs-Linie erhalten. Belastet man jedoch dabei statisch bis zum Punkt 8 und läßt nun die Last stehen, so wächst die Dehnung selbsttätig ohne Laststeigerung um das Maß 8—C infolge des Einflusses der Zeit. Beim Entlasten zeigt sich eine sog. **Hysteresis-Schleife mit der Tangente CD, die parallel zur ursprünglichen Tangente AB ist.**

Überschreitet man dagegen bei der Wechselbelastung mit der oberen Spannung σ_0 die Ursprungsfestigkeit U, so stößt man dauernd in den Bereich der starken, plastischen Dehnungen η (s. Gl. 14) vor und verändert damit das Betongefüge. Dasselbe gilt für den Fall, daß sich der Lastwechsel nur innerhalb dieses oberen Bereiches vollzieht. Dann wird bei einem darauffolgenden statischen Versuch die Spannungs-Dehnungs-Linie A I, II, Bild 9 nicht mehr gefunden. Es stellt sich vielmehr eine Linie mit größerer Dehnung ein. Von ausschlaggebender Bedeutung ist aber, daß infolge der Gefügeänderung der Wert der ursprünglichen Prismenfestigkeit K beständig sinkt, und zwar **im Grenzfall bis zum Werte der Ursprungsfestigkeit U hinab.**

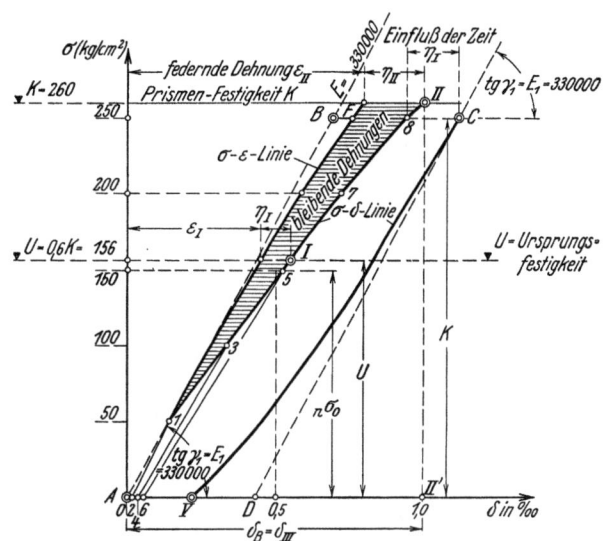

Bild 9. Spannungs-Dehnungs-Linien für die Züricher Dauerschwingversuche von Roš, 1925.

Noch deutlicher sind die Merkmale der Lockerung, Alterung oder Ermüdung bei den Karlsruher „Untersuchungen über den Einfluß häufig wiederholter Druckbeanspruchungen von Betonprismen" von Dr. A. Mehmel zu erkennen [12].

Bereits nach etwa zehn Lastwechseln zwischen $\sigma_u = 0$ und $\sigma_o = 80$ kg/cm² geht bekanntlich die krumme σ-δ-Linie AB der gesamten Dehnungen δ in eine **Hookesche Gerade AP** (s. Bild 10), deren Endpunkt P die Proportionalitäts- oder Elastizitätsgrenze ist und hier bei $\sigma_o = 80$ kg/cm² liegt. Während für Beton im Anfangszustand wegen der krummen Form der σ-δ-Linie die Vorgänge nicht umkehrbar sind, verhält sich der Beton nach diesen wiederholten Belastungen genau so wie ein rein elastischer Körper innerhalb des Hookeschen Gesetzes (z. B. Baustahl). Wesentlich ist aber, daß diese geradlinige Form auf der Strecke AP nach beliebig vielen Belastungen **noch erhalten bleibt. Nur verdreht sich die Linie um**

---

[11] Siehe die ausführlichen Erörterungen: W. Gehler: Grundlagen und Hypothesen über das Schwinden und Kriechen von Beton. Bautechn. 1938 Heft 10, 11, 30 und 31.

[12] Mehmel, A.: Untersuchungen über den Einfluß häufig wiederholter Druckbeanspruchungen von Beton. Berlin: Julius Springer 1926.

den Koordinatenanfang A. Während für die jungfräuliche Spannungs-Dehnungs-Linie die Elastizitätsmaße von $E_1 = 330\,000$ kg/cm² (bei $\sigma = 20$ kg/cm²) bis $E = 250\,000$ kg/cm² (bei $\sigma = 120$ kg/cm²) schwanken, er-

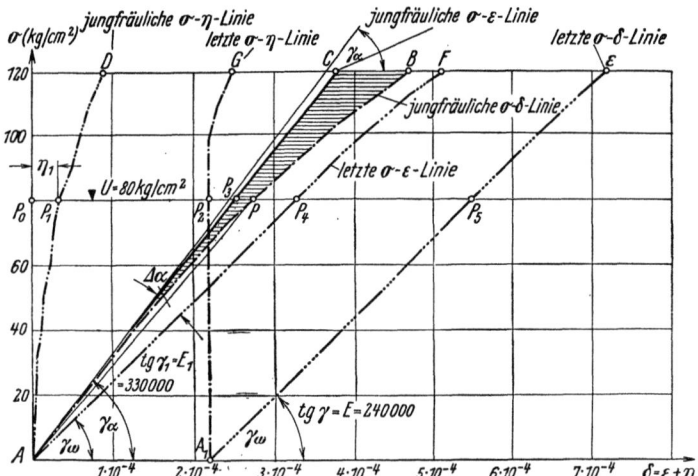

Bild 10. Spannungs-Dehnungs-Linien für die Karlsruher Dauerschwingversuche von Mehmel 1926.

rechnet sich als Neigung der Geraden AP_4 der σ-ε-Linie im Endzustand

$$E = \operatorname{tg} \nu = \frac{\sigma}{\delta} = \frac{80}{3{,}3 \cdot 10^{-4}} = 240\,000 \text{ kg/cm}^2.$$

Der Beharrungszustand der σ-ε-Linie wurde hier bei 200 000 Belastungen erreicht. Dagegen der für die

Bilder 11a u. b. Vergleich zwischen der Spannungs-Dehnungs-Linie beim Schwind- und Kriech-Versuch (Bild 11a) und beim Dauerschwingversuch (Bild 11b).

σ-η-Linie erst nach 400 000 Belastungen, also beträchtlich später. Wesentlich ist hierbei, daß die Bruchfestigkeit (Prismenfestigkeit) $K = 170$ kg/cm² dadurch nicht verändert wird. Während bei der Laststufe U im jungfräulichen Zustand $\eta_1 = 0{,}1 \cdot \varepsilon_1$ war, erhöhte sich dieser Wert im Endzustand auf $\eta = 0{,}67 \cdot \varepsilon_1$. Dagegen wuchs die federnde Dehnung ε nach 200 000 Lastwechseln gegenüber 10 Lastwechseln nur um 24%.

b) Diese Ergebnisse des Dauerschwingversuches von gedrücktem Beton sind in Bild 11b nochmals zusammengestellt. Die gemessenen gesamten Dehnungen δ setzen sich bekanntlich aus einem federnden oder elastischen Anteil ε und einem bleibenden Anteil η zusammen, so daß

$$(14) \qquad \delta = \varepsilon + \eta$$

ist. Für die Anstrengung des Betons ist allem Anschein nach jedoch nur die bleibende Dehnung η maßgebend. Vor allem scheint nach den Züricher Dauerschwingversuchen ein gewisser Grenzwert dieser Dehnung von etwa i. M.

$$(15) \qquad \eta_I = 0{,}1\,^0/_{00}$$

nicht ohne Nachteil mehr ertragbar zu sein und eine gewisse Spannungsgrenze, die sog. Ursprungsfestigkeit U, zu bestimmen (in ähnlicher Weise, wie bei Baustahl die Streckgrenze mit $\bar{\eta}_s = {}^2/_3\,^0/_{00}$, also dem rd. 7fachen ertragbaren η-Wert von Beton). Die Spannungs-Dehnungs-Linien dürfen in erster Annäherung unterhalb einer gewissen Grenze σ_P als Hookesche Gerade angenommen werden. Jenseits dieser Proportionalitätsgrenze weichen sie stärker von dieser Geraden ab. Wir beschränken uns hier auf die Spannungsstufen $\sigma < \sigma_P$ und nehmen daher als Spannungs-Dehnungs-Linien in Bild 11a und 11b Gerade an. Während ihre Neigung gegen die waagerechte Dehnungsachse jeweils den wegen seiner handlichen Schreibweise gebräuchlichen Elastizitätsmodul

$$E = \operatorname{tg} \gamma = \frac{\sigma}{\delta}$$

in kg/cm² angibt, kennzeichnet (nach Bach) sie sog. Dehnungsziffer

$$\operatorname{tg} \alpha \text{ (oder } \alpha) = \frac{1}{E} = \frac{\delta}{\sigma},$$

zweckmäßig in 10^{-6} cm²/kg ausgedrückt, die Neigung der Geraden gegen die lotrechte Spannungsachse, so daß $\delta = \alpha \cdot \sigma$ ist. Der Zuwachs $\Delta \alpha$ dieser Winkel α (oder auch die Abnahme der Winkel γ oder auch des Elastizitätsmoduls E) ist ein Maß für die Alterung.

Wird beim Dauerschwingversuch ein Betonkörper erstmalig belastet, so ergibt sich die sog. jungfräuliche Spannungs-Dehnungs Linie (σ-δ-Linie) $O_1 D_1$ (Bild 11b) und nach der Entlastung die jungfräuliche σ-η-Linie $O_1 G_1$. Trägt man $G_2' D_1 = G_0 G_1$ auf, so erhält man die jungfräuliche σ-ε-Linie $O_1 G_2'$. Allgemein ist hierbei etwa

$$\eta_1 = G_0 G_1 = \tfrac{1}{4} G_0 D_1 = \tfrac{1}{4} \delta_1,$$

also

$$\varepsilon_1 = \delta_1 - \eta_1 = \tfrac{3}{4} \delta_1.$$

Nach z. B. 400 000 Lastwechseln, wobei die obere Spannungsgrenze σ_o kleiner als die sog. Ursprungsfestigkeit U ($U = 0{,}6\,K$) ist, möge der Endzustand eintreten. Die letzte σ-ε-Linie $O_1 D_2$ ist dann gegenüber der ersten $O_1 G_3'$ um einen Winkel $\Delta \alpha$ verdreht und die letzte σ-δ-Linie $O_2 D_3$ liegt parallel zu $O_1 D_2$, ist also um das Maß $a = \eta_{max}$ parallel verschoben. Die Alterung besteht also nicht nur in dem Anwachsen der bleibenden Dehnung vom Werte

$\eta_1 = G_0 G_1$ im Anfang auf $\eta_{max} = D_2 D_3$ am Ende des Versuches, sondern, wie der Drehwinkel $\Delta\alpha$ zeigt, auch in einer Veränderung des elastischen Verhaltens, einer stärkeren Federung oder einem Weicherwerden der inneren, als federnd gedachten Widerstände. Der federnde Anteil an der Alterung wird also jeweils durch ein **Dreieck** $G_2' O_1 D_2$ und der **bleibende Anteil** durch ein **Parallelogramm** $O_1 D_2 D_3 D_2$ dargestellt.

c) **Die natürliche Alterung des Betons beim Schwinden und Kriechen** (Bild 11a) stimmt mit der künstlichen Alterung (Bild 11b) infolge des Dauerschwingversuches grundsätzlich überein. Der Unterschied zwischen Schwinden und Kriechen besteht bekanntlich darin, daß beim Schwinden keine Auflast wirkt, während beim Kriechen eine solche Auflast

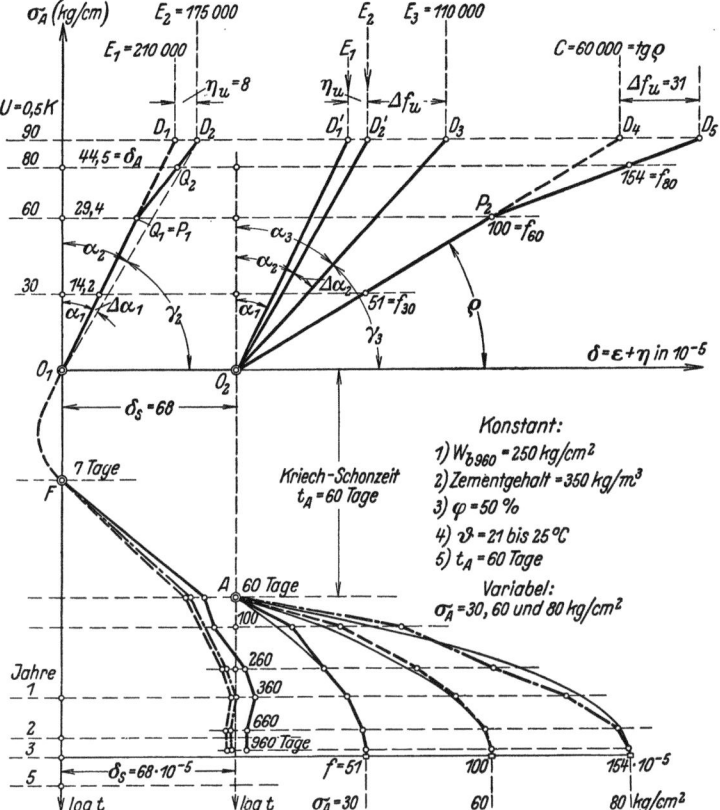

Bild 12. Spannungs-Dehnungs-Zeit-Linien für das Schwinden (δ_s) und das Kriechen (f) von Beton. (Belgische Versuche von Dutron 1937.)

z. B. durch die ständige Last) vorhanden ist und eine ständige Pressung σ_A ausübt.

Die Alterung besteht also in der mit der Zeit eintretenden **Zunahme der Zusammendrückung eines Betonkörpers** bei gleichbleibender äußerer Dauerbelastung, wobei die mit dem Weg verbundene Energie nicht wieder gewonnen werden kann, der Vorgang der Energieumsetzung also nicht umkehrbar ist. Am geometrischen Bild der Spannungs-Dehnungs-Linie (Bild 11a) zeigt sich dabei nicht nur eine **Zunahme der Verdrehung der Hookeschen Geraden**, so daß der **Winkel** α gegen die Spannungsachse um $\Delta\alpha = \Delta\alpha_1$ bzw. $\Delta\alpha = \Delta\alpha_2$ **vergrößert** wird (ein Kennzeichen der Zunahme der federnden Dehnungen ε mit der Zeit), sondern auch eine **Parallelverschiebung** dieser Geraden um $a_1 = \delta_s$ beim Schwinden oder zusätzlich $a_2 = f$ beim Kriechen (ein Kennzeichen der

Zunahme der bleibenden Dehnungen η). Beide **Kennziffern dieser Zunahme der Dehnungen** $\Delta\alpha$ und a wachsen also mit der Zeit beständig bis zu bestimmten Grenzwerten und kennzeichnen somit die Alterung.

Der Unterschied zwischen den Versuchen der Bilder 11a und 11b besteht jedoch in der Art der **Kraftwirkung**. Beim Dauerschwingversuch wirkt eine Spannungswelle (Bild 11b). Die Schwingbreite $w = \sigma_o - \sigma_u$, also die Differenz der oberen und unteren Spannungsgrenze, sowie die Größe von σ_o und die Lastwechselzahl N kennzeichnen die Stärke der Wirkung. Beim Dauerdehnungsversuch (dem Schwinden oder Kriechen) sind dagegen die Ursache der Formänderungen die molekularen Kapillarkräfte, die vom Feuchtigkeitsgehalt φ der Luft oder von der Steighöhe H in einem ausgetrockneten Betonkörper, der in einem Wasserbad steht, und vom Wasserporenanteil ω abhängen und eine Schwindpressung von beträchtlicher Größe z. B. $p_s = 100$ kg/cm² auf die Porenwände des Betons ausüben.

d) Trägt man, wie in Bild 1, als dreiachsige Koordinaten die Last (σ), den Weg ($\delta = \varepsilon + \eta$) und die Zeit (t) auf, wobei aber zweckmäßig log t an Stelle von t eingetragen wird, um die Zeit zu raffen, so können die Ergebnisse der Schwind- und Kriechversuche einer Betonart nach Bild 12 übersichtlich dargestellt werden. Die waagerechte Zeitachse ist hierbei nach unten heruntergeklappt zu denken. Durch die Alterung fällt hier der Wert E des Betons von $E_1 = 210000$ kg/cm² im jungfräulichen Anfangszustand auf $E_2 = 175000$ kg/cm² durch das Schwinden und auf $E_3 = 110000$ kg/cm² durch das Kriechen. Da $\delta = \sigma : E$ ist, erkennt man, daß dabei die Formänderung immer zunehmen und daß gegebenenfalls eine Einsturzgefahr z. B. infolge Ausknickens wohl in Betracht kommen kann, weshalb diesen Problemen heute besondere Betrachtung zuteil wird.

Die tiefere Ursache ist wiederum die Lockerung oder Alterung des Gefüges.

9. Der Dauerschwingversuch zur Prüfung der Güte des Betons und des Verbundes beim Stahlsaitenbeton

Beim Stahlsaitenbeton (System Hoyer) werden geradlinige Klaviersaiten-Drähte von 240 kg/mm² Zugfestigkeit und etwa 2 mm Durchmesser bis zu 150 kg/mm² vorgespannt. Die einzelnen Balken haben eine Länge von etwa 6 m und werden bei einer Gesamtlänge der Drähte bis zu 100 m hergestellt [13]. Sodann werden die Drähte zwischen den einzelnen Betonbalken zerschnitten. Infolge des starken Gleitwiderstandes, der mit abnehmendem Drahtdurchmesser stark anwächst, ist eine besondere Verankerung der Drahtenden, z. B. durch Endhaken, nicht erforderlich. Die Sicherheit des Verbundes zwischen Draht und Beton kann zweckmäßig durch Dauerschwingversuche im Pulsator festgestellt werden.

Wie Bilder 13a, b und c zeigen, ergeben sich auch hierbei bestimmte Wöhler-Linien (ähnlich wie bei Bild 4). Auch hier kann nach dem Vorbild des Bildes 5 durch logarithmische Verzerrung sowohl der Abszissen, als auch der Ordinaten eine geradlinige Darstellung der Versuchswerte erreicht werden (Bild 14). Starke Abweichungen von dieser Geraden lassen sodann mit Bestimmtheit auf eine mangelnde Herstellung, insbesondere hinsichtlich der Betongüte, schließen.

Der Dauerschwingversuch führt somit in diesem

---

[13] Friedrich, E.: D. Bauztg. 1938, Heft 39.

Fall eine Wirkung in gleichem Sinne herbei, wie eine ständig schwingende Dauerbelastung im Bauwerk, verbunden mit der unvermeidlichen Lockerung oder Alterung durch das Schwinden und Kriechen. Diese Versuchswerte der Untersuchung von Stabverbindungen ergeben, mit den rechnerischen Beanspruchungen unserer Stahlbauten ist unmittelbar leider nicht möglich. Außer den bekannten, äußeren Kerben der Nietlöcher oder der Schweißnähte

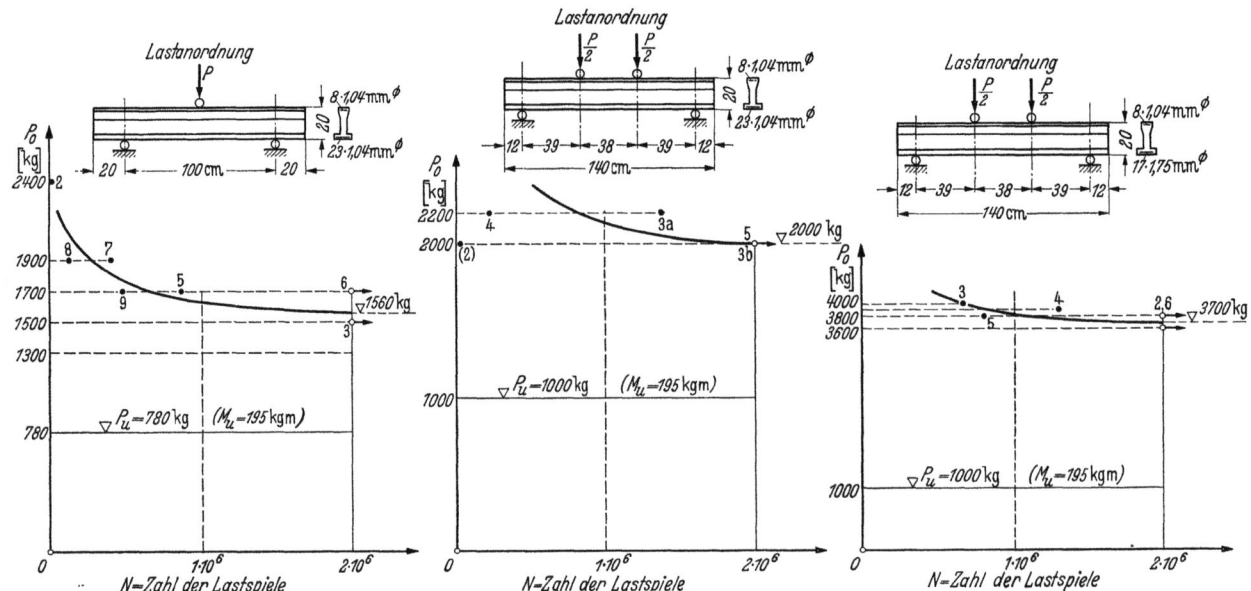

Bilder 13a, b, c. Die Wöhlerlinie auf Grund der Dauerschwingversuche mit Eisenbetonbalken aus Stahlsaitenbeton.

sind in den einzelnen Gruppen unter sich mit Recht vergleichbar, lassen aber naturgemäß zunächst noch keinen zahlenmäßigen Schluß über das Verhalten der Bauteile im Bauwerk unter etwaigen schwingenden Belastungen zu.

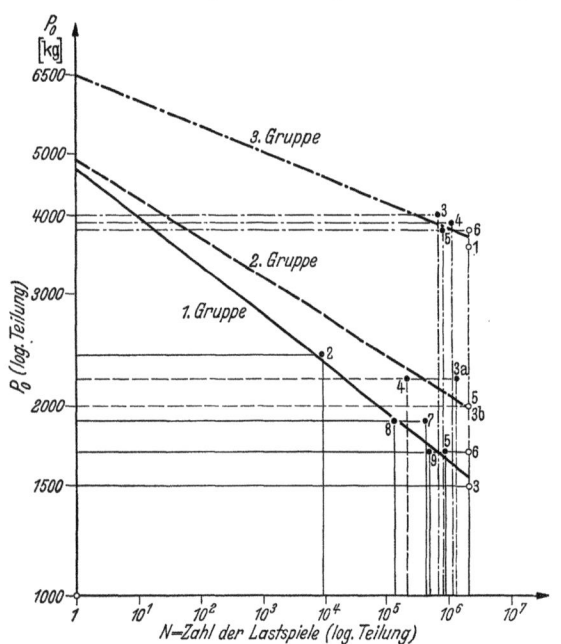

Bild 14. Die Wöhlergerade in der logarithmischen Darstellung der Versuchsergebnisse nach Bilder 13a—c.

10. Schlußfolgerungen

Diese Betrachtungen sollen zunächst dazu beitragen, die Grundbegriffe der Dauerfestigkeit zu klären. Sie führen aber außerdem zu folgenden Erkenntnissen

I. Ein Vergleich der Spannungswerte $\sigma_o = \sigma_D$, die sich als sog. Dauerfestigkeit jeweils durch den Dauerschwingversuch am Pulsator oder an der Schwingbrücke bei

tritt noch eine Art innere Kerbwirkung des Baustoffes auf. Ihr Vorhandensein muß deshalb angenommen werden, weil bekanntlich z. B. die Dauerfestigkeit des glatten Rundeisenstabes nur etwa zwei Drittel seiner statischen Zerreißfestigkeit beträgt. Bezeichnend ist hierbei, daß bei Nietverbindungen als Dauerfestigkeit am Pulsator z. B. wiederholt nur 7 kg/mm² gefunden wurde, während die statische Beanspruchung 14 kg/mm² betrug, und sich im Betrieb der Brücken keinerlei Nachteile gezeigt hatten.

II. Die übersichtliche Darstellung auf Grund der beiden Dauerversuchen gefundenen Spannungs-Zeit-Linien der logarithmischen Darstellung (und zwar sowohl der Ordinaten als auch der Abszissen) läßt nach Bild 5 folgendes erkennen:

a) Es ergibt sich eine Unterteilung in den statischen Bereich und in das Gebiet der schwingenden Beanspruchungen, das wieder in die beiden Unterbereiche der abnehmenden Dauerfestigkeit, den sog. Wöhler-Bereich, und in den der gleichbleibenden Dauerfestigkeit, also den endgültigen Beharrungszustand, zerfällt. Die Abszisse am Ende des Wöhler-Bereiches wird in der Regel beliebig angenommen, und zwar bei unseren Stabverbindungen zu N = 2 000 000 Lastwechseln, dagegen bei der Prüfung von Werkstoffen in der Regel zu N = 10 000 000 Lastwechseln. Bei der ersten Auffassung beträgt für geschweißte Stabverbindungen mit Stirn- und Kehlnähten die gleichbleibende Dauerfestigkeit, also für den Endzustand, $\sigma_D = 10$ kg/mm², dagegen bei der zweiten Auffassung nur $\sigma_D = 7,5$ kg/mm². Unter Benutzung dieser logarithmischen Darstellungsweise genügt die Feststellung der Dauerfestigkeit für 2 000 000 Lastwechsel, weil man in einfachster Weise durch geradlinige Verlängerung (s. die Linie VW und JJ' in Bild 5) sodann den abgeminderten Wert für 10 000 000 Lastwechsel finden kann, wodurch an Versuchszeit wesentlich gespart wird. Wie unter I. dargelegt wurde, haben diese Versuchswerte der Dauerfestigkeit nur vergleichende Bedeutung innerhalb einer bestimmten Versuchsreihe. Sie lassen also nicht ohne weiteres auf die wirklichen Beanspruchungen oder die Sicherheit im Vergleich zum Bauwerk schließen.

b) Die Abschnitte, die durch die verlängerte Wöhler-Gerade auf der Ordinaten-Achse in Bild 5 gefunden werden, z. B. der Wert $C = 117$ kg/mm², stehen offensichtlich in einer engen Beziehung zu der sog. Trennfestigkeit oder Kohäsion. Je höher die verschiedenen parallelen Wöhler-Geraden liegen (z. B. HH_1 gegenüber JJ_1 in Bild 5), um so größer ist diese Kohäsion (wie z. B. bei den Schweißverbindungen der Stumpfnähte im Vergleich zu denen der Stirn- und Kehlnähte).

III. Durch den Dauerschwingversuch wird sowohl die äußere Kerbwirkung der Stabverbindung (z. B. infolge der Nietlöcher oder des außermittigen Kraftanschlusses bei Stirn- und Kehlnähten), als auch die sog. innere Kerbwirkung im kristallitischen Aufbau des Baustoffes einer scharfen Prüfung unterzogen. Das Gefüge wird im Verlaufe der Versuchsdauer mehr und mehr gelockert oder gealtert, und zwar um so stärker, je weniger homogen der Baustoff ist, wie es bekanntlich leider in den verschiedenen Zonen der Schweißnähte häufig der Fall ist.

IV. Häufig lassen im Materialprüfungswesen die Ergebnisse auf einem Nachbargebiet die Zusammenhänge noch leichter erkennen, so z. B. hier die Betrachtung der Versuchswerte, die bei den Dauerschwingversuchen von Beton- und Eisenbetonbauteilen gefunden wurden. Bei dem Beton wird durch das Schwingen im Pulsator im Verlaufe des Versuches vor allem die Verbindung der einzelnen Körner der Zuschlagstoffe, die durch den Mörtel, also letzten Endes durch den Zementkitt erfolgt, gelockert. Sind im Beton Eiseneinlagen eingebettet, so löst sich auch im Laufe der Dauer der Schwingversuche der Verbund zwischen dem Beton und den Eiseneinlagen, so daß die Haftfestigkeit verlorengeht. Daher ist es wohl berechtigt, mit Hilfe derartiger Pulsator-Versuche sowohl die Güte des Betons, als auch die des Verbundes zwischen Eiseneinlagen und Beton zu prüfen. Hierzu kommen noch die in den letzten Jahren im Eisenbetonbau gemachten Erfahrungen hinsichtlich des Einflusses des Schwindens und Kriechens, durch den ebenfalls eine Alterung des Betongefüges entsteht. Durch derartige Dauerschwingversuche wird somit bei Beton- und Eisenbeton-Baugliedern eine künstliche Alterung herbeigeführt. Es liegt somit der Vergleich mit unseren Schweißverbindungen nahe, bei denen es sich ebenfalls nicht um plastische, sondern mehr oder minder spröde Werkstoffe handelt.

V. Während beim statischen Zugversuch die Sicherheit bekanntlich durch das Verhältnis der Streckgrenze σ_s zur zulässigen Beanspruchung σ_{zul}, also nach dem Spannungsmaßstab angegeben wird, ist beim Dauerschwingversuch die Sicherheit nur durch die klare Begriffsfestsetzung nach Gl. (2) (statistische Sicherheit oder Lebensdauer) zu kennzeichnen. Stimmt im Grenzfall die Versuchswelle mit der Welle im Bauwerk genau überein, so ist $\sigma_D = \sigma_0 = \sigma_{zul}$ und $N = \infty$. Das Verhältnis $\sigma_D : \sigma_{zul}$ kann also keinesfalls die Sicherheit angeben (vgl. Gl. [7c]).

VI. Zur Erforschung der Ermüdung des Baustoffes oder der Verbindungsmittel von Baugliedern lassen folgende, hier geprägten Begriffe weiteren Aufschluß erhoffen:

1. Der Kohäsionsbeiwert C der Wöhlerlinie in Gl. (7b u. 9).
2. Der Ermüdungsbeiwert der Wöhlerlinie (Abnahme der Leistung) $a = \operatorname{tg}\alpha$ in Bild 4 und Gl. (7b).
3. Die Abnahme des Elastizitätsmaßes E oder die Erweichung nach Bild 10—12.
4. Der Wert der bleibenden Dehnung η_I, die von dem Baustoff nicht mehr ohne Nachteil ertragen werden kann Gl. (15).

ZUR BEURTEILUNG DER BRUCHSICHERHEIT GESCHWEISSTER KONSTRUKTIONEN (AUF WERKSTOFFMECHANISCHER GRUNDLAGE)

Von Prof. Dr.-Ing. **W. Kuntze**,

Institut für Werkstoff-Mechanik des Staatlichen Materialprüfungsamts Berlin-Dahlem

Für die nachfolgenden Betrachtungen sollen Fälle als Anregung dienen, bei welchen die Festigkeit einer Konstruktion geringer ausfiel, als auf Grund der Erfahrung und der Vorausberechnung zu erwarten war. Solche Fälle seien überschläglich dadurch gekennzeichnet, daß ein Anbruch, welcher von einer Schweißstelle seinen Ausgang nahm, durch Weiterreißen den gesamten tragenden Querschnitt durchsetzte. Hierbei zeigte der Durchbruch einen vollständig spröden Charakter, obgleich der betroffene Trägerteil aus einem verformungsfähigen Baustahl bestand, der nach Grundsätzen der Abnahmebedingungen und der einschlägigen Vorschriften als durchaus konstruktionssicher und vor allem als zähe angesprochen wird.

Man nimmt an, daß solche Fälle auf ungleichmäßig verteilte Beanspruchungen zurückzuführen sind, die ein durch eine Spannungsspitze hervorgerufenes verfrühtes örtliches Versagen hervorrufen. Um die strittige Frage der Ausgangsstelle des Bruches vorläufig zu umgehen, soll eine Kritik der Brucherscheinungen gewissermaßen r ü c k l ä u f i g in Angriff genommen und von den nicht immer gleichartigen Einwirkungen ungleichmäßiger Spannungsverteilungen auf das Verhalten des Baustahles ausgegangen werden.

1. Das Verhalten des Baustahles beim Auftreten von Spannungsspitzen

In den wenigsten Fällen ist sowohl bei plastischen als auch spröden Werkstoffen bei ungleichmäßiger Spannungsverteilung eine Festigkeitsminderung in dem Ausmaße zu verzeichnen, daß an der meistbeanspruchten Stelle (Spannungsspitze) vorzeitig die Festigkeit des Materials (Prüfstabfestigkeit) überwunden wird. Beim plastischen Werkstoff tritt keine wesentliche Herabsetzung des Widerstandes z. B. der Streckgrenze, etwa durch voranlaufendes Fließen an der Spannungsspitze, ein. Der Fließmechanismus, gekennzeichnet durch das Durchschießen der Fließschichten durch umfangreiche Querschnittsteile ist gegenüber Spannungsspitzen weitgehend unempfindlich. Er bewirkt eine gleichmäßige Inanspruchnahme des gesamten Querschnittes am Fließen trotz ungleichmäßig verteilter Anspannungen (Widerstandsmittelwert)[1]. Unter der Spitzenspannung vertragen hierbei die Werkstoffe mehr oder weniger starke örtliche Überhöhungen ihres Widerstandes (Spitzenfestigkeit).

Nun hat aber die Erfahrung gelehrt, daß die günstige plastische Spitzenfestigkeit durch zusätzlich auftretende Trennungen oder Lockerungen des Gefüges herabgesetzt werden kann[2]. Manche Werkstoffe neigen mehr als andere zu dieser Beeinträchtigung ihres plastischen Widerstandes, die durch eine mangelhafte Kohäsion hervorgerufen wird. Diese Beeinträchtigung verstärkt sich, wenn durch äußere Umstände die an sich vorhandene Plastizität eingeschränkt wird. Von der Wechsel- und Schlagbeanspruchung abgesehen, ist es der 3-achsige Zugspannungszustand, welcher die Verformungsfähigkeit behindert und bei gleichzeitiger Mitwirkung einer Spannungsspitze einen verfrühten Bruch bei verminderter Festigkeit hervorruft. In Bild 1 wird an einem Lehrbeispiel gezeigt, wie die Festigkeitsabnahme bei mittlerer Kerbtiefe am größten sein kann, weil in diesem Gebiet die Spannungsspitze (s_{max}/s_n) und der 3-achsige Zugspannungszustand (s_3/s_1) zusammenwirken. Bei geringer Kerbtiefe ist zwar die Spannungsspitze sehr groß, sie ist aber nicht wirksam, weil die räumliche Wirkung s_3/s_1 noch gering ist. Bei größter Kerbtiefe ist zwar mit einem Höchstwert von s_3/s_1 die größte Sprödigkeit, aber mit $s_{max}/s_n = 1$ keine Spannungsspitze mehr vorhanden, welche die mittlere Festigkeit vermindern könnte. Eine Festigkeitsminderung kann durch eine Spannungsspitze also nur dann hervorgerufen werden, wenn gleichzeitig ein 3-achsiger Zugspannungszustand mitwirkt, welcher die Plastizität unterbindet.

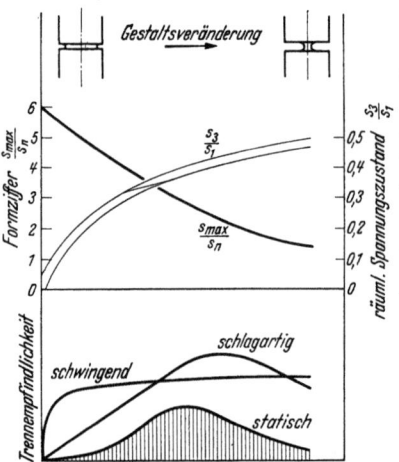

Bild 1. Trennempfindlichkeit (Kerbempfindlichkeit) als Folge des Zusammenwirkens von Formziffer s_{max}/s_n (Spannungsspitze) und 3-achsigem Zugspannungszustand s_3/s_1 bei veränderlicher Kerbgestaltung.
(s_3 = dritte Hauptspannung, s_1 = erste Hauptspannung)

Bei schwingender Beanspruchung wird sowieso ein Trennungsbruch erzeugt, so daß die Trennempfindlichkeit schon ohne Mitwirkung des räumlichen Spannungszustandes bei geringer Kerbtiefe eintritt. Bei großer Kerbtiefe bewirkt der räumliche Zugspannungszustand allein eine vermehrte Trennempfindlichkeit.

Ein 3-achsiger Zugspannungszustand ist in geschweißten Konstruktionen insbesondere bei Kehlnähten die Regel, wenn äußere Beanspruchungen und Schrumpfspannungen zusammenwirken. Da wir aber rückwärtsgehend zuerst eine Erklärung dafür suchen wollen, daß erfahrungsgemäß der von der Schweißung entfernt liegende, aus ebenen Platten aus Baustahl bestehende Querschnittsteil auch spröde weiterreißen kann, so können wir zunächst einen aus der Konstruktionsgestaltung herrührenden 3-achsigen Zugspannungszustand hier nicht verantwortlich machen. Der Erklärung des spröden Weiterreißens mit erniedrigter Festigkeit bei ebenen Platten (in denen ein 3-achsiger Zugspannungszustand zunächst nicht vermutet werden kann), kommt nun eine Beobachtung entgegen, die besagt, daß bei mit Kerben versehenen Plattenkörpern, die einem äußerlich ebenen Spannungszustand unterliegen, im Grunde der Einkerbung ein örtlicher begrenzter 3-achsiger Spannungszustand entsteht, weil die, unter der Spannungsspitze stark gedehnten Teilchen wegen der weniger beanspruchten Nachbarteilchen an ihrer Querdehnung behindert werden. Diese Erscheinung konnte dadurch nachgewiesen werden, daß Längs- und Querdehnungsmessungen an gekerbten Plattenkörpern nicht in Einklang mit dem elastischen Superpositionsgesetz zu bringen war, wenn man in der Dickenrichtung der Platte die Spannung 0 annahm[3]. Zur Erklärung dieser Abweichung des Exeprimentes vom Ergebnis der Rechnung muß ein zusätzlicher 3-achsiger Spannungszustand im Inneren angenommen werden. Die Auswirkung dieser 3-achsigen Zugspannungswirkung wurde dementsprechend auch um so stärker gefunden, je schärfer die Spannungsunterschiede ausgeprägt waren. Diese Erscheinung erklärt, daß in einem zähen Stahl, das von einem vorhandenen Anriß ausgehende spröde Wetterreißen dadurch verursacht wird, daß immer an der Stelle, wo das Weiterreißen erfolgt, ein 3-achsiger Spannungszustand entsteht, welcher die Verformung örtlich behindert und so die Spannungsspitze zur Wirkung kommen läßt. Da jedoch — wie schon besprochen wurde — die dem Bruch vorangehende Plastizierung des gesamten Querschnittes bei Erreichen der Streckgrenze sich nicht um örtliche Spannungsunterschiede kümmert, setzt der spröde Bruch eines zähen Plattenkörpers voraus, daß die Formziffer s_{max}/s_n so groß ist, daß mit s_{max} der örtliche Trennungsbruch bereits eintritt, bevor mit s_n die mittlere Streckgrenze des Gesamtkörpers erreicht wird. Aus den im folgenden Abschnitt mitgeteilten Versuchswerten über die Größe der Spitzenfestigkeit von Baustahl St 52 folgt dann, daß in diesem Falle die Formziffer mindestens größer als 10 sein muß, damit ein Bruch eintreten kann, bevor der gesamte Plattenkörper fließt Diese Bedingungen sind dadurch gegeben, daß der Riß schon Schweißnaht und die gehärtete Zone durchlaufen hat.

2. Der Begriff der Trennempfindlichkeit zur Gütebeurteilung der Baustähle

Wenn somit das spröde Weiterreißen eines plastischen Werkstoffes erklärlich wird, so bleibt noch die Frage offen, inwieweit sich die Baustähle hinsichtlich dieser Eigenschaft unterscheiden; denn die Behinderung der Plastizität durch den 3-achsigen Zugspannungszustand und die Überwindung des Trennwiderstandes durch die Spannungsspitze wird bei den verschiedenen Werkstoffen nicht unter zahlenmäßig gleichen Bedingungen einsetzen. Zur Unterscheidung der Baustähle in bezug auf diese Eigenschaft können Zerreißversuche mit eingekerbten Proben dienen, deren mittleren 3-achsigen Spannungszustand man durch elastische Querdehnungsmessungen festgestellt hat (z. B. $s_3/s_1 = 0,5$ in Bild 2). Man kann dann auf Grund des räumlichen Spannungszustandes mit Hilfe der Gestaltsänderungsenergie-

---

[1] W. Kuntze: Der Stahlbau 6 (1933) S. 49—52; Mitt. d. dtsch. Materialprüf. Sonderheft XXIV (1934) S. 3—44. J. Fritsche: Der Stahlbau 9 (1936) S. 65—68; S. 90—96; S. 137—138; Vorber. d. 2. Kongr. Internat. Ver. für Brückenbau und Hochbau Berlin-München 1936, Verl. Ernst u. Sohn. K. Klöppel: Der Stahlbau 9 (1936) S. 97—112.

[2] W. Kuntze: Fachsitzung „Innere Mechanik der Festigkeit" der VDI-Hauptversammlung in Stuttgart. VDI-Verlag 1938.

[3] W. Kuntze: Der Stahlbau 9 (1936) S. 121—124; Mitt. d. dtsch. Materialprüf. Sonderheft 28 (1936) S. 105—112.

Hypothese den Sollwert der Festigkeit errechnen, den diese Probe unter der Voraussetzung vollkommener Plastizität und ohne zusätzliche Wirkung einer Spannungsspitze haben müßte (z. B. ist für $s_3/s_1 = 0{,}5$ der Sollwert $= 2\,\sigma_{B\,eff}$, wenn $\sigma_{B\,eff}$ die auf den Höchstlastquerschnitt bezogene Zugfestigkeit am glatten Prüfstab bedeutet). Beim praktischen Zerreißversuch mit gekerbten Stäben tritt aber die Wirkung der Spannungsspitze hinzu, und es ergeben sich mehr oder weniger geringere Festigkeitswerte $\sigma_{Bn\,eff}$. Der Unterschied

$$\Delta\sigma = \frac{2\,\sigma_{B\,eff} - \sigma_{Bn\,eff}}{2\,\sigma_{B\,eff}} \cdot 100$$

zwischen dem theoretischen Sollwert und dem Versuchswert in Prozent des Sollwertes ergibt die Kerbempfindlichkeit des Stahles, die mit Rücksicht darauf, daß sie nicht nur bei Einkerbungen, sondern ganz allgemein bei Spannungsspitzen wirksam wird, auch als „**Trennempfindlichkeit**" bezeichnet werden kann (Bild 2). **Die Trennempfindlichkeit gekerbter Proben zeigt mithin an, um wieviel der plastische Widerstand durch Trenneinflüsse herabgemindert wird.**

Zahlentafel 1 gibt einen Überblick über die so ermittelten **Trennempfindlichkeitszahlen von den Baustählen St 37 und St 52 im Vergleich zu einigen anderen Konstruktionsstählen.** Diese Zahlen haben nur dann einen Vergleichswert, wenn sie bei genau derselben Kerbform und genau der gleichen Durchmessergröße ermittelt werden; denn **die Kerbzugfestigkeit ist auch abhängig von der absoluten Größe**

Zahlentafel 1.
Die Trennempfindlichkeit von Baustählen
(ermittelt an der in Bild 4 abgebildeten Probenform mit $2t/D = 0{,}5$)

	%
Baustahl St 52	21—22
Baustahl St 37	22—23
Weicheisen	23
Schiffbaustahl S_{II}	27
Maschinenbaustahl 0,22 C, 0,26 Si, 1,0 Mn	27
Maschinenbaustahl 0,61 C, 0,26 Si, 0,53 Mn (Versager im Betrieb)	47
Baustahl St 37, 800° abgeschr.	12
Baustahl St 37 1000° abgeschr.	19
Baustahl St 37 1000° abgeschr. + 500° angelassen	12
Sonderstahl mit $\delta_{10} = 2{,}4\%$	14

der Probe. Beide Umstände, Größe und Kerbform wirken zusammen. Es gibt keine Festigkeitsabnahme infolge der Größe allein. Glatte Stäbe besitzen die gleiche spezifische Festigkeit, auch wenn sie verschieden große Querschnitte haben. Umgekehrt erleiden aber auch gekerbte Stäbe keine Festigkeitsabnahme, wenn sie gewissermaßen keine Größe besitzen, also sehr klein sind. Aus Bild 3 wird an einigen Beispielen ersichtlich, daß die Festigkeit gekerbter Stäbe bei immer kleiner werdendem Durchmesser dem theoretischen Größtwert zustrebt, der dem jeweiligen 3-achsigen Spannungszustand s_3/s_1 entspricht. Die Abnahme der Festigkeit bei einer zu wählenden Durchmessergröße ist dann gleichbedeutend mit der Trennempfindlichkeit (Kerbempfindlichkeit). Die in Zahlentafel 1 angegebenen Werte entsprechen einem Kerndurchmesser von 5 mm bei einem Durchmesserverhältnis $d/D = 0{,}5$, einem Kerbwinkel von 60° und einer Spitzenabrundung $\varrho = 0{,}15$ mm. (Die Einkerbung ist mit großer Sorgfalt und nach den im Institut für Werkstoff-Mechanik ausgearbeiteten Richtlinien durchgeführt worden.)

Den Verlauf der Festigkeit bei zunehmender Kerbtiefe $2t/D$ zeigt an einigen Beispielen Bild 4. Bei $2t/D \sim 0{,}5$ ist die Trennempfindlichkeit entsprechend den vorangehenden Erörterungen (Bild 1) am größten. Wird der Werkstoff vor der Trennempfindlichkeitsprüfung bis zur Höchstlast kaltgereckt, so wird seine Trennempfindlichkeit

Bild 2. Prüfung auf Trennempfindlichkeit.

Vollstab	Ermittlung: $\sigma_{B\,eff}$
Kerbstab	Gegeben: räuml. Spannungszust. $S_3/S_1 = 0{,}5$ Sollwert d. räuml. Festigkeit $= 2\,\sigma_{B\,eff}$
	Ermittlung: $\sigma_{Bn\,eff}$

Trennempfindlichkeit $\Delta\sigma = \dfrac{2\,\sigma_{B\,eff} - \sigma_{Bn\,eff}}{2\,\sigma_{B\,eff}} \cdot 100$.

bei Beanspruchungen in der Reckrichtung erhöht. Dagegen bewirkt ein Vorstauchen um denselben Betrag eine starke Verminderung der Trennempfindlichkeit. Jedoch verhalten sich in dieser Beziehung die Werkstoffe sehr verschieden. Der eine von den beiden untersuchten Stählen,

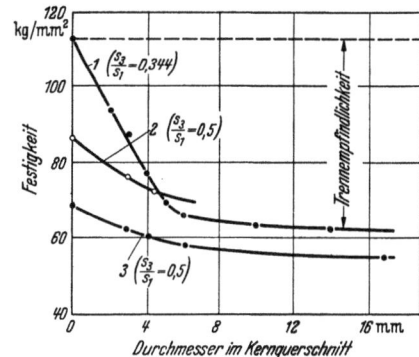

Bild 3. Zugfestigkeit gekerbter Stäbe proportionaler Abmessungen in Abhängigkeit von der Durchmessergröße.
1 = Maschinenbau-Stahl 0,7% C.
2 = Schiffbau-Stahl S_{II}.
3 = Krupp. Weicheisen WW.

welcher im Anlieferungszustand wesentlich trennempfindlicher war als der andere, zeigte durch Vorrecken eine stärkere Verbesserung als der von vornherein weniger kerbempfindliche.

Auf Grund dieser Feststellung kommt man zu dem Ergebnis, daß es eine statische **Recksprödigkeit** nicht gibt, die man wegen der verringerten Kerbschlagbiegefestigkeit kalt vorgereckter Werkstoffe meist voraussetzt. Man kann aber mit Rücksicht auf die ausgeführten Versuche von einer „Stauchsprödigkeit" sprechen.

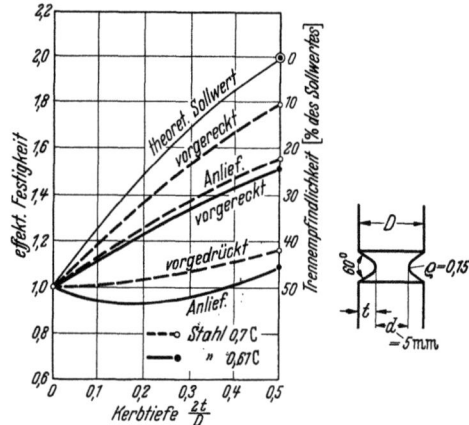

Bild 4. Trennempfindlichkeit in Abhängigkeit vom Kalt-Vorrecken und -Vorstauchen. Einfluß der Kerbtiefe auf die Festigkeit.

Um nun auf die Beurteilung der Baustähle zurückzukommen, muß hervorgehoben werden, daß nach den Prüfergebnissen in Zahlentafel 1 der Baustahl St 52 nicht trennempfindlicher ist als St 37. Dem Baustahl St 52 kann mithin keine größere Neigung zum Weiterreißen zugeschrieben werden als dem Stahl St 37 (falls ein Anriß vorhanden ist). Wenn der Baustahl St 52 sich in den geschweißten Konstruktionen ungünstiger verhielt als St 37, so ist dies auf andere Ursachen zurückzuführen.

3. Die Trennempfindlichkeit der gehärteten Übergangszone

Nach Erläuterung des Begriffes der Trennempfindlichkeit und nach der Ermittlung dieser Eigenschaft an den

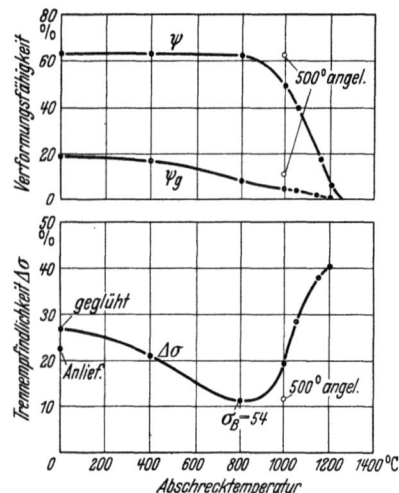

Bild 5. Trennempfindlichkeit (Kerbempfindlichkeit) $\Delta\sigma$ und Verformungsfähigkeit von Flußstahl ($\sigma_B = 38$ kg/mm²) in Abhängigkeit von der Abschrecktemperatur.

(ψ = Gesamteinschnürung, ψ_g = Querschnittsminderung des gleichmäßig gedehnten Stabteiles am Zerreißstab.)

Baustählen im normalen Zustand wollen wir mit unseren Betrachtungen einen Schritt weiter in Richtung des Ausgangspunktes des Bruches gehen und kommen somit auf das Verhalten der Übergangszone zu sprechen. Die thermische Veränderung der, der Schweißraupe am nächsten liegenden Stahlzone bringt auch eine Veränderung ihrer Trennempfindlichkeit mit sich. Einige schon ältere Versuche mit abgeschrecktem Baustahl St 37 lieferten das in Bild 5 dargestellte Ergebnis. Die Kerbempfindlichkeit wird bis zu Abschreckgraden von 1000° C günstiger, bei höheren Abschreckgraden ungünstiger als der Ausgangszustand. Ein nachträgliches Anlassen der hochabgeschreckten Proben wirkt günstig. Die Kerbempfindlichkeit von nur 11% nach einer Abschreckung von 800° ist, im Vergleich zu den in Zahlentafel 1 angegebenen Werten verschiedener Baustähle als sehr günstig zu bezeichnen.

Für Stahl St 52 liegen ebenfalls nur erst einige Vorversuche vor, die das Gesamtgebiet möglicher thermischer Veränderungen noch nicht vollständig überdecken (Bild 6). Wenn auch das Gesamtergebnis zunächst ungünstiger erscheint als bei Baustahl St 37, so ergibt sich bei ge-

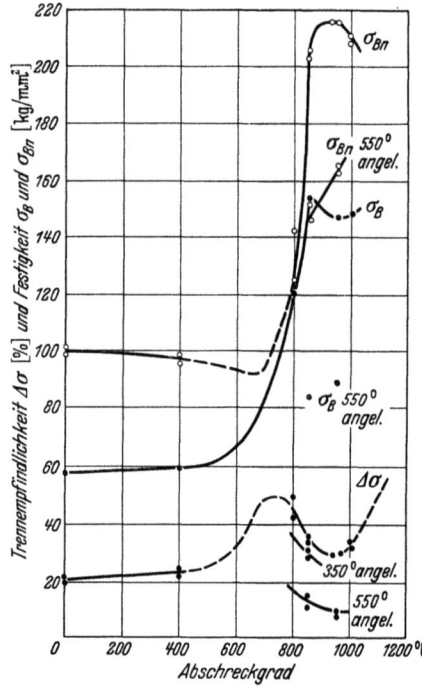

Bild 6. Trennempfindlichkeit $\Delta\sigma$, Zugfestigkeit σ_B und Kerbzugfestigkeit σ_{Bn} von Baustahl St 52 in Abhängigkeit von der Abschrecktemperatur.

nauerem Studium doch kein ungünstiges Urteil. Bei einer Abschrecktemperatur von 950° beträgt die Trennempfindlichkeit 29% gegenüber dem Ausgangswert von 20,5%. Das ist, wenn man die Zahlentafel 1 zum Vergleich heranzieht, ebenfalls kein ungünstiges Ergebnis. Die gekerbte Probe erträgt bei diesem Abschreckgrad die außerordentlich hohe Festigkeit von 215 kg/mm². Unter Berücksichtigung der Spannungsverteilung in der Kerbprobe entspricht dies einer Spitzenfestigkeit von 860 kg/mm² (bei $\delta_{10} = 6{,}5\%$). Diesem Wert steht bei gleicher Wärmebehandlung des St 37 nur eine Spitzenfestigkeit von 420 kg/mm² gegenüber (bei $\delta_{10} = 16\%$). (Im Anlieferungszustand beträgt die Spitzenfestigkeit von St 52 = 430 kg/mm², bei $\delta_{10} = 24\%$; diejenige von St 37 = 320 kg/mm², bei $\delta_{10} = 30\%$.) Diese hohen ertragenen Spitzenwerte deuten darauf hin, daß man bei einer geschweißten Konstruktion aus Baustahl St 52 schon zusätzliche Annahmen für die Erklärung des Bruches machen muß, wenn man die bisher in den Konstruktionen gemessenen und errechneten inneren Höchstspannungen zugrunde legt; denn diese sind weit geringer.

Ein Höchstwert der Trennempfindlichkeit liegt nach dem im Bilde eingezeichneten Verlauf mit etwa 50% oder mehr in einem engbegrenztem Gebiet bei einer Abschrecktemperatur von etwa 700°. Hier ergibt sich eine Kerbfestigkeit von etwa 100 kg/mm², was einer Spitzenfestigkeit von etwa 400 kg/mm² entspricht. Sie ist fast ebenso hoch wie diejenige bei St 37 im günstigsten Abschreckzustand (420 kg/mm²). Der im Bild 6 angedeutete günstige Einfluß des Anlassens bei 550° ergibt die außerordentlich geringe Trennempfindlichkeit von nur 8%. In diesem Zustand ist die Kerbfestigkeit = 162 kg/mm² und die entsprechende Spitzenfestigkeit = 648 kg/mm² (bei δ_{10} = 11%).

Man sieht aus diesen Angaben, daß wenn man die Tragfähigkeit einer geschweißten Konstruktion nach den, unter dem Einfluß von Schrumpfungen entstandenen Spannungsspitzen beurteilen will, man auch die Fähigkeit der Baustähle studieren muß, inwieweit sie Spitzenspannungen ertragen. Diese Fähigkeit ist nicht nur abhängig von der thermischen Behandlung des Stahles, sondern auch vom räumlichen Spannungszustand und vor allem vor der Spitzenhöhe selbst. Außerdem spielt noch der ungünstige Einfluß der Größe des Konstruktionskörpers auf die Trennempfindlichkeit, wie er in Bild 3 angedeutet ist, in den ganzen Fragenkomplex hinein. Hier liegt noch ein weites Gebiet der Erforschung offen. Anderseits l a s s e n d i e a u ß e r o r d e n t l i c h g ü n s t i g e n K e r b festigkeitszahlen die beim Abschrecken kleiner Prüfkörper erzielt wurden, vermuten, daß der Bruch einer geschweißten Konstruktion aus St 52 nicht durch örtliche Überlastung eintreten kann. Man wird vielmehr annehmen können, daß die Härtung massiger Querschnittsteile weniger gute Eigenschaften hervorruft, indem durch Auslösung von inneren Spannungen Härterisse entstehen. Schließlich bleibt auch noch die Frage offen, ob nicht die Risse in der Schweißnaht selbst den Anlaß zum Durchbruch eines gesamten Profils geben.

Die Ergebnisse in Bild 6 bieten ferner eine Anregung für eine günstige W ä r m e b e h a n d l u n g d e r S c h w e i ß u n g im Sinne einer günstigen Trennempfindlichkeit.

Günstige Werte der Trennempfindlichkeit ($\Delta 6 < 25\%$) besagen, daß die Festigkeit nicht allzu sehr von der, nach der Gestaltsänderungsenergie zu errechnenden Festigkeit, abweicht. Die Plastizitätswirkung ist dann noch sehr günstig, obgleich manche Werkstoffe in solchem Falle nur eine Bruchdehnung von wenigen Prozenten besitzen, wie der in Zahlentafel 1 angegebene Sonderstahl[4] beweist, welcher bei nur 2,4% Bruchdehnung eine außerordentliche günstige Kerbempfindlichkeit von nur 14% aufweist. Mithin ist die Anforderung einer ausgleichenden Plastizität bei hohen Spannungsspitzen nicht in einer zahlenmäßig hohen Bruchdehnung zu suchen, da ja praktisch die Herabminderung der Festigkeit

[4] Von den Vereinigten Stahlwerken AG. zur Verfügung gestellt.

durch Kerben bei einem Werkstoff mit 40% Bruchdehnung größer ausfallen kann als bei einem Werkstoff mit nur 2% Bruchdehnung. Aus beistehendem Bild 7 wird ersichtlich, daß z. B. Kupfer trotz seiner außerodentlich hohen Bruchdehnung von 35% häufig in die Reihe der spröde brechenden Werkstoffe gehört. Dieselbe Erscheinung finden wir auch bei den Stählen. E i n e h o h e B r u c h d e h n u n g b i e t e t n i c h t r e g e l r e c h t d i e S i c h e r h e i t , d a ß d e r W e r k s t o f f i m B e t r i e b e s e i n e P l a s t i z i t ä t g u t a u s n u t z t.

4. Die Trennempfindlichkeit der Schweißraupe

Aus statistischen Aufzeichnungen, die in der Reichsröntgenstelle über die in Halsnähten bei Baustahl St 52 aufgetretenen, quer zur Beanspruchung liegenden Rissen

Stahl 0,7 C   Messing 58   Duralumin 681 B   Aluminium

Bild 7. Bruchbilder gekerbter Zerreißstäbe aus verschiedenen Werkstoffen. Links spröde Brüche, rechts zäher Bruch.

gemacht wurden, geht hervor, daß die Risse in der Naht (Nahtwurzel) beginnen, zum großen Teil in derselben verbleiben (Bild 8) und zum anderen Teil sich in die Härtungszone fortsetzen (Bild 9)[5]. Diese statistisch begründete Feststellung steht in Übereinstimmung mit der im Abschnitt 3 auf werkstoffmechanischer Grundlage aufgebauten Auffassung, daß die mechanischen Eigenschaften des gehärteten Baustahles St 52 zunächst nicht den Schluß zulassen, daß ein Anbruch von der gehärteten Zone seinen Ausgang nimmt. Man müßte schon zusätzliche Härterisse, die infolge der Abkühlung entstanden sind, annehmen, um einen Anbruch in der gehärteten Zone rechtfertigen zu können.

Die Entstehung von Rissen in der Schweißnaht ist in Anlehnung an die allgemeine Auffassung auf folgende Vorgänge zurückzuführen. Die erhitzten Teile können sich infolge der starren Umgebung nicht ausdehnen und werden daher plastisch gestaucht. Die Erkaltung ruft dann Zugspannungen in den plastisch vorgetauchten Teilen hervor. Diese Zugspannungen treten in allen drei Raumrichtungen auf[6].

Das Schweißgut befindet sich mithin im vorgestauchten Zustand und unterliegt hiermit den, an Hand von

[5] R. Berthold: Atlas der zerstörungsfreien Prüfverfahren. Joh. Anbr. Barth, Leipzig 1938.
[6] K. Klöppel: Der Stahlbau 11 (1938) S. 105—110; Stahlbaukalender 1937 S. 411.

Bild 4 besprochenen ungünstigen Festigkeitseinflüssen. Trennempfindlichkeitsversuche mit vorgestauchtem Schweißgut sind bisher noch nicht durchgeführt worden. Ebensowenig solche mit abgeschrecktem Schweißgut, so

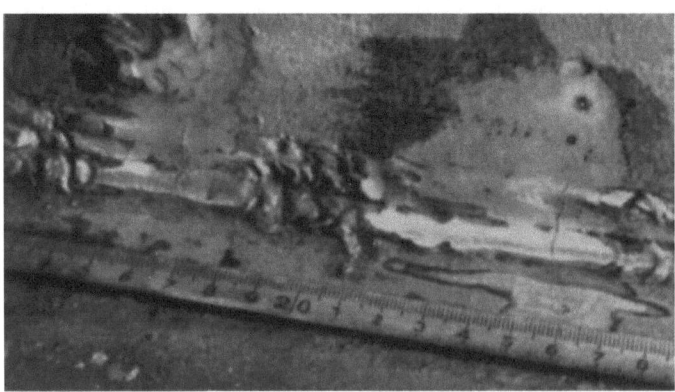

Bild 8. Riß in der Halsnaht (aus Atlas der zerstörungsfreien Prüfverfahren)[5].

daß sich über diese Einflüsse noch nichts aussagen läßt. Es dürften sich aber weitere Aufschlüsse aus solchen Versuchen erwarten lassen.

Einige Werte der Trennempfindlichkeit

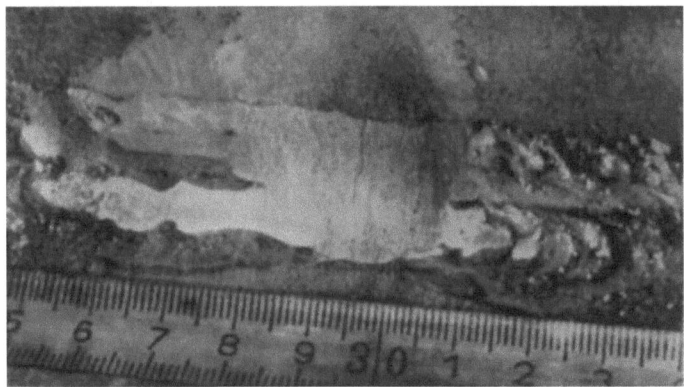

Bild 9. Riß in der Halsnaht geht in die gehärtete Zone hinein (aus Atlas der zerstörungsfreien Prüfverfahren)[5].

für Mantel- und Seelendraht, die an Stäben ermittelt wurden, die aus zu diesem Zwecke hergestellten Schweißraupen geringer Abmessungen entnommen wurden, bringt Zahlentafel 2. Bei den vorliegenden Versuchen war

Zahlentafel 2. Prüfwerte von Schweißraupen-Material

Bezeichnung	σ_B	ψ	δ_5	δ_{10}	δ_g	σ_{Bn}	Trennempfindlichkeit $\Delta\sigma$
Manteldraht	49,1	31,0	16,4	14	9,66	90,0 87,6	12,8 15,3
Seelendraht	59,0	33,3	12,6	11	7,0	92,0 107,8	24,7 11,9
	54,9	34,7	20,4	15,5	11,0	90,2 92,4	22,1 20,3

die Trennempfindlichkeit günstig. Beim Manteldraht, bei welchem Röntgenaufnahmen der Stäbe eine wesentlich feinere Porosität zeigten, war sie in den vorliegenden Fällen geringer als beim Seelendraht. Die Kerbfestigkeit reicht an diejenige des Stahles St 52 heran. Sie ist aber wesentlich geringer als diejenige der aufgehärteten Zone des Stahles. Indessen scheinen diese Versuche **noch nicht die ungünstigsten Umstände zu berücksichtigen**, da ja Vorstauchung und Abschreckung außer acht gelassen wurden. Gerade in Richtung der Untersuchung des geschweißten Gutes auf seine Trennempfindlichkeit bei verschiedenen Zuständen dürften sich noch manche Aufschlüsse erwarten lassen und Richtlinien für seine Behandlung ergeben.

Es bleibt nach diesen vorläufigen Untersuchungen die Frage noch offen, ob der erste Anbruch in der Naht erfolgt, weil die Trenneigenschaften durch Vorstauchung ungünstig beeinflußt werden, oder ob der Anbruch von der gehärteten Zone ausgeht. Für diesen Fall müßte man das Auftreten von Härterissen beim Abkühlen dicker Profile des legierten Stahles annehmen.

5. Die Biegeprobe als Gütemaßstab

Man hat Erfahrungen, die an der Biegeprobe mit Längsraupe gesammelt wurden, zur Beurteilung der Güte von Halsnähten an geschweißten Trägern herangezogen. Ein besonderer Anreiz hierzu lag darin, daß die Biegeprobe aus St 52 mit aufgelegter Schweißraupe sich ebenfalls ungünstiger als diejenige aus St 37 verhielt. Aus der Mechanik der Biegeprobe ergibt sich aber für dieselbe eine gänzlich andere Bewertung eines Zustandes als etwa bei einer Halsnaht. Daher soll auf die Mechanik der Biegeprobe besonders eingegangen werden [7].

Zunächst ergibt sich, daß die **Verformungsfähigkeit an der meistbeanspruchten Stelle der Biegeprobe der Einschnürfähigkeit ψ des Zerreißstabes entspricht.** In Bild 10 wurde die aus der Gesamteinschnürung ψ linear umgerechnete Einschnürdehnung δ_{III} mit der aus dem Krümmungshalbmesser der Biegeprobe ermittelten linearen Dehnung der Außenfaser (Biegegröße) verglichen. Es ergab sich eine weitgehende Annäherung beider Werte. Um mit Hilfe der Biegeprobe auch einen sehr verformungsfähigen Stahl zum Bruch bringen zu können, wurde die gefaltete Probe ausgebohrt und weiter zusammengedrückt, so daß Biegegrößen bis zu 300% erreicht wurden, die Einschnürungen von über 70% entsprechen. Zum Vergleich ist die Bruchdehnung δ_{10} eingezeichnet worden, welche hiernach keinen Vergleichsmaßstab für die Verformungsbeanspruchung abgibt. Die wirklichen Bruchverformungen sind weit größer als die Bruchdehnung δ_{10}, in welcher ja die Einschnürung fast völlig verschluckt wird. **Für den Bruch der Faltprobe ist mithin die Brucheinschnürung des Zerreißstabes maßgebend**, die linear umzurechnen ist, damit man sie mit der Biegegröße in Übereinstimmung bringen kann.

Obgleich nun die Biegegröße einen angenähert richtigen Maßstab für die Verformungs-Beanspruchung abgibt, verwendet man in der Praxis aus Bequemlichkeitsgründen

[8] W. Kuntze: Mitt. a. d. Staatl. Materialprüf. z. Berlin-Dahlem 1922 S. 281—293.

den **Biegewinkel** zur Beurteilung der Verformungsfähigkeit. Der Biegewinkel ergibt aber keine so eindeutige Bewertung der Verformungsfähigkeit, wie die Biegegröße, weil derselbe nicht nur aus der Verformung der für den Bruch maßgebenden meistgedehnten Stelle, sondern auch der über die gesamte Schenkellänge verteilten Verformungen, die ja wegen des veränderlichen Biegemomentes verschieden sind, herrührt. Daraus folgt dann, daß Verformung (Biegegröße) zu Biegewinkel bei harten und weichen Werkstoffen, die ja ein verschiedenes Kraft-Dehnungs-Diagramm besitzen, in einem ganz verschiedenen Verhältnis zueinander stehen (Bild 11). Härtere Werkstoffe er-

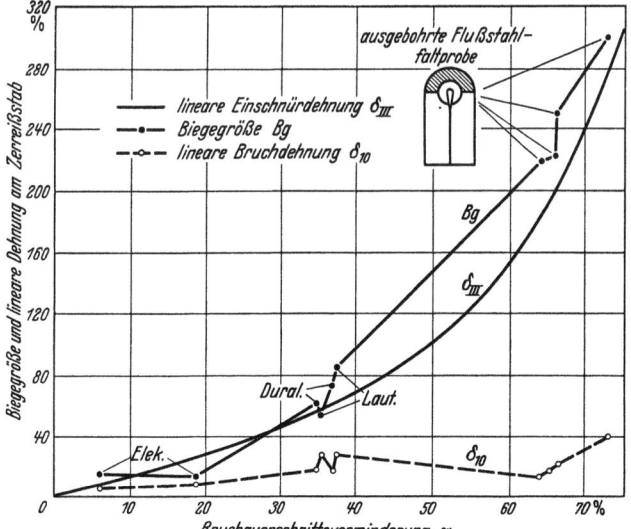

Bild 10. Vergleich von Biegegröße, linearer Einschnürdehnung und linearer Bruchdehnung bei Werkstoffen mit verschiedener Bruchquerschnittsverminderung ψ.

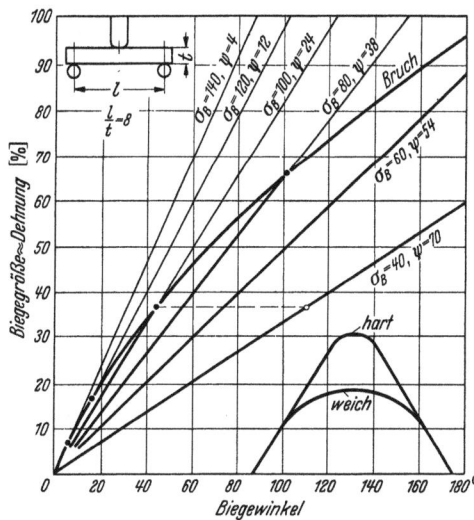

Bild 11. Dehnung der meistgezogenen Stelle der Biegeprobe (gemessen durch die Biegegröße) in Abhängigkeit vom Biegewinkel bei verschieden harten Stählen.

leiden bei gleichem Biegewinkel eine ganz wesentlich größere Verformungsbeanspruchung an der meistgedehnten Stelle als weiche, obgleich sie von Natur weniger verformungsfähig sind, als letztere. Oder umgekehrt: **um zu derselben Biegegröße, d.h. derselben Verformung an der meistbeanspruchten Stelle zu gelangen, ist der härtere Werkstoff um einen wesentlich geringeren Winkel zu biegen als der weichere.** Einen ungefähren Maßstab für diese Verhältnisse bei einem bestimmten Stützweitenverhältnis $l/t = 8$ gibt Bild 11, welches aus Versuchswerten zusammengestellt wurde. Ein genaues Verhalten der Werkstoffe beim Biegen ergibt sich erst aus der Beachtung des Biegemomentes an jeder Stelle der Biegeschenkel und dem Zerreißdiagramm des Werkstoffes.

Nimmt man jetzt das Verhältnis l/t als veränderlich an und betrachtet die Biegegröße, die jeweils bei einem stimmten Biegewinkel (z. B. 180°) erreicht wird, so führt das zu den in Bild 12 eingezeichneten Ergebnissen. Die Beanspruchung an der meistgedehnten Stelle nimmt insbesondere bei harten Werkstoffen sehr stark zu, wenn das Verhältnis l/t klein gewählt wird. Bei dem Wert $l/t = 8$, welcher demjenigen der vorgeschlagenen Schweißraupen-Probe entspricht, nimmt die Verformungsbeanspruchung bei einem Werkstoff mit der Zugfestigkeit $\sigma_B = 63$ schon so steil zu, daß die bei dieser Probe bekannten Streuungen der Ergebnisse allein hieraus erklärlich werden.

Aus diesen Zusammenhängen erklärt sich auch das im Schrifttum mitgeteilte Ergebnis, daß dickere Proben mit Längsraupe (bei gleicher Stützweite) einen geringeren Biegewinkel als dünnere ergeben. Dieses Ergebnis erlaubt nicht, die Biegeprobe als Beweismittel dafür einzusetzen, daß die verringerte Verformungsfähigkeit dickerer Proben

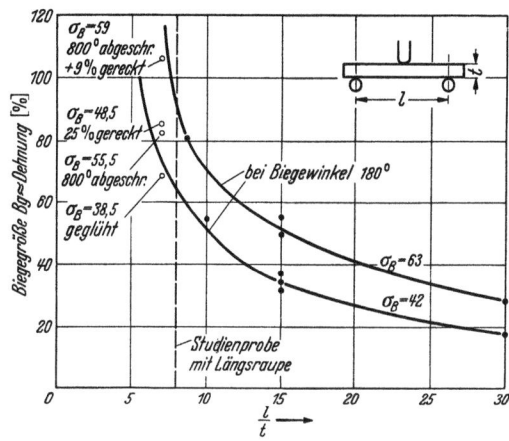

Bild 12. Biegegröße in Abhängigkeit von der bezogenen Stützweite bei verschiedenen harten Stählen.

auf die nachteilige Schweißung dicker Platten zurückzuführen sei, da ja die Verringerung der Verformung schon in der Mechanik der Biegeprobe an sich begründet liegt. **Der Einfluß der Dicke bewirkt nach Vorstehendem eine um so größere Abnahme des Biegewinkels, je härter der Werkstoff ist.**

Die Prüfung mit der Biegeprobe fällt demnach zu streng für festere Werkstoffe aus, wenn man diese mit weniger festen vergleichen will, und es ergibt sich hieraus ein Vergleichsmaßstab, welcher der Praxis nicht gerecht wird. Während man den Baustahl St 52 mittels der Biegeprobe nicht zu Bruch bringen kann, wird er gemäß Bild 11 im gehärteten Zustand einen Biegewinkel von nur einigen Grad aufweisen. Dieses Ergebnis läßt dann keine Schlüsse auf die etwaige nachteilige Mitwirkung von Schrumpfspannungen zu. Während in einer Halsnaht man einen verfrühten Anbruch der gehärteten Zone nur unter Mitwirkung von unwahrscheinlich hohen Spannungsspitzen annehmen könnte, ist bei der Biegeprobe der äußerst geringe Biegewinkel schon durch die Festigkeit des Werkstoffes an sich gegeben. Gerade die Beurteilung der typischen Eigenschaften der geschweißten Teile geht in der Biegeprobe somit gänzlich verloren.

Während der Wert der Verformungsfähigkeit der Werkstoffe für die Sicherheit der Konstruktionen schon an sich meist nicht richtig eingeschätzt wird, ist die Biegeprobe mit kurzer Stützweite geeignet, die Anschauungen über die Bewertung der plastischen Verformung in noch ungesundere Richtung zu verschieben. Eine genügende Plastizität verlangt man im allgemeinen als Rückhalt bei unübersichtlichen Beanspruchungen, damit bei etwaigen Überbelastungen kein gefahrvoller spröder Bruch eintreten kann. Man muß aber berücksichtigen, daß bei unübersichtlichen Spannungszuständen, also bei scharfen Querschnittsübergängen der plastischere Werkstoff seine Verformungsfähigkeit aus spannungstechnischen Gründen ohnehin meist einbüßt, und daß seine plastische Überlegenheit damit stark eingeschränkt wird. Der Begriff der Trennempfindlichkeit dürfte dazu beitragen, die Eigenschaften der Konstruktionsstähle in Anpassung an die Betriebsverhältnisse wesentlich besser auszunutzen und hier Werkstoffe zur Geltung kommen zu lassen, die auf Grund der Dehnungsbewertung ausgeschaltet werden. Sind hingegen übersichtliche Verhältnisse vorhanden, also Spannungsspitzen und 3-achsige Spannungszustände geringeren Ausmaßes, die man in der Gestaltungslehre heute kennt, so benötigt man die Plastizität als Sicherheitsgrad nicht, weil man auf Grund der Kenntnis der Spannungsspitzen und Kerbempfindlichkeit den Sicherheitsgrad genau ermitteln kann.

Zusammenfassung

Für die Beurteilung spröder Brüche von geschweißten Konstruktionen aus zähem Stahl sind bei weitem noch nicht alle Möglichkeiten erschöpft. Die bisherigen Verfahren treffen die Eigenschaftsbeurteilung z. T. nicht ganz richtig. Die Biegeprobe entspricht insbesondere bei Heranziehung des Biegewinkels einer eigenartigen Beanspruchungsform, deren Ergebnis sich auf andere Beanspruchungen z. B. diejenige in Halsnähten an geschweißten Trägern nicht übertragen läßt. Ein bei der Biegeprobe notwendigerweise eintretender spröder Bruch läßt nicht die Schlußfolgerung auf einen vorzeitigen spröden Bruch in der Halsnaht am Untergurt eines Trägers zu. Man kann aus dem Ergebnis der Biegeprobe nicht Schlüsse auf die Wirkung von Spannungsspitzen in einer Halsnaht ziehen.

Die Erkenntnis, daß Plastizität beim Stahl erforderlich ist, um verfrühte, d. h. unter zu geringen Beanspruchungen erfolgende spröde Brüche zu vermeiden, ist an sich richtig. Aber die Plastizitätswirkung ist nicht am quantitativen Maßstab der Bruchdehnung oder Einschnürung zu ermessen. Es gibt Werkstoffe, die mit 2% Bruchdehnung konstruktionssicherer sein können als solche mit 40% Dehnung.

In Ergänzung der hergebrachten Verfahren wird zur Eigenschaftsbeurteilung der an gekerbten Prüfstäben ermittelte Begriff der Kerbempfindlichkeit herangezogen, welcher nicht nur für Einkerbungen, sondern ganz allgemein für die Wirkung von Spannungsspitzen eine Bedeutung besitzt und mit Rücksicht darauf, daß eine Festigkeitsminderung bei Spitzenspannungen durch Überwindung des Trennwiderstandes hervorgerufen wird, auch als „Trennempfindlichkeit" bezeichnet wird. Die Gegenüberstellung der Trennempfindlichkeit der beiden Baustähle St 37 und St 52, im Auslieferungs- sowie im verschieden gehärteten Zustand, sowie des geschweißten Gutes führt zu aufschlußreichen Erkenntnissen. Wenn die Trennempfindlichkeit des abgeschreckten Baustahles St 52 nur bei einer engbegrenzten Abschrecktemperatur von etwa 700° sich etwas ungünstig verhält, bei darüber und darunterliegenden Abschreckgraden sich aber verhältnismäßig günstig erweist, so dürfte diese Tatsache Möglichkeiten der Abhilfe in sich schließen.

Auch der Vergleich der Spitzenfestigkeiten des gehärteten Baustahles bei den gewählten Prüfformen im Betrage von 860—400 kg/mm² des ungehärteten Zustandes von 430 kg/mm² des geschweißten Gutes von 360—440 kg/mm² und des St 37 im günstigst gehärteten Zustand von 420 kg/mm², im Anlieferungszustand von 330 kg/mm² gibt zu aufschlußreichen Überlegungen Anlaß. Die Ergebnisse lassen vermuten, daß gegebenenfalls ein Bruch einer geschweißten Konstruktion aus Baustahl St 52 nicht aus einer örtlichen Überlastung durch eine Spannungsspitze erfolgen kann, sondern durch Verschlechterung der Trenneigenschaften des Nahtmaterials infolge Vorstauchung während der Abkühlung oder durch Härterisse, die in der Übergangszone beim Abkühlen dicker Profile entstehen. Die Güte des geschweißten Gutes als auch die Beeinflussung der Härtungszone sollte sich aber mit Hilfe der Trennempfindlichkeitsprüfung in praktischer Richtung weiter studieren lassen.

Die werkstoff-mechanische Untersuchung hat ergeben, daß der Baustahl St 52 ein Konstruktionsstahl von ausgezeichneter Güte ist. Die Nachteile, welche die Härtung großer Stücke aus legiertem Stahl mit sich bringt, kann man nicht auf das Konto St 52 buchen, da sie eine Begleiterscheinung aller legierten Stähle ist. Trotzdem werden sich auch hier mit Hilfe des Trennempfindlichkeits-Verfahrens noch manche aufschlußreiche Studien durchführen lassen.

Die Trennempfindlichkeitsprüfung wurde im Rahmen einer größeren Versuchsreihe über den Einfluß des räumlichen Spannungszustandes auf die Festigkeit und über die Gesetzmäßigkeit der Spannungsverteilung entwickelt. Der Deutschen Forschungsgemeinschaft welche der Durchführung dieser Aufgaben ihre Unterstützung gewährte, sei hierfür besonders gedankt.

ÜBER ERKENNTNISSE, WELCHE BEI DER GESTALTUNG DER SCHWEISSVERBINDUNGEN IM STAHLBAU ZU BEACHTEN SIND[1]

Von Professor **O. Graf**,

Materialprüfungsanstalt an der Technischen Hochschule Stuttgart

Einleitung

a) Eine Hauptaufgabe der Schweißtechnik ist, Verbindungen zu schaffen, die an der Schweißstelle die volle Widerstandsfähigkeit des Werkstoffs der zu verbindenden Teile besitzen. Wir wissen, daß diese Aufgabe auf weiten Gebieten hinreichend, auf wichtigen Teilgebieten unvollkommen gelöst ist; die Beherrschung der Eigenschaften des Werkstoffs ist technisch und wirtschaftlich begrenzt.

Ein Beispiel soll diesen Umstand veranschaulichen. Im Laufe der letzten zehn Jahre ist im Stahlbau neben dem St 37 der St 52 eingeführt worden, zunächst weil mit dem St 52 bei hohen zulässigen Anstrengungen weitgespannte genietete Brücken und andere Bauwerke mit weniger Werkstoff herstellbar sind als mit St 37. Der Eisenbeton folgte auf demselben Weg mit der Einführung der sog. hochwertigen Betonstähle[2].

Gleichzeitig hat die Schweißtechnik eine große Ausbreitung erfahren; deshalb verlangte der Ingenieur des Stahlbaus, daß die Stähle hoher Festigkeit auch schweißbar seien. Dem Stahlbau konnten schließlich nur Stähle angeboten werden, die mit dem Lichtbogen zuverlässig schweißbar sind. Die Forderungen an die Eigenschaften der Stähle mußten dazu entgegen der vorherigen Entwicklung beschränkt werden, um die Zusammensetzung der Stähle so wählen zu können, daß mit den heute im Stahlbau benutzten Hilfsmitteln gute Schweißverbindungen entstehen[3]. Es ist deshalb nicht abwegig, wenn zur Zeit für Stücke mit besonders großem Querschnitt eine Einschränkung stattfindet[4].

b) Bei der Gestaltung der Schweißverbindungen für den Brückenbau und für andere Gebiete des Stahlbaues war einst zuerst aufmerksam zu machen, daß die Tragelemente für ruhende Lasten anders zu entwickeln sind als für oftmals wiederkehrende Lasten. Es waren die Erkenntnisse über das Verhalten der Werkstoffe bei zügiger und bei oftmals wiederholter Belastung anzuwenden, die in ihren Grundlagen schon lange vorlagen; dementsprechend sind seit 1931 mannigfaltige Feststellungen zur Erweiterung der Grundlagen für das Gestalten geschweißter Tragwerke gemacht worden. Man weiß daraus u. a., daß die leicht herstellbaren Verbindungen nach Bild 1 zur Aufnahme ruhender Last gut geeignet sind, aber zur Aufnahme oftmals wiederkehrender Lasten viel weniger in Betracht kommen als die mit erhöhter Sorgfalt herzustellende Stumpfnaht. Es war damit erinnert, daß Tragteile, die mit tunlichst geringem Werkstoffaufwand gebaut werden sollen, die viele Belastungen und Entlastungen ertragen müssen oder deren Anstrengung oftmals in der Richtung wechselt, so gestaltet sein müssen, daß tunlichst ein stetiger Kraftfluß stattfindet. Damit ergibt sich, daß Laschenverbindungen nach Bild 1 nur anwendbar sind, wenn die Schwellbeanspruchung im Dienst verhältnismäßig klein bleibt. Dagegen ist die gut hergestellte, sorgfältig überprüfte Stumpfnaht für die Aufnahme oftmals wiederkehrender Lasten geeignet; sie wird dementsprechend bevorzugt, wenn hohe Schwellbeanspruchungen unvermeidlich sind.

Bilder 1a und 1b. Kehlnahtverbindungen; Probe in Bild 1a bei zügiger Belastung, Probe in Bild 1b unter oftmals wiederkehrenden Lasten geprüft.

c) Die derzeitige Anwendung der Schweißtechnik im Stahlbau geschah auf Grund mannigfacher Versuche im Laboratorium mit Bauelementen, gleichzeitig nach Beobachtungen an Bauwerken; dabei trat der Versuch über den Einfluß der Größe der Probekörper zunächst zurück. Für die Herstellung sehr großer Tragwerke ist der Aufschluß mit Laboratoriumsversuchen noch unzureichend; deshalb wird zur Zeit für Stähle hoher Festigkeit ein Aufschluß über das Verhalten besonders großer Querschnitte zusammen mit Schweißnähten gesucht. Man weiß dabei u. a. noch nicht ausreichend, mit welchen Grenzen die

---

[1] Nach einem Vortrag in der Sitzung „Schweißtechnik" der Hauptversammlung des Vereines Deutscher Ingenieure am 27. Mai 1938 zu Stuttgart. Bauing. XIX. J. 1938, H. 37/38. S. 519—530.

[2] Darüber hinaus lag der Wunsch nahe, wie früher für das Maschinenwesen nunmehr auch für das Bauwesen Stähle mit noch höherer Tragfähigkeit, als sie dem St 52 eigen ist, zu entwickeln. Ansätze zur Verwirklichung dieser Aufgabe sind bekannt; im Eisenbeton sind inzwischen Stähle mit höherer Festigkeit eingeführt worden.

[3] Vgl. u. a. K. Klöppel: Stahlbaukalender 1938, S. 418ff.

[4] Die Entwicklung der Schweißverbindungen ist auf Sondergebieten des Bauwesens — soweit es sich um die Beschaffenheit des Stahls handelt — weiter geschritten als im Stahlbau; ich denke dabei an den Gleisbau; zahlreiche Versuche mit geschweißten Eisenbahnschienen zeigen, daß hochwertige Schweißverbindungen auch mit Stählen hoher Festigkeit und mit hohem Kohlenstoffgehalt fortlaufend ausführbar sind. Ein zugehöriger Bericht erscheint in der Zeitschrift „Autogene Metallbearbeitung" 1938.

Schrumpfspannungen und Schrumpfkräfte wesentlichen Einfluß auf die Haltbarkeit der Verbindungen nehmen und wie verfahren werden muß, damit der Werkstoff an den Schweißnähten immer den praktischen Erfordernissen genügt.

d) Die Erkenntnisse zu den bisher gekennzeichneten Aufgaben sollen im folgenden kurz erörtert und durch Beispiele veranschaulicht werden, soweit sie für die Gestaltung großer Bauwerke wichtig erscheinen, die in den Dienst der Allgemeinheit gestellt werden und deshalb durchaus zuverlässig sein sollen. Dabei werden vor allem Feststellungen beschrieben, die bei Versuchen für den Deutschen Ausschuß für Stahlbau und für die Direktion der Reichsautobahnen gemacht wurden. Die Betrachtungen beschränken sich überdies in der Regel auf Verbindungen, die mit dem elektrischen Lichtbogen hergestellt worden sind.

1. Die Gewährleistung bestimmter Eigenschaften des Schweißguts als Voraussetzung für die Anwendung von Schweißverbindungen in hochbeanspruchten Tragwerken

Die Festigkeit der Schweißverbindungen

a) Die Entwicklung der geschweißten Tragwerke im Bauwesen ist zur Zeit an die Voraussetzung gebunden, daß die Herstellung hochwertiger Stumpfnähte gewährleistet wird, weil — wie schon hervorgehoben — gute Stumpfnähte unbearbeitet bei allen Belastungsfällen, also auch unter bewegten Lasten hohe Anstrengungen ertragen. Die Gestaltung geschweißter Tragwerke kann überdies mit Stumpfnähten oftmals einfacher werden als mit andern Verbindungen. Doch darf nicht außer acht bleiben, daß die Zuverlässigkeit der Ausführung der Stumpfnähte nur gesichert ist, wenn alle neuzeitlichen Hilfsmittel der Schweißtechnik angewandt und beherrscht werden.

Bei der Stumpfnaht ist zunächst auf die äußere Beschaffenheit, auf die Vermeidung von Bindefehlern und von groben Poren geachtet worden. Man fand, daß Nähte mit Randkerben nach Bild 2 oder Nähte

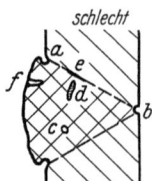 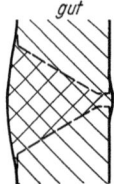

Bilder 2 und 3. Querschnitt einer mangelhaften und einer guten Stumpfnaht.

mit unvollkommen verschweißter Wurzel unter oftmals wiederkehrenden Lasten geringwertig sind, daß Verbindungen hoher Tragfähigkeit Übergänge nach Bild 3 haben müssen und daß dabei durch Bearbeitung der Übergänge geholfen werden kann. Im Inneren von Stumpfnähten geringer Tragfähigkeit fand man Bindefehler, Lücken in der Wurzel von X-Nähten und grobe Poren.

Durch viele Versuche ist bekannt, wie die Bedingungen für gute Stumpfnähte hinsichtlich der äußeren Beschaffenheit und wegen des — mit bloßem Auge erkennbaren — Grobgefüges zuverlässig eingehalten werden können, wenn es sich um Stücke aus Baustählen mit mäßigen Dicken handelt, wenn die Herstellung durch geübte verantwortungsbewußte Schweißer geschieht, geeignete Schweißstäbe und geeignete Schweißgeräte zur Verfügung stehen, auch die erforderlichen Prüfungen fortlaufend gemacht werden. Unter dieser Voraussetzung entstehen u. a. mit St 37 und St 52 Stumpfnähte, welche bei zügiger Belastung volle Tragfähigkeit zeigen, bei oftmals wiederholter Zugbelastung unbearbeitet eine Ursprungsbelastung bis rd. 18 kg/mm², vereinzelt auch mehr liefern[5].

Man ist also in der Lage, mit rohen Stumpfnähten der geprüften Art oftmals wiederholte Zugbelastungen bis 18 kg/mm², unter besonderen Umständen auch mehr aufzunehmen; bei zügig aufgebrachter Zuglast liegt die Tragfähigkeit im Gebrauch nahe der Streckgrenze, beim Bruch an der Zugfestigkeit des verwendeten Stahls.

Zum Vergleich wissen wir, daß **Kehlnahtverbindungen nach Bild 1 oder nach anderer Art bei zügiger Belastung ohne außerordentliche Maßnahmen voll tragfähig gemacht werden können**; jedoch sind die rohen Kehlnahtverbindungen unter oftmals wiederholter Zugbelastung viel weniger tragfähig als gute Stumpfnähte; allerdings ist dabei der Einfluß der Beschaffenheit des Schweißguts von geringerer Bedeutung als bei der Stumpfnaht. Wenn wir aber Kehlnahtverbindungen beispielsweise an den Enden von Gurtverstärkungen durch Bearbeiten nach Art der Abb. 4 so verbessern wollen, daß sie auch unter oftmals wiederkehrenden Lasten hohe zulässige Anstrengungen ertragen, so ist **auch hier hochwertige Beschaffenheit des Schweißgutes unentbehrlich**.

b) Die Bedeutung der Tragfähigkeit der guten Verbindungen wird oftmals durch den Vergleich mit den Zah-

Bild 4. Herstellung eines besonders guten Übergangs an den Enden von Gurtverstärkungen.

len beschrieben, die bei der Prüfung von gebohrten Flachstäben oder von Nietverbindungen auftreten. Man weiß dazu, daß Nietverbindungen bei zügiger Belastung die volle Tragfähigkeit des Stahls aufweisen, bei oftmals

---

[5] Bearbeitete Nähte können bei sonst guter Beschaffenheit noch höhere Werte liefern; der höchste Wert der Ursprungszugfestigkeit war bei sauber bearbeiteten Stücken 26 kg/mm².

wiederholter Zugbelastung Schwingweiten von etwa 14 kg/mm² und mehr ertragen, im Wechsel von Zug- und Druckbelastungen noch erheblich widerstandsfähiger sind [6]. Wenn man von seltenen Verhältnissen absieht, zeigen die zur Zeit vorliegenden Feststellungen immerhin, daß gut hergestellte und als solche verbürgte Stumpfnähte bei gleichem Nutzquerschnitt höhere Anstrengungen ertragen können als Nietverbindungen. Da bei der Nietverbindung der angeschlossene Stab durch die Nietlöcher verschwächt ist, erfordern Zugstäbe, die den Kraftschluß mit fehlerfreien Stumpfnähten erhalten, überdies weniger Werkstoff als solche, die durch Nieten angeschlossen werden. Doch ist dabei immer wieder zu bemerken, daß die Überlegenheit der geschweißten Stäbe usf. nur zutrifft, wenn die Schweißung entsprechend den wiedergegebenen Zahlenwerten vollwertig verbürgt werden kann.

c) Das Ziel der Schweißtechnik ist nach dem ersten Satz meiner heutigen Darlegungen weiter gesteckt als das bisher Erreichte; man sollte schließlich im Laufe der Zeit an der Stumpfnaht die Tragfähigkeit des voll durchlaufenden Walzstahls auch bei oftmals wiederkehrenden Lasten erreichen. Ob und wie dieses Ziel erreicht wird, sei zunächst dahingestellt. Damit man weiß, wie groß der Weg dorthin ist, sei erwähnt, daß Flachstäbe aus St 37 und St 52 mit Walzhaut ohne Bohrung bei oftmals wiederholter Ursprungszugbelastung Schwingweiten von rd. 24 bis rd. 36 kg/mm² ertragen (vgl. die Zahlentafel 1). Diese Zahlen sind erheblich höher als die dazugehörigen, bisher erreichten Dauerfestigkeiten der Schweißverbindungen.

Für Stäbe mit Bohrung vgl. Zahlentafel 2.

Zahlentafel 1. Dauerversuche mit Flachstäben mit Walzhaut, ohne Bohrung.

1	2	3	4	5	6
Stahlsorte	Jahr	Prüfstelle	Dauerzugversuche (Schwellbelastung); 2 000 000 Lastspiele wurden ertragen bei		
			Unterzugspannung σ_{zu} kg/mm²	Oberzugspannung σ_{zo} kg/mm²	Schwingweite $\sigma_{zo}-\sigma_{zu}$ kg/mm²
St 37	1929	Inst. f. d. Mat.-Prüf. d. Bauwesens, Stuttgart	0,7	30,7	30,0
St 37	1931	dass.	0,7	24,9	24,2
St 52	1930	dass.	0,7	29,0	28,3
St 52	1930	dass.	0,5	27,0	26,5
St 52 C	1932	dass.	2,0	27,0	25,0
St 52 D	1931	dass.	2,0	33,0	31,0
St 54	1931	dass.	0,7	32,0	31,3
St 52	1932/33	dass.	0,5	37,0	36,5

d) Die bisher besprochenen Feststellungen sind noch nicht allgemein anwendbar, denn sie sind mit Schweißverbindungen entstanden, die als Zugstäbe bis nur rd. 43 cm² Querschnitt aufwiesen. Außerdem waren die Versuchskörper beim Schweißen frei aufgelegt; die beim Schweißen auftretenden Formänderungen waren also durch äußere Kräfte nicht gehindert. Ferner waren die zu Zugversuchen verwendeten Proben mit Stumpfnähten oft aus größeren Proben herausgearbeitet; damit sind die durch das Schweißen aufgetretenen inneren Spannungen vermindert worden.

e) Weiter ist zu fordern, daß die Schweißnähte — insbesondere bei großen Tragteilen — aus Werkstoff be-

[6] Vgl. Heft B 5 der Versuchsberichte des Deutschen Ausschusses für Stahlbau, S. 42ff.; ferner Stahlbau 9 (1936) S. 185ff.

Zahlentafel 2. Grundschwellfestigkeit von Flachstäben mit Walzhaut und Bohrung.

Bezeichnung des Werkstoffs		Jahr der Herstellung (ungefähre Angabe)	Zugfestigkeit nach DIN 1605 kg/mm² σ_{zB}	Grundschwellfestigkeit für $2 \cdot 10^6$ Lastspiele kg/mm²
a) Proben aus alten Brücken				
Schweißeisen	aus einer Brücke in Mannheim	1889	—	16
,,	aus einer Brücke in Berlin	—	—	20,5
Martinflußeisen	aus einer Brücke bei Stuttgart	1892	37,4	17
Flußeisen	aus einer Brücke der Berliner Hochbahn	um 1900	38,1	19
b) Proben aus Lieferungen der Walzwerke				
St 37	(12 Lieferungen)	1929 bis 1933	37,6 bis 41,7	15,3 bis 21,0 im Mittel 18,5
St 52	(16 Lieferungen)	1929 bis 1933	53,4 bis 62,6	14,5 bis 23,0 im Mittel 20,5
Nickelstahl	(5 Lieferungen)	1930 bis 1933	48,0 bis 62,8	18,0 bis 24,0 im Mittel 19,5

stehen, der durchweg genügend bildsam und nach dem Schweißen rißfrei ist. Wir wissen dazu u. a., daß beim Verschweißen großer Stücke eine besonders rasche Abkühlung des Schweißguts möglich ist und daß durch diese rasche Abkühlung u. a. harte, kaum bildsame Schichten im Schweißgut entstehen können [7]. Weiter ist bekannt, daß die Schweißnähte beim Erkalten unter noch nicht völlig umgrenzten Verhältnissen parallel der Naht rissig werden können; es handelt sich dabei um die Schweißnahtrissigkeit parallel der Naht. Noch ernster ist das Entstehen von Rissen quer zur Naht, die schwer zu entdecken sind, wenn sie in der Übergangszone auftreten. Die zugehörige Prüfung geschieht zweckmäßig unter strengeren Verhältnissen als den praktisch erforderlichen; doch ist eine allgemein zweckmäßige Art der Prüfung noch nicht ausreichend erkundet; man muß wohl von Fall zu Fall Proben herstellen, die den praktischen Umständen hinreichend entsprechen und die unter verschärften Bedingungen ausgeführt werden.

Diese Bedingungen stehen zur Zeit im Vordergrund der schweißtechnischen Aufgaben des Stahlbaus. Deshalb sind sie vor den weiteren Darlegungen zu erörtern.

2. Über die Gewährleistung ausreichender Formbarkeit des Schweißguts in Schweißnähten hoher Tragfähigkeit

a) Das Schweißgut ist ein Stahlguß, der in mannigfaltiger Weise hergestellt wird, von den jeweiligen Verhältnissen vielfältig beeinflußt wird und deshalb mit sehr verschiedenen Eigenschaften auftreten kann. Eine Vorbehandlung des Werkstoffs oder eine Nachbehandlung

[7] Vgl. u. a. den Vortrag von Hauttmann gelegentlich der Hauptversammlung des Deutschen Verbandes für die Materialprüfungen der Technik am 9. Oktober 1937 in Düsseldorf.

des geschweißten Stücks zur Verbesserung der Eigenschaften findet im Stahlbau zur Zeit nicht statt. Bei dieser Sachlage sind die Feststellungen wichtig, die Bierett und Stein [8], Hauttmann [9], Klöppel [10], Kommerell [11], Rapatz und Schütz [12] und andere bekanntgegeben haben, und aus denen hervorgeht, daß das Schweißgut Zonen auf-

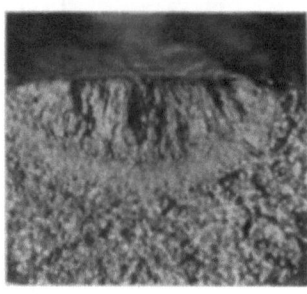

Bild 5a. Zugstab mit Schweißraupe, nach sehr kleiner Drehung gebrochen.
Bild 5b. Zugstab aus dem gleichen Stahl wie der Stab in Abb. 5a. jedoch ohne Schweißraupe; Bruchdehnung groß.
Bild 5c und 5d. Bruchquerschnitt des Stabs in Abb. 5a. Die Schweißraupe liegt jeweils oben.

weisen kann, in denen der Werkstoff hohe Festigkeit und sehr geringe Bildsamkeit aufweist. Der Einfluß der harten Schichten auf die Formbarkeit großer Stücke ist so scharf ausgeprägt, daß daraus eine — zunächst zeitweilige — weitgreifende Beschränkung im Bau geschweißter Brücken bestimmt wurde. Unter solchen Umständen tritt selbstverständlich die Frage auf, welche Formbarkeit das Schweißgut allgemein oder in bestimmten Fällen mindestens aufweisen muß. Weiterhin muß man erfahren, wie die erforderliche Formbarkeit zu prüfen ist und — was das Wichtigste ist — wie sie am einfachsten sicher erreicht werden kann.

Ein Beispiel soll den heutigen Zustand für Grenzfälle erläutern. Ein Stahlstück von rd. 200 mm Breite und rd. 40 mm Dicke erhielt auf der Breitseite Halbkreisnuten von 2 mm Tiefe und darauf einfache Schweißraupen aus umhüllten Schweißdrähten von 3,25 mm Dmr. Die Drähte stammten aus einem führenden Werk der Schweißdrahtindustrie. Die Schweißung erfolgte mit Gleichstrom bei 130 A Stromstärke. Das Stahlstück bestand aus Stahl St 52 mit $\sigma_B = 33$ kg/mm², $\sigma_F = 59$ kg/mm²; die Bruchdehnung betrug 22%.

Nach dem Schweißen sind Probestäbe von rd. 20 mm

---

[8] Elektroschweißg. 8 (1937) S. 148f.; Stahl u. Eisen 58 (1938) S. 427ff.; Elektroschweißg. 9 (1938) S. 81ff.
[9] Vortrag gelegentlich der Hauptversammlung des Deutschen Verbandes für die Materialprüfungen der Technik vom 7. Oktober 1937.
[10] Stahlbaukalender 1938, S. 419.
[11] Stahlbau 11 (1938) S. 49ff.
[12] Stahl u. Eisen 58 (1938) S. 378ff.

Breite und 17 bis 18 mm Dicke so herausgearbeitet worden, daß auf der Mitte der breiten Seite eine Schweißraupe lag. Die Stäbe sind dann dem Zugversuch unterworfen worden. Dabei brachen sie gemäß Bild 5a, 5c und 5d bei 39,9 und 39,2 kg/mm². Die Bruchdehnung betrug 0,7 und 0,9%. Die Festigkeit des Stahls ist also nach dem Aufbringen der Schweißraupe viel kleiner ausgefallen als ohne Schweißraupe (39,5 gegen 59 kg/mm²); die Bruchdehnung wurde mit der Schweißraupe sehr klein. Der Bruchquerschnitt der Stäbe mit Schweißraupe ist in Bild 5c und d dargestellt; der spröde Bruch ging von einer harten Schicht im Übergang der Raupe zum Grundstoff aus.

Zum fast gleichen Ergebnis führte der Versuch mit einem Stab von rd. 40 mm Dicke (Blechdicke) und rd. 12 mm Breite, wobei die Schweißraupen vor dem Herausschneiden des Stabs auf den 12 mm breiten Flächen aufgebracht waren. Die Zugfestigkeit betrug 41,9 kg/mm²; die Dehnung außerhalb der Bruchstelle ~ 0,6%.

Es ist selbstverständlich, daß solche Verhältnisse im Bauwerk sicher vermieden werden müssen.

Um zu zeigen, in welcher Richtung dies möglich ist, sind vom gleichen Blech Stücke von 31 mm Breite und 18 mm Dicke abgetrennt worden. Diese erhielten auf beiden Seiten wieder eine Schweißraupe, die mit denselben Schweißstäben hergestellt wurden. Nach dem Schweißen sind die Stäbe im mittleren Teil auf 20 mm Breite abgearbeitet worden. Die Zugfestigkeit (ohne Be-

Bilder 6a und 6b. Zugstab mit Schweißraupe. Die wenig dehnbare Schweißraupe ist gerissen, in Bild 6a rechts und in Bild 6b links.

achtung des Zusatzquerschnitts durch die Raupe) fand sich jetzt zu 51,7 kg/mm² gegenüber 59 kg/mm² beim Stab ohne Schweißraupe und 39,2 bis 41,9 kg/mm² bei den Stäben, die vor der Entnahme aus dem dicken Blech mit Schweißraupen belegt waren. Die Stäbe, welche die Schweißraupen nach dem Herausarbeiten erhielten, haben die Wärme weniger rasch abgeleitet als das dicke Blech; damit ist die örtliche Härtung weniger schroff geworden und die Festigkeit des Stabs ist höher geblieben. Doch war auch jetzt noch kein ausreichender Erfolg erzielt, worauf auch das Verhalten der Stabränder beim Zugversuch hinweist, wie Bild 6a und b erkennen lassen.

Mit solchen Feststellungen entsteht die Forderung, überall da, wo harte, nur unerheblich verformbare Schichten möglich erscheinen, zu sorgen, daß die Härtung ausreichend beschränkt wird, indem die Abschreckung durch Vorwärmen oder indem die Härtung durch nachträgliches Erwärmen (Anlassen), ausreichend gemildert wird. Wie man dabei grundsätzlich vorgehen kann, ist seit langer Zeit durch zahlreiche Versuche und mannigfache Erfahrungen bekannt. Aus vielen Beispielen bringe ich Bild 7, aus der 1. Auflage des Werkstoffhandbuchs Stahl und Eisen stammend [13] und Bild 8, die aus einer sehr anschaulichen Arbeit von Mailänder entnommen ist [14]. Die Begriffe Anlassen, Vergüten, Spannungsfreiglühen, welche die hier möglichen Vorgänge umfassen, sind schon längst Allgemeingut der Technik.

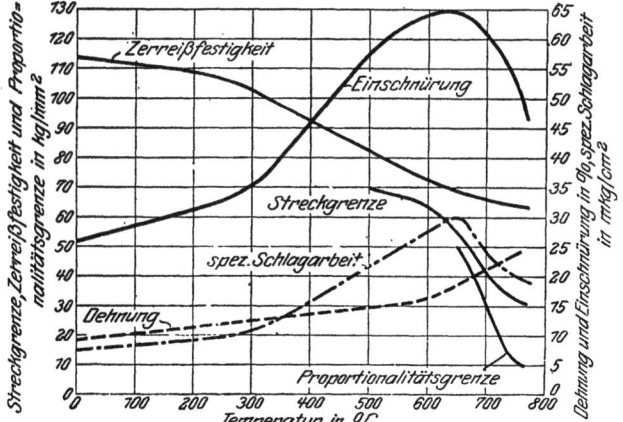

Bild 7. Aus Versuchen über den Einfluß des Anlassen auf die Eigenschaften des Stahls.

Am zuverlässigsten ist wohl die Vorwärmung. Doch können die Ingenieure des Stahlbaues erwidern, daß die Vorwärmung der großen Stahlbauteile schwierig auszuführen ist und den ausführenden Männern schwere Arbeitsbedingungen bringt. Die Nachbehandlung ist sehr kostspielig, wenn die ganzen Stücke vergütet werden sollen. Deshalb müssen auch andere Wege gesucht werden, um die derzeitigen Grenzen des Stahlbaues zu erweitern. Dabei ist sehr wichtig, daß vor allem die erste Schweißlage vergütet werden muß und daß diese Vergütung zweckmäßig vor jeder Bearbeitung der ersten Schweißlage mit dem Meißel und vor dem Wenden des Trägers geschieht, damit die Schweißlage rißfrei bleibt, namentlich ohne Querrisse.

b) Dem unter a Gesagten sei das Folgende gegenübergestellt. In einer Erörterung über die zweckmäßige Gestaltung der Schweißverbindungen, die vor etwa sieben Jahren aufgenommen wurde und bei späteren Besprechungen über die gleiche Sache wurde von anderer Seite die Meinung vertreten, Schweißverbindungen seien wie Gußstücke zu entwickeln; an den Verbindungsstellen sei gegossenes Material, das keiner weiteren Verformung bedürfe; deshalb sei von besonderen Forderungen an die Verformbarkeit des Schweißguts abzusehen. Diese Auffassung ist nicht allgemein gültig und jedenfalls für weite Gebiete des Stahlbaues nicht anwendbar, weil während der Herstellung der Tragwerke an den bereits fertigen Schweißstellen durch das Schweißen anderer Stellen, durch Wenden, durch Nachrichten einzelner Teile usf. auch durch Ausmeißeln [15], Formänderungen wachgerufen werden, die zu erheblichen örtlichen Verformungen des Schweißguts führen. Das Schweißgut muß deshalb bildsam sein.

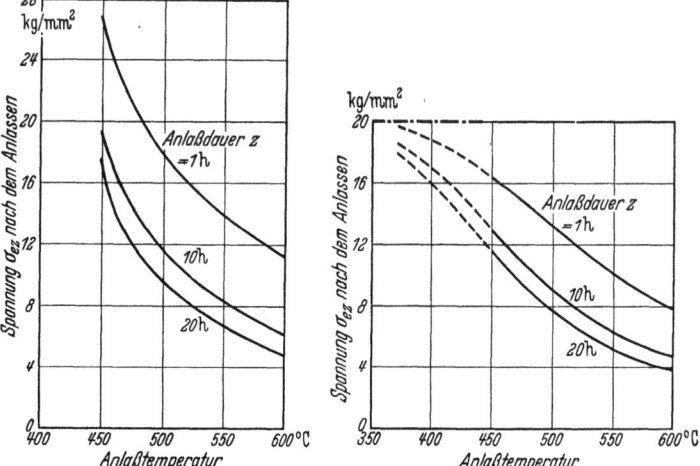

Bild 8. Verminderung der Eigenspannungen durch Anlassen. Links: Spannung σ_{ez} vor dem Anlassen 40 kg/mm². Rechts: Spannung σ_{ez} vor dem Anlassen 20 kg/mm².

c) Nun ist seit langer Zeit üblich, die Verformbarkeit des Schweißguts zu prüfen und zwar mit der Faltprobe. Es ist bekannt, daß die normengemäße Faltprobe

Bild 9. Kugelspur nach Hauttmann im Querschnitt einer Schweißraupe. Die schmälste Stelle der Spur liegt auf der härtesten Zone der Schweißraupe.

---
[13] Stahl u. Eisen 11 (1931) S. 666.
[14] Blatt T 5—6.
[15] Ferner ist zu beachten, daß harte Schichten beim üblichen Auskreuzen der ersten Lage von Wurzeln rissig werden können. Deshalb wird das Ausräumen der Wurzel der ersten Schweißlage am besten durch Schleifen geschehen.

bis jetzt gute Dienste leistete und leisten wird; sie ist aber mit den üblichen Abmessungen nicht geeignet, um ungeeignetes Schweißgut für alle Fälle auszuscheiden. Es zeigte sich bei Versuchen, über die Kommerell und Klöppel berichteten, daß die Verformbarkeit des Schweißguts in gewissen Fällen unmittelbar nach den praktischen Erfordernissen verfolgt werden muß. Das Schweißgut ist mit den Maßen der praktischen Verwendung zu suchen und

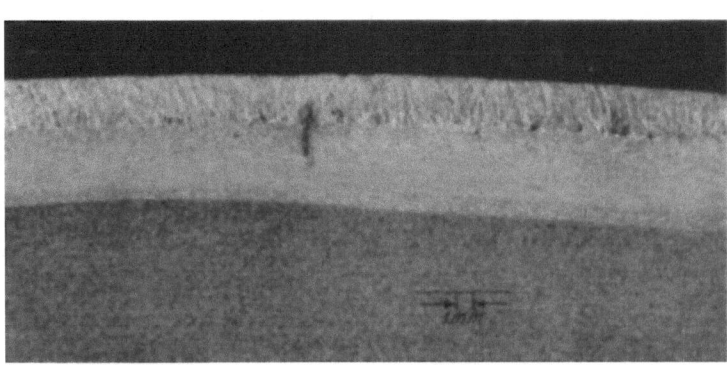

Bild 10. Längsschnitt einer Schweißraupe mit dem darunter liegenden Grundwerkstoff. Im Übergang der Raupe zum Grundwerkstoff ein dunkel erscheinender Querriß.

zu prüfen. Die Größe der Proben, die Art des Aufbringens des Schweißguts, auch die Größe des Querschnitts des Schweißguts, die Beschaffenheit der zu verschweißenden Werkstoffe, die Art seiner Herstellung, seine Vorbehandlung, die Lage des Schweißguts zur Biege- oder Zugrichtung u. a. m. sind eben für verschiedene Aufgaben verschieden.

Deshalb erscheint es zur Zeit angezeigt, vor der Verwendung von großen Stücken aus Stählen hoher Festigkeit Probeschweißungen unter Verhältnissen anzustellen,

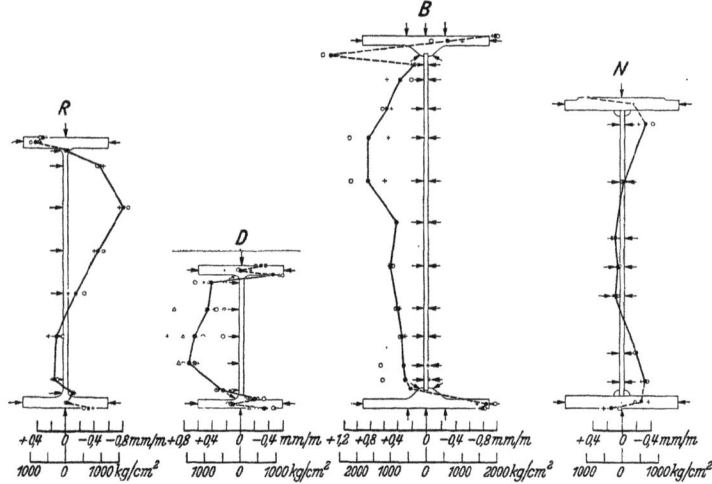

Bild 11. Anstrengungen in geschweißten Trägern.

die den praktischen gleichen [16]; in den so gewonnenen Schweißnähten kann man u. a. mit dem Kugelrollverfahren von Hauttmann prüfen, ob weitgehende Aufhärtungen vorhanden sind. Bild 9 zeigt ein Beispiel; es gibt den Querschnitt einer Probe nach Bild 5 wieder. Die Kugelspur a, a ist bei h verengt; damit ist eine harte Zone festgestellt. Die zugehörige zulässige Grenze der

---

[16] Dabei ist bekannt, daß bei großen Walzstücken neben den schon genannten Einflüssen die Herstellungsart des Stahls (Thomasstahl, Siemens-Martin-Stahl) und die Abkühlungsgeschwindigkeit im Walzwerk Einfluß nehmen.

Härte ist noch nicht bekannt; man nimmt zur Zeit an, daß sie bei der Prüfung nach Vickers unter 250 bleiben muß. **Außerdem ist nachzuweisen, daß nach dem Schweißen und nach einer gewissen Verformung durch Biegen der Probe in den maßgebenden Stücken keinerlei Anrisse zu erwarten sind, also u. a. keine Risse nach Bild 10** [17].

Das Gesagte führt zu der alten Forderung: Wer Schweißverbindungen gestalten will, muß über das Verhalten des Werkstoffs soweit Bescheid wissen, daß er eine zweckmäßige Herstellung veranlassen kann.

3. Über die Verformungen, Spannungen und Kräfte, welche in den Schweißverbindungen und in den Tragwerken durch das Schweißen entstehen

a) Die beim Schweißen entstehenden und die nach dem Schweißen verbleibenden **Formänderungen** sind schon in den Anfängen der Schweißtechnik beobachtet worden; die Formänderungen waren unerwünscht. Das Bestreben der Männer der Schweißerei war deshalb darauf gerichtet, die Formänderungen so zu leiten oder so zu mindern, daß sie am fertigen Stück nicht erkennbar waren.

Ferner lernte man, daß die beim Schweißen auftretenden Längenänderungen von der Größe und Form der Schweißnaht, auch von der Art der Schweißung abhängen. Ich verweise dabei u. a. auf den Bericht von Malisius [18] und auf die Angaben von Klöppel [19].

b) Durch die Formänderungen war zu erkennen, daß in den geschweißten Stücken mehr oder minder große Spannungen und Kräfte auftreten und dauernd verbleiben. Man suchte und fand ein Bild der Größe der Spannungen und ihrer Verteilung; man stellte u. a. fest, daß die Anstrengungen in und bei der Schweißnaht örtlich sehr hohe Werte erreichen und daß die Größe und die Verteilung von der Art des Schweißens, von den verwendeten Werkstoffen usw. abhängen [20].

Durch viele Untersuchungen hat man außerdem verfolgt, wie der Schweißvorgang zu leiten ist, damit möglichst kleine Anstrengungen entstehen. Bild 11 zeigt Beispiele aus solchen Arbeiten, die an anderer Stelle ausführlich besprochen werden [21]. Ein Blick auf die vier Zeichnungen ergibt, daß die Anstrengungen im vierten Träger am kleinsten blieben.

Die Sachlage sei an anderen Beispielen noch näher erörtert. Bild 12 enthält Ergebnisse von Stuttgarter Messungen an dem Stumpfstoß einer Eisenbahnschiene, der durch Gasschmelzschweißung entstanden war. Die Messungen erfolgten an Stäbchen, die gemäß Bild 13 über die Naht hinweg (Stäbchen b) und neben der Naht (Stäb-

---

[17] Bild 9 und 10 sind Aufnahmen, die Herr Direktor Hauttmann zur Verfügung gestellt hat.
[18] Mitteilungen aus den Forschungsanstalten des GHH-Konzerns 4 (1936) S. 157.
[19] Stahlbaukalender 1938, S. 443.
[20] W. Schröder: Bauing. 19 (1938) S. 796, ferner 13 (1932) S. 268. E. Siebel und M. Pfender: Archiv für das Eisenhüttenwesen 7 (1933 bis 1934), S. 407; O. Graf, Stahlbau 11 (1938) S. 97.
[21] Stahlbau 11 (1938) S. 97.

chen a und c) entnommen worden sind. Im Kopf und im Fuß sind Druckspannungen gefunden worden; sie reichten im Kopf bis rd. 40 kg/mm²; im Steg traten Zugspannungen auf, im Grenzfall mit rd. 30 kg/mm². Durch Bild 11 und 12 sei zunächst erinnert, daß die vom Schweißen hervorgerufenen Anstrengungen in und neben den Schweißstellen sehr hohe Werte erreichen können; sie dürfen für die Beurteilung der Widerstandsfähigkeit unserer Tragwerke nicht ohne weiteres außer acht bleiben. Man kann versuchen, die an sich unvermeidlichen Anstrengungen so zu lagern, daß sie sich den Anstrengungen, die bei der Benutzung des Tragwerks durch äußere Kräfte hervorgerufen werden, tunlichst entgegensetzen; besser wird die Schweißarbeit so zu lenken sein, daß die Anstrengungen tunlichst klein werden. Dementsprechend ist es im Falle der Bild 12 günstig, daß im Fuß der Schiene durch das Schweißen Druckspannungen entstanden; wenn die äußere Last hier Zugspannungen bringt, müssen diese zunächst die beim Schweißen hervorgerufenen Druckspannungen vermindern.

der Schweißnaht in schmale Streifen wurden die Spannungen festgestellt, die am Schluß der Prüfung der Träger vorhanden waren. Bild 14 enthält die Ergebnisse des Trägers 37.2.2. Rechts finden sich die Anstrengungen, die über die Naht hinweg auf 50 mm langen Strecken freigelegt worden sind; in der mittleren Zeichnung sind die Anstrengungen angegeben, die in 200 mm langen Strecken außerhalb der Naht aufgetreten waren. Hier sind vor allem die Anstrengungen in der Naht selbst, angegeben in der Zeichnung rechts, zu beachten. Hiernach waren im oberen Flansch an der oberen Fläche Zuganstrengungen bis rd. 16 kg/mm², an der unteren Fläche des unteren Flanschs jedoch Druckanstrengungen. Der Steg enthielt nach dem mittleren Bild nahe den Flanschen Zuganstrengungen, im mittleren Teil Druckanstrengungen.

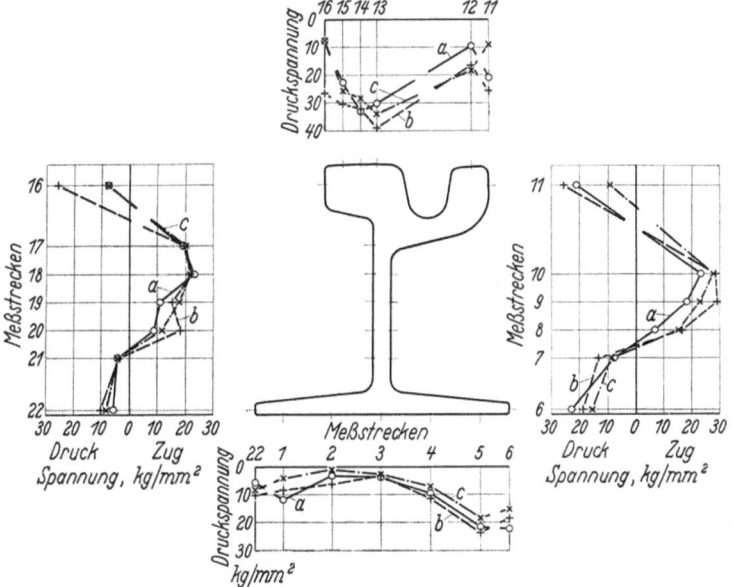

Bild 12. Anstrengungen in einer geschweißten Schiene. Vgl. auch Bild 13.

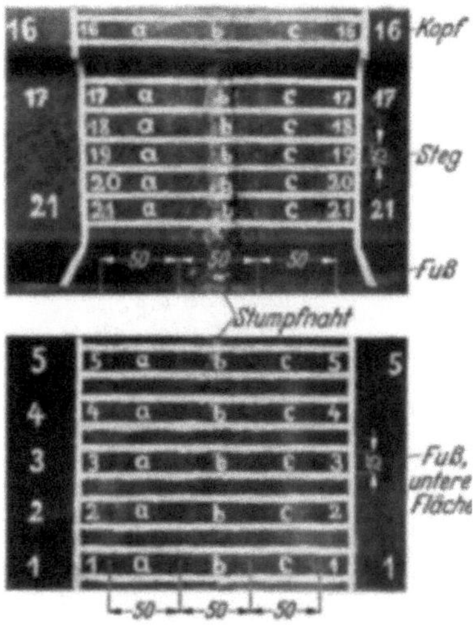

Bild 13. Anordnung der Meßstrecken in der Schiene zu Bild 12. Die Rumpfnaht, durch Gasschmelzschweißung entstanden, liegt in den Meßstrecken b.

c) Inwieweit die vom Schweißen herrührenden Anstrengungen die Tragfähigkeit der Schweißverbindungen beeinflussen, ist noch nicht bekannt. Es liegen zunächst nur Beispiele vor, die angeben, wie groß die durch das Schweißen eintretenden Eigenspannungen in Schweißverbindungen sein können, wenn gleichzeitig die heute als gut geltenden Dauerfestigkeiten auftreten; u. a. lieferten Schienen der gleichen Lieferung wie die mit Bild 12 und 13 beschriebene Dauerbiegefestigkeiten von σ_{obz} = 20 kg/mm², bei σ_{ubz} = 1 kg/mm² [22]. Wie σ_{obz} bei größeren oder kleineren Schweißspannungen beeinflußt wird, ist noch nicht festgestellt. Überdies fehlt noch ein Urteil über die Bedeutung der schon vor dem Schweißen im Walzgut vorhandenen Eigenspannungen.

Weitere Beispiele sind bei Dauerbiegeversuchen mit Trägern NP 30 aus St 37 gewonnen worden. Die Träger enthielten einen Stumpfstoß, der mit dem Lichtbogen geschweißt war [23]. Durch Zerlegen der Träger im Gebiet

Der Träger 37.2.2 war vor dem Zerlegen 2 149 700 Lastspielen zwischen σ_{ubz} = 1 kg/mm² und σ_{obz} = 14 kg/mm² ausgesetzt, ohne daß ein Bruch eintrat. Mit anderen Trägern der gleichen Reihe wurde festgestellt, daß die Dauerbiegefestigkeit gut war (σ_{obz} = 16 kg/mm²).

Der Fernerstehende könnte versucht sein, das gute Verhalten der Träger beim Dauerbiegeversuch mit der Verteilung der Vorspannungen nach Bild 14 in Verbindung zu bringen. Hierbei ist jedoch Vorsicht geboten, wie die Feststellungen an einem zweiten Träger der gleichen Versuchsreihe erkennen lassen. Bild 15 enthält die zugehörigen Versuchsergebnisse. Nach der Darstellung rechts in Bild 15 sind durch das Zerlegen des Trägers im unteren Flansch in der Schweißnaht große Zugspannungen (bis rd. 19 kg/mm²) frei geworden. Dabei hatte der Träger vor dem Zerlegen 2 208 600 Lastspiele zwischen σ_{ubz} = 1 kg/mm² und σ_{obz} = 16 kg/mm² ertragen, ohne zu brechen.

Am gleichen Träger sind außerdem röntgenographische Spannungsmessungen [24] ausgeführt worden, um vergleichsweise festzustellen, welche Anstrengungen nach diesem Verfahren vor und nach dem Zerlegen des Trägers an neun bzw. sechs Stellen vorhanden waren. Die hierfür erlangten Werte liegen nach ihrer absoluten Größe

---

[22] Dabei ist zu beachten, daß es sich um Gasschmelzschweißungen handelte und daß die Schienen, sowie ein Teil des Schweißwerkstoffs aus Stahl hoher Festigkeit bestand.

[23] Näheres in Stahlbau 10 (1937) S. 9.

[24] Ausgeführt im Röntgenlaboratorium der Technischen Hochschule Stuttgart; vgl. R. Glocker: Materialprüfung mit Röntgenstrahlen, 2. Auflage, S. 304.

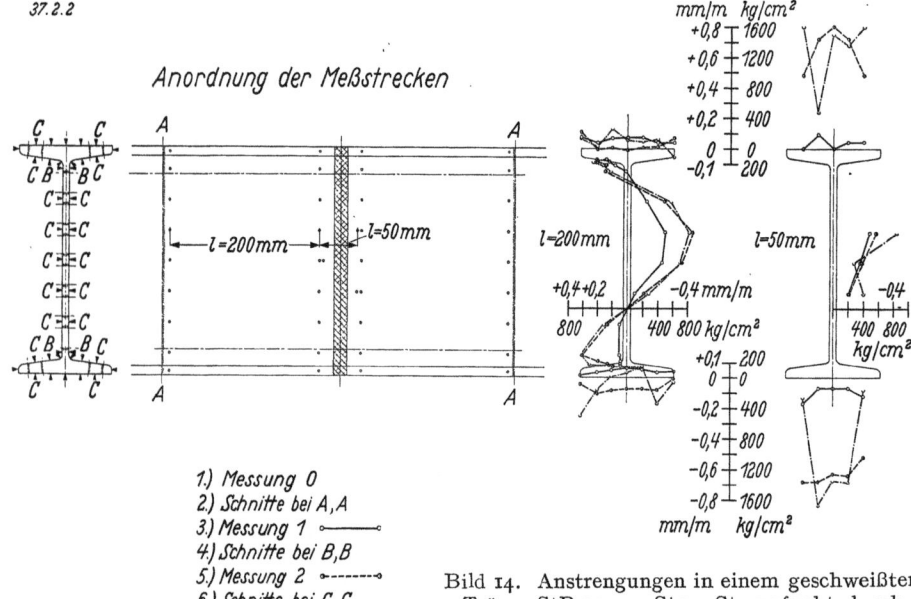

Bild 14. Anstrengungen in einem geschweißten Träger StP 30 aus St 37. Stumpfnaht durch Lichtbogenschweißung hergestellt.

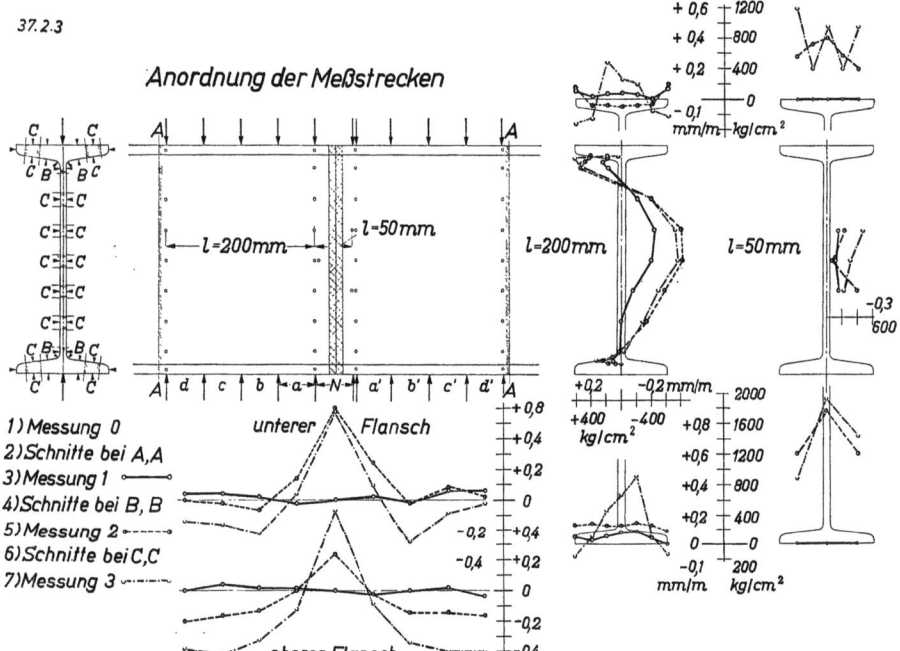

Bild 15. Anstrengungen in einem geschweißten Träger NP 30 aus St 37.

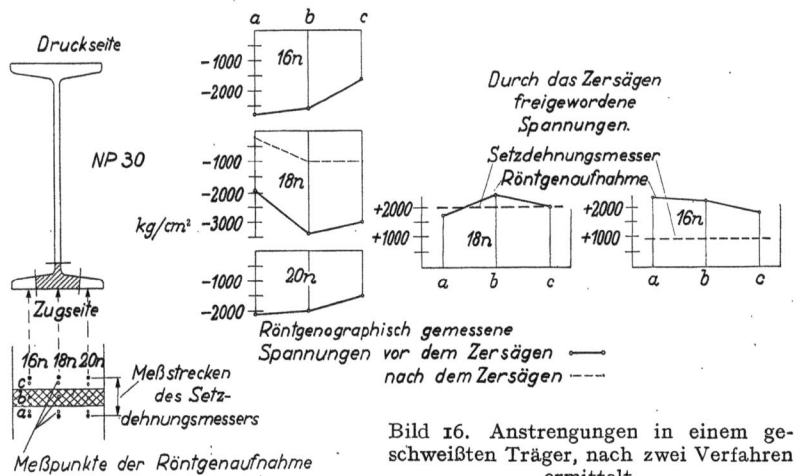

Bild 16. Anstrengungen in einem geschweißten Träger, nach zwei Verfahren ermittelt.

weitab von den in Bild 15 wiedergegebenen Spannungsdifferenzen. Die aus den Messungen vor und nach dem Zerlegen festgestellten Spannungsunterschiede sind in der Bild 16 eingetragen. Hiernach sind die Spannungsdifferenzen mit den zwei Meßverfahren in dem ersten Beispiel, das die Meßstellen 18 n betrifft, wenig verschieden ausgefallen; bei den Meßstellen 16 n sind die Unterschiede groß.

d) Aus den beschriebenen und aus weiteren Versuchen geht hervor, daß in Schweißverbindungen hohe Anstrengungen herrschen und bleiben können, ohne daß die Widerstandsfähigkeit wesentlich beeinträchtigt wird. Doch ist nicht bekannt, ob und gegebenenfalls wie diese Anstrengungen zu begrenzen sind und wie solche Grenzen bei verschiedener Beschaffenheit des Werkstoffs, insbesondere des Schweißguts, gewählt werden müssen[25]. Auch ist die zugehörige einheitliche und zweckentsprechende Art der Messung der Spannungen noch nicht bestimmt.

Vorläufig müssen wir auch hier erwarten, daß die ungewollten Anstrengungen in Schweißnähten aus bildsamem Werkstoff weniger bedeuten als in hartem, vielleicht überhaupt wenig bedenklich sind. Die zugehörige Forderung ist übrigens schon vor langer Zeit erhoben worden.

Zur Vermeidung von Mißverständnissen ist hier beizufügen, daß es sich bei den soeben gemachten Erörterungen nur um die eigentlichen Schweißspannungen handelt; Zwangsspannungen, die durch den Zusammenbau mit anderen Bauteilen auftreten, sind dabei nicht eingeschlossen, denn diese entstehen durch äußere Belastungen.

e) Wenn wir die Kräfte in den Schweißverbindungen beherrschen wollen, so müssen wir in systematischer Weise den Einfluß der Elektroden, der Schweißverfahren, des Schweißvorgangs usf. unter praktischen Bedingungen tiefgehend erforschen. Das, was uns davon bisher be-

---

[25] Wenn es sich um Spannungen in gleichmäßigem bildsamem Walzgut, z. B. Trägern und Schienen handelt, sind sehr hohe Eigenspannungen ohne Einschränkung des Gebrauchswerts zulässig (vgl. u. a. E. H. Schulz und E. Gerold: III. Internationale Schienentagung 1935, S. 97ff.).

kannt ist, reicht zwar für weite Gebiete des Stahlbaus; es ist aber wohl nicht genügend, wenn wir besonders schwere Bauteile ausführen wollen. Deshalb ist für solche Aufgaben Klarheit zu schaffen, ob und inwieweit und gegebenenfalls wie die Vorbehandlung und die Nachbehandlung der Schweißstellen im Stahlbau anwendbar ist, um die Spannungen zu mindern, welche das Schweißen bringt, und um den Werkstoff überall in einen brauchbaren Zustand zu bringen[26].

4. Über die Bedeutung von Nebenspannungen, die beim Gebrauch geschweißter Tragwerke auftreten

Ingenieure des Brückenbaus haben sich seit langer Zeit ausgiebig mit der Feststellung der Anstrengungen beschäftigt, die in genieteten Fachwerken neben den Anstrengungen auftreten, die in üblicher Weise nach dem Kräfteplan berechnet werden. Es handelt sich dabei u. a. um außermittige Krafteinleitung, Aufstellungsfehler u. a. m. Ich verweise dabei auf den zusammenfassenden Bericht von Ros für die Gruppe V der Techn. Kommission des Verbandes schweiz. Brücken- und Eisenhochbaufabriken, 1926 und die Versuche, welche Gehler 1910 in seiner Schrift „Die Ermittlung der Nebenspannungen eiserner Fachwerkbrücken" veröffentlicht hat. Durch vielerlei andere Beobachtungen ist weiter bekannt, daß in Balken, die Einbauten als Versteifungen des Stegs besitzen oder die Querträger aufnehmen, unvermeidliche Unstetigkeiten im Spannungsverlauf enthalten.

Wir wissen weiter, daß die bezeichneten Nebenspannungen in genieteten Tragteilen durch bauliche Maßnahmen erfahrungsgemäß in annehmbaren Grenzen gehalten werden können; dabei erwies sich u. a. die Nachgiebigkeit der Knotenbleche und der genieteten Anschlüsse als sehr wichtig.

Für die geschweißten Tragwerke ist die Bedeutung der Nebenspannungen nur vereinzelt erörtert und verfolgt worden. Ich nenne dazu die in Zürich ausgeführte Arbeit von Sayyed Ali Mortada, aus der erwartungsgemäß hervorgeht, daß geschweißte Tragwerke steifer sind als genietete und daß sie damit verhältnismäßig große Nebenspannungen bringen können. Zur Bewältigung solcher Nebenspannungen ist die Verwendung bildsamer Werkstoffe wichtig.

5. Dauerversuche mit Bauteilen bei Zugbelastung

Wenn man die Tragfähigkeit der geschweißten Bauteile feststellen will, so ist zunächst gemäß dem bisher Gesagten festzustellen, welche Bedingungen bei der Herstellung der Schweißverbindung maßgebend waren; weiterhin ist in den meisten Fällen der Dauerversuch unentbehrlich. Deshalb ist im folgenden das Ergebnis der Dauerversuche vorangestellt. Die meisten Dauerversuche sind bei Zugbelastung gemacht worden. Dabei wurden vor allem Stumpfnähte verschiedener Ausführung geprüft; die Ergebnisse mit Stumpfnähten habe ich schon kurz beschrieben; sie sind überdies früher wiederholt besprochen worden. Hinzugefügt sei hier, daß die schräge Stumpfnaht, welche sich bei unseren Versuchen der gewöhnlichen Stumpfnaht überlegen zeigte, bei Bauteilen mit großen Abmessungen vorläufig verlassen wurde, weil sie bei großen Stücken außerordentliche Umsicht und Erfahrung fordert.

Für praktische Aufgaben mußte erkundet werden, ob und gegebenenfalls wie die Tragfähigkeit einer Stumpfnaht durch Laschen gesichert werden kann, falls die Stumpfnaht nicht zuverlässig herstellbar ist oder falls eine Verstärkung aus anderen Gründen notwendig ist. Es zeigte sich dabei, daß bei Zugstäben breite Laschen zweckmäßig sind, die den Zugstab einzeln oder in Reihen voll decken und die mit dicken Stirnkehlnähten versehen sind[27]. Die zugehörigen Stirnnähte (Bild 17 u. 18) sollen

Bild 17. Zugstab mit Laschen. Der Übergang der Stirnnaht der oberen Lasche zum Zugstab ist sachgemäß bearbeitet.

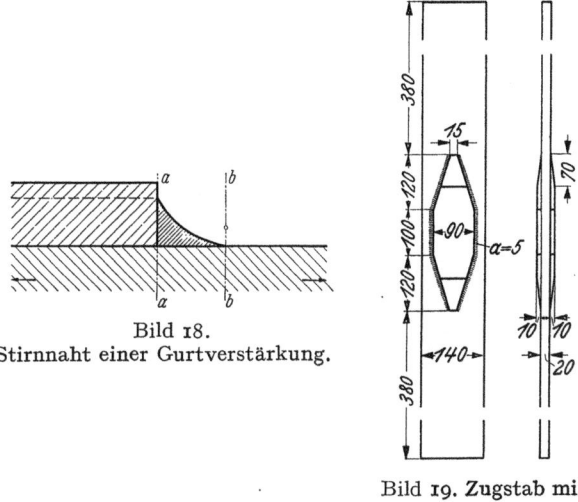

Bild 18.
Stirnnaht einer Gurtverstärkung.

Bild 19. Zugstab mit Laschen.

einen allmählichen Anlauf haben; durch Bearbeiten bei b (Bild 18) ist eine hohe Tragfähigkeit erreichbar. Die Stirnnaht und die Lasche sind so zu bemessen, daß der Bruch im Querschnitt a a trotz der dort unvermeidlichen Kerbe vermieden wird[28].

Anders liegen die Verhältnisse bei Verbindungen mit Längskehlnähten. Es handelt sich dabei nicht um den Anschluß am Stabende, sondern um den Kraftschluß vom angeschlossenen Stab zu den Längskehlnähten, wie er in Verbindungen nach Bild 20 auftritt. Wir sehen aus Bild 20, daß die Verbindungen d und e, die wie die

---

[26] Man denke u. a. an den Einfluß des Erwärmens, Anlassens gehärteter Schichten auf deren Dehnung, wobei schon Temperaturen von 200° C deutlich wirksam sind. Vgl. auch unter 2.

[27] Heft 8 der Berichte des Deutschen Ausschusses für Stahlbau, 1937. — An den Enden zugeschärfte Laschen, beispielsweise wie in Abb. 19, sind nicht zweckmäßig.

[28] Wenn die Laschen lange Nähte decken müssen, wie sie im Behälterbau vorkommen, sind die Laschenbreiten nach dem Mindestmaß zu begrenzen. Versuche, welche zur Beantwortung der zugehörigen Fragen beitragen, sind noch nicht bekannt.

übrigen Verbindungen mit Stäben von rd. 8 cm² Querschnitt hergestellt sind, eine deutlich höhere Ursprungsfestigkeit besaßen als die Verbindungen a, b und f. Wenn also die Kräfte zu Stäben mit rechteckigem Querschnitt durch die Längskehlnähte geführt werden, sind gedrungene Querschnitte zweckmäßiger als breite Flacheisen.

der Verlauf der Risse in Bild 22 deutet an, daß die Stirnnaht im Einschnitt besser nach Bild 21 b ausgeführt wird.

Der Verlauf der Kräfte in Kehlnahtverbindungen ist von deutschen und ausländischen Forschern in mannigfacher Weise verfolgt worden[29]. Auch sind Vor-

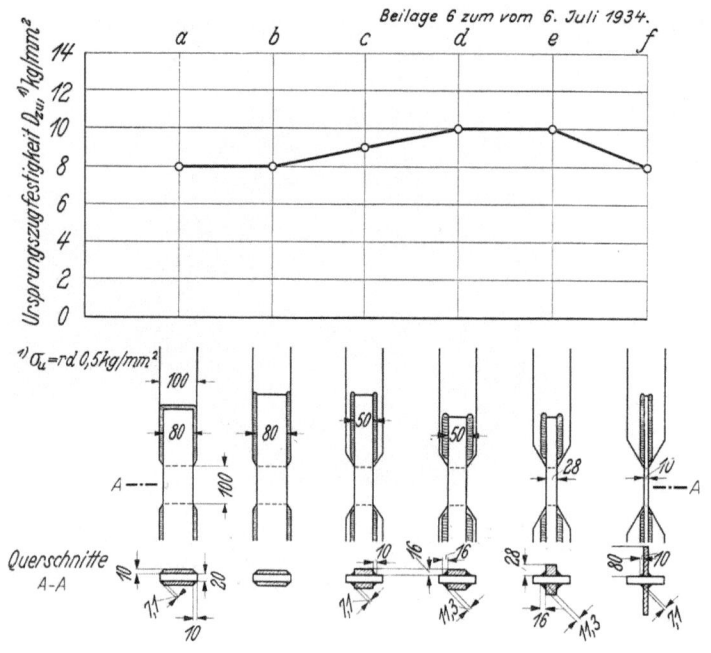

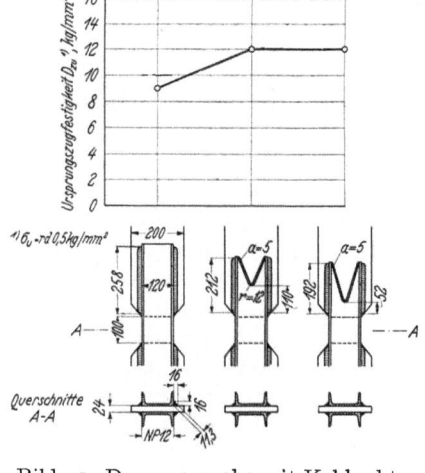

Bild 21. Dauerversuche mit Kehlnahtverbindungen, [-Eisen.

Bild 20. Dauerversuche mit Kehlnahtverbindungen. Rechteckige Querschnitte.

Bild 23. Riß in der Zugzone eines geschweißten Trägers, hervorgerufen durch oftmals wiederholte Belastung, begonnen an einer Kerbstelle auf der Kante des Zuggurts

Bild 22. Kehlnahtverbindung mit [-Eisen. Die Enden der [-Eisen sind V-förmig ausgeschnitten. Der Bruch begann bei a, b und c.

Wenn man Stäbe durch Stirnkehlnähte u n d durch Längskehlnähte anschließen kann, so ist sinngemäß zu versuchen, einen Teil der Stabkraft ohne Ablenkung zur Stirn des Stabs zu leiten, so wie dies in Bild 21 bei b und c geschehen ist. Die Ursprungszugfestigkeit ist bei b und c erheblich größer geworden als bei a. Der Bruch erfolgte für die Körper nach Bild 21 nach Bild 22;

schläge für die Berechnung solcher Verbindungen gemacht worden. Man muß dabei aufmerksam machen, daß der Vergleich der Tragfähigkeit von Kehlnahtverbindungen zur Zeit noch nicht ausreichend auf dem Weg der Rech-

[29] Vgl. A. G. S o l a k i a n und G. E. C l a u s s e n: The Engineering Foundation, Welding Research Committee, Mai 1937, S. 1 bis 24.

nung durchgeführt werden kann, u. a. weil die zweckmäßigen Grenzmaße der Nahtdicke und der Nahtlänge noch nicht ausreichend erkundet sind[30].

6. Versuche mit Bauteilen bei Druckbelastung

a) **Zügig belastete Stützen.**

Bierett und Grüning berichteten 1936[31] über Versuche mit Stützen aus St 37 IP 30, ohne und mit geschweißten Stößen, wobei die Schweißung in verschiedener Weise stattfand, letzteres um verschieden verteilte und verschieden große Schrumpfspannungen zu erhalten. Es zeigte sich, daß die Tragfähigkeit der geschweißten Stützen bei mittiger und bei außenmittiger Belastung etwas kleiner war als bei den ungeschweißten. Die Schrumpfdruckspannungen brachten frühzeitige bleibende Verformungen.

b) **Dauerversuche.**

Nach Dauerversuchen mit gelochten Stäben, die unter oftmals wiederholter Druckbelastung geprüft wurden, ist für die vorliegende Aufgabe zu erwarten, daß die bleibenden Verformungen, die an Querschnittsänderungen auftreten und die wegen der Schrumpfspannungen unter verhältnismäßig kleinen Lasten auftreten können, bei Lastwechseln örtliche Zugspannungen bringen, die bis zur Rißbildung führen können[32]. Die Rißbildung ist dabei mit Stählen hoher Festigkeit mit nur wenig höherer Anstrengung zu erwarten als mit St 37. Diese Feststellungen sind zuerst für außenmittig belastete Säulen wichtig.

Druckglieder, in denen die oftmals wiederkehrenden Lasten durch Längskehlnähte übertragen wurden, ertrugen mehr als zwei Millionen Lastspiele bei $\varrho_0 = 12$ oder 13 kg/mm^2 ($\varrho_v = 0{,}5 \text{ kg/mm}^2$)[33].

7. Versuche mit Bauteilen bei Biegebelastung

Das wichtigste Bauglied ist der auf Biegung beanspruchte Balken.

a) Zur Beurteilung der Verhältnisse sei zunächst das **Verhalten der nicht geschweißten Walzträger** erörtert.

I-Träger NP 30, leicht angerostet, ertrugen zwei Millionen Lastspiele zwischen $\sigma_{ubz} = 1{,}3 \text{ kg/mm}^2$ und $\sigma_{obz} = 22{,}8 \text{ kg/mm}^2$.

Ein 20 cm hoher geschweißter Träger, der an den Kanten kleine Kerben nach Bild 23 aufwies, die wahrscheinlich beim Transport des Trägers entstanden waren und die nichts Außerordentliches bedeuteten, brach nach 467 906 Lastspielen zwischen $\sigma_{ubz} = 3 \text{ kg/mm}^2$ und $\sigma_{obz} = 28 \text{ kg/mm}^2$. Die Widerstandsfähigkeit gegen zwei Millionen Lastspiele ist auf $\sigma_{obz} = 25 \text{ kg/mm}^2$ zu schätzen und damit die Schwingweite für Ursprungsbelastung auf 22 kg/mm^2.

[30] Vgl. u. a. O. Graf in Dauerfestigkeitsversuche mit Schweißverbindungen, S. 24. VDI-Verlag 1935. Ferner M. Roš und A. Eichinger: Bericht 86 der Eidgen. Materialprüfungsanstalt in Zürich, 1935.
[31] Heft 6 der Berichte des Deutschen Ausschusses für Stahlbau.
[32] Stahlbau 7 (1934) S. 9ff.; sowie Stahl u. Eisen 53 (1933) S. 1219.
[33] Stahlbau 6 (1933) S. 91 und 92.

Nach diesen und andern Feststellungen muß man zur Zeit annehmen, daß die Dauerbiegefestigkeit von Walzträgern bei Ursprungsbelastung $\sigma_{obz} = 21{,}5 \text{ kg/mm}^2$ und mehr beträgt.

b) **Walzträger NP 30 aus St 37 mit geraden Stumpfstößen** gemäß Bild 24, ertrugen Schwingungsweiten von 15 kg/mm^2, mit schrägen Stumpfstößen von 17 kg/mm^2. Diese Zahlen liegen etwas unter den Schwingungsweiten, die unter 1. und 5. aus Zugversuchen angegeben sind.

Ob die Stumpfstöße bei großen Trägern ebenso zuverlässig, wie bei den soeben genannten Trägern I 30

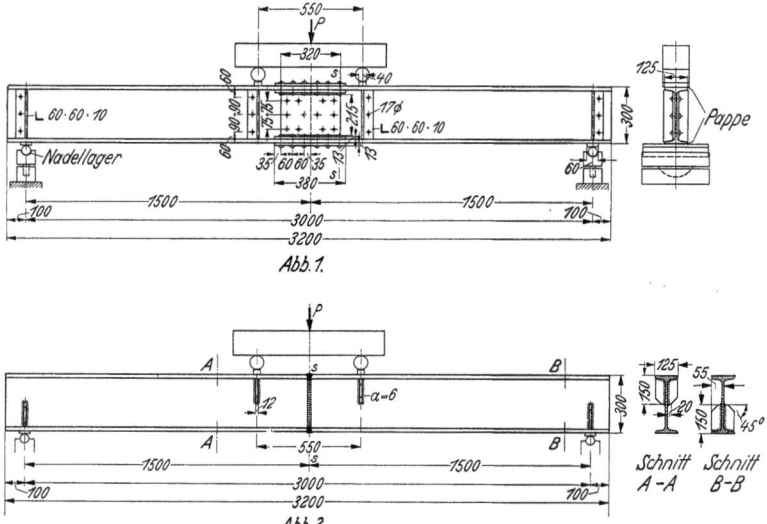

Bild 24. Genieteter und geschweißter Stoß in I-Trägern.

herstellbar sind, ist noch nicht bekannt. Dazu ist aufmerksam zu machen, daß die Schweißstellen von Trägern an der Treffstelle von Steg und Flansch häufig Fehlstellen aufweisen (vgl. Bild 25 bei n). Bild 25 gehört zu einem

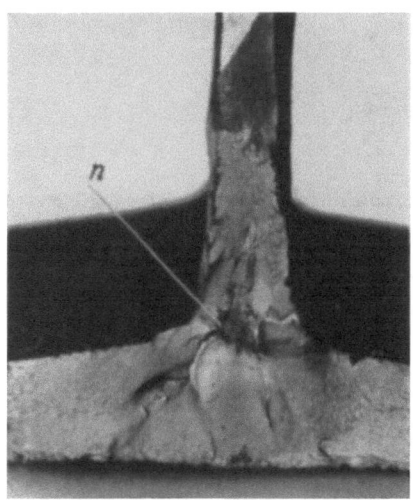

Bild 25. Bruchstelle im Stumpfstoß eines geschweißten Trägers, hervorgerufen durch oftmals wiederholte Belastung. Der Bruch begann bei n.

Träger NP 30. Bei größeren Trägern sah ich noch größere Mängel dieser Art; sie sind bei hohen Trägern noch wichtiger als bei niedern, weil sie verhältnismäßig näher der Zugseite liegen. An solchen Stellen beginnt beim Dauerversuch der Bruch.

c) **Bei geschweißten Trägern ohne**

Stoß, jedoch mit Gurtnähten, ist beim Dauerversuch die Randspannung am durchlaufenden Gurt oder die Anstrengung der Gurtnaht maßgebend. Die erstere führt nach unsern früheren Mitteilungen erst bei Schwingungsweiten von 21,5 kg/mm² oder mehr zum Bruch; für die Gurtnaht sind Schwingungsweiten bis etwa 18 kg/mm² festgestellt worden; doch war dann eine fortlaufend gleichmäßige Naht nötig; Ansatzstellen nach Bild 26[34] verringerten die Tragfähigkeit bei oftmals wiederkehrenden Lasten; sie brachten gelegentlich Brüche nach Bild 27, also Brüche, die von Stellen mit verhältnismäßig geringer Anstrengung ausgingen.

Bei großen Trägern ist nach den derzeitigen Erfahrungen zu erwarten, daß die Widerstandsfähigkeit in hohem Maße von der inneren Beschaffenheit der Längsnähte abhängt. Wenn beim Schweißen harte, wenig bildsame Schichten auftreten und Anfänge feiner Querrisse in der harten Übergangszone vorhanden sind, ist ein Erfolg nicht zu erwarten, jedenfalls ungewiß. Die Bedingungen, welche eingehalten werden müssen, wenn die Tragfähigkeit großer Träger verbürgt werden muß, sind noch nicht ausreichend umgrenzt. Zunächst weiß man, daß die chemische Zusammensetzung des Stahls einzugrenzen ist, so wie das durch die Deutsche Reichsbahn eingeleitet ist. Weiterhin wird angenommen, daß auch die Art der Herstellung und Behandlung des Stahls (Siemens-Martin-Stahl, Thomasstahl usf.) zu beachten ist. Weiter kann durch die Auswahl der Elektroden, durch die Verwendung dicker Elektroden (guter Einbrand jedoch nicht zu vergessen), durch Vorwärmung des Stahls, durch die Schweißgeschwindigkeit, durch die Folge der Schweißlagen, durch Nachbehandlung usf. mehr oder minder geholfen werden. Doch gelten noch unbekannte Grenzen, welche den Ingenieur zur Zeit veranlassen, seinerseits vor allem durch konstruktive Maßnahmen zu sorgen, daß die Herstellung geeigneter Schweißnähte möglich ist. Dies ist u. a. gemäß Bild 28 so durchführbar, daß die Gurtnähte bei Trägern mit dicken Gurten verlassen werden und statt dessen durch Verwendung geteilter Walzträger Stegnähte gewählt werden. Beim Schweißen der Stegbleche erfolgt die Wärmeableitung nicht so schroff, wie an den dicken Gurten; hier gelingt die Herstellung geeigneter Nähte eher; überdies sind die Stegnähte in der Regel viel weniger beansprucht als die Gurtnähte; auch sind sie einfacher zu sichern. Der Vorschlag nach Bild 28 rechts ist übrigens schon vor langer Zeit lebhaft vertreten, leider wenig beachtet worden; das in Bild 28 links gezeichnete Gurtprofil hat seine Mängel wiederholt sehr eindrucksvoll geltend gemacht.

d) Bei Trägern mit Gurtverstärkun-

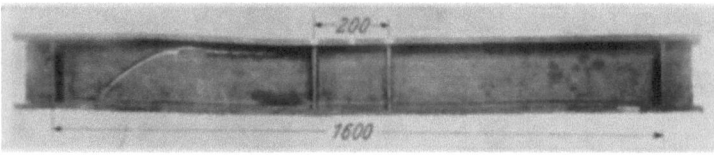

Bild 26. Riß in der Zugzone eines geschweißten Trägers, hervorgerufen durch oftmals wiederholte Belastung. Der Bruch begann an einer Ansatzstelle der Gurtnaht.

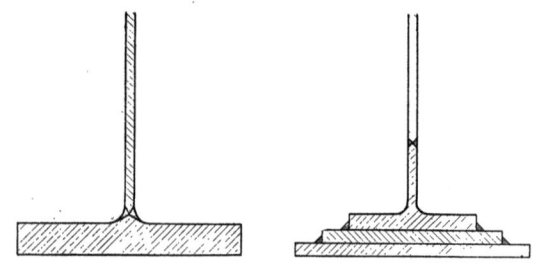

Bild 27. Bruch eines geschweißten Trägers, hervorgerufen durch oftmals wiederholte Belastung.

Bild 28. Zur Gestaltung von geschweißten Trägern.

[34] Aus einer Mitteilung von G. Bierett in Elektroschweißg. 8 (1937) S. 149.

Bild 29. Zweckmäßige Ausbildung einer Stirnnaht der Gurtverstärkung eines Trägers.

gen sind mancherlei Vorschläge für die Gestaltung der Gurtenden gemacht worden. Zweckmäßig ist, zunächst von den Feststellungen Gebrauch zu machen, die unter 5. für die Enden der Laschen wiedergegeben sind. Bild 29 zeigt das zweckmäßig geformte Ende der Gurtverstärkung eines Walzträgers. Bild 30 zeigt eine ältere Ausführungsart; die Gurtverstärkung hat zugeschärfte Enden; sie ist nicht zu empfehlen.

festhält, so nahe an den Gurt herangeführt wird, wie dies in Bild 31 ersichtlich ist, so kann der Bruch bei der in dem gleichen Bild erkennbaren Stelle beginnen[35].

Weiter ist zu fordern, daß die Stegblechaussteifungen an ihren Stirnflächen ohne, gegebenenfalls ohne erheblichen Zwang bleiben, damit Querbiegungen der Gurte

Bild 30. Ältere Ausführung der Lasche eines Trägers.

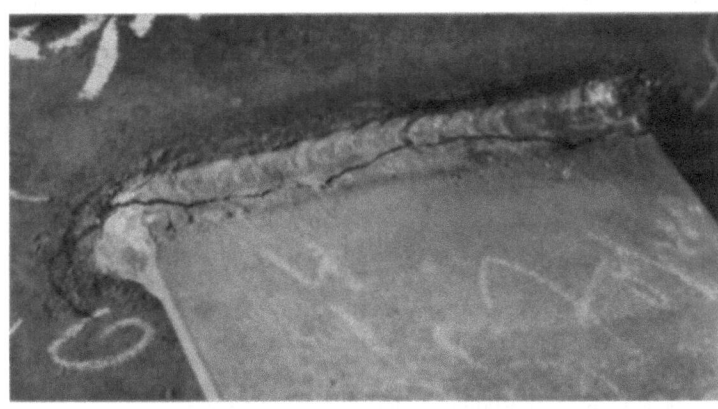

Bild 36. Bruchriß im Anschluß eines Querträgers an den Hauptträger, oftmals hervorgerufen durch wiederholte Belastung.

Versuche, welche die Mindestgröße der Stirnkehlnähte angeben sollen, sind im Gang.

e) Für Träger, die vornehmlich oftmals wiederkehrende Anstrengungen erfahren, ist weiterhin die Ausbildung der **Versteifungen des Stegblechs** verfolgt worden. Durch die Versuche, die Schulz und Buchholtz in „Stahl und Eisen" 1933, Seite 551, bekanntgaben, ist aufmerksam gemacht worden, daß bei

Bild 31. Riß an der Naht der Stegblechaussteifung eines geschweißten Trägers, hervorgerufen durch oftmals wiederholte Belastung.

Stegblechaussteifungen, die an die Gurten geschweißt sind, selbstverständlich im Gurt eine hohe Spannungsschwelle entsteht, welche die Tragfähigkeit des Gurts örtlich bedeutend senkt. Deshalb ist es üblich geworden, die Enden der Stegblechaussteifungen nicht anzuschweißen, wenn oftmals wechselnde Anstrengungen maßgebend sind. Dabei ist zu beachten, daß die Aussteifung auch im Stegblech zu Spannungsschwellen führt; wenn die Schweißnaht, welche die Aussteifung am Steg

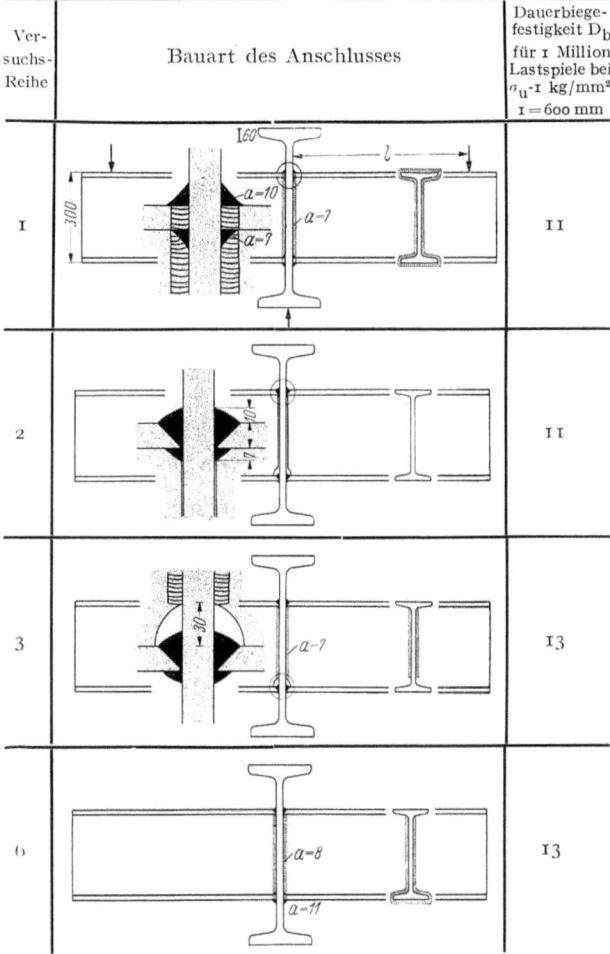

Bilder 32—35. Versuche mit Querträgeranschlüssen.

---

[35] Im vorliegenden Fall handelt es sich um einen geschweißten Träger von 40 cm Höhe; der in Bild 31 wiedergegebene Riß war nach 432 800 Lastspielen zwischen $\sigma_{obz} = 3$ kg/mm² und $\sigma_{obz} = 28$ kg/mm² als Anstrengung auf der Zugseite, bzw. zwischen $\sigma_{obz} = 2$ kg/mm² und $\sigma_{ubz} = 19,8$ kg/mm² als Anstrengung am Stirnende der Stegblechaussteifung beobachtet worden.

und damit zusätzliche Anstrengungen der Halsnähte der Zugzone vermieden werden[36].

b) Was über den Einfluß der Stegblechaussteifungen auf die Tragfähigkeit der Träger gilt, ist sinngemäß für den Hauptträger auch maßgebend, wenn Querträger angeschweißt werden.

Darüber hinaus tritt die Frage auf, wie die Querträgeranschlüsse zu gestalten sind. Bei Versuchen, die im vergangenen Jahr begonnen wurden, ist von unseren früheren Feststellungen mit Kreuzstößen ausgegangen worden. Demgemäß ist vor allem untersucht worden, wie der Stumpfstoß des Querträgers am Hauptträger auszuführen ist. Die Tabelle mit Bild 32 bis 35 enthält Versuchsergebnisse, aus denen man zunächst entnehmen kann, daß der Querträger zweckmäßig an den Flanschen u n d am Steg angeschlossen wird und daß der Anschluß der Reihe 6 (im Zugflansch Stumpfnaht) geeigneter ist, als derjenige in der Reihe 1 (im Zugflansch Kehlnaht). Bild 36 zeigt ein Beispiel der Reihe 3 im Zustand nach dem Dauerversuch. Weiteres wird nach Abschluß der Versuche erörtert.

[36] K l ö p p e l: Stahlbaukalender 1938, S. 432 ff.

8. Schlußbemerkung

Die unter 1. bis 7. gemachten Darlegungen konnten nur Ausschnitte der in den letzten Jahren durchgeführten mannigfachen Arbeiten bringen; sie zeigen für ein Teilgebiet der Schweißtechnik, nämlich für die Gestaltung großer, geschweißter, stählerner Tragwerke, daß der Fortschritt auf einem wichtigen Gebiet der Schweißtechnik zur Zeit besonders ausgeprägt von der Beherrschung des Werkstoffs abhängt. Es handelt sich dabei um Aufgaben, die den Stahlhersteller, den Elektrodenfachmann, den Werkstattingenieur und den Konstrukteur angehen. Weiterhin liegen mancherlei Aufgaben der konstruktiven Gestaltung vor, die der Lösung harren.

Die Hindernisse, welche sich der Erweiterung des Anwendungsgebiets der Schweißtechnik zur Zeit entgegenstellen, werden auf verschiedenen Wegen beseitigt werden. Der riesige Erfolg, der die Schweißtechnik in den vergangenen Jahren begleitet hat, wird dabei nicht eingeschränkt, sondern sorgsam erweitert werden.

WERKSTOFFERSPARNIS DURCH KONSTRUKTIVE MASSNAHMEN
Vortrag auf der Werkstoff-Tagung in Wien, 14. Sept. 1938
Von Prof. Dr. **A. Thum** VDI,

Materialprüfungsanstalt an der Technischen Hochschule Darmstadt

Der Entwicklungsgang einer Maschine oder einer beliebigen Konstruktion verläuft im großen und ganzen stets nach den gleichen Gesetzmäßigkeiten. Zunächst wird die günstigste physikalische Lösung der vorliegenden Aufgabe ermittelt, und dann wird die Maschine mit dieser Bestlösung als Arbeitsverfahren schrittweise bis zur höchsten Leistungsfähigkeit verbessert. Hohe Leistungsfähigkeit bedeutet natürlich höchste Leistung bei geringstem Kostenaufwand. Die Leistungsfähigkeit einer Maschine kann daher sowohl durch Erhöhung der Leistung bei sonst gleichen Kosten oder aber bei gleichbleibender Leistung durch Verringern des Herstellungsaufwandes gesteigert werden.

So kann man z. B. die Leistungsfähigkeit einer Konstruktion dadurch erhöhen, daß man ihr Gewicht verringert. Dieses nur als Beispiel angeführte Ziel der Gewichtsverminderung ist nun bei den verhältnismäßig hochentwickelten Maschinen, wie den Fahrzeugen und Flugzeugen, die weitaus wirkungsvollste Maßnahme zur weiteren Leistungssteigerung. Daß eine Gewichtsersparnis eine Leistungssteigerung bedeutet, ist im Fahrzeug- und Flugzeugbau selbstverständlich, da sie sich unmittelbar in einer Steigerung des Beschleunigungsvermögens, der Steig- und Tragfähigkeit, der Spitzengeschwindigkeit usw. auswirkt. Doch bringt auch in ortsfesten Maschinen Gewichtseinsparung Vorteile, da hierdurch die oft sehr großen Massenkräfte gemindert werden können, wodurch bei hin- und hergehenden Massen auch die Gründungen, Verankerungen usw. leichter und billiger gehalten werden können. Schließlich ist die damit verbundene Rohstoffersparnis bei der bei uns vorhandenen Materialknappheit kein zu unterschätzender Vorteil, dessen wirtschaftliche Tragweite besonders bei statischen Konstruktionen hervortritt.

Mit diesen Fragen der Werkstoffeinsparung durch konstruktive Maßnahmen wollen wir uns im folgenden beschäftigen. Es handelt sich darum, die Grundgesetze zu entwickeln, die es uns ermöglichen, bei den Konstruktionen des Maschinenbaues, des Bauwesens und der ganzen Technik Werkstoff zu sparen, ohne das Gesetz der Wirtschaftlichkeit zu verletzen. Es wäre falsch, an Werkstoff zu sparen, und die Gesamtwirtschaftlichkeit herabzumindern, d. h. die Erzeugungs- und Unterhaltungskosten zu erhöhen und die Betriebssicherheit zu verringern.

Die Mängel der alten Konstruktionslehre

Die alte Konstruktionslehre, die in der Hauptsache auf B a c h zurückgeht, gab uns keinen Hinweis, wie die Dauerhaltbarkeit unserer Konstruktionen weiter gesteigert werden könnte. Sie konnte dies nicht einmal bei gleichen Gewichten, geschweige denn bei verringerten Gewichten. Sie war dazu deshalb nicht in der Lage, weil die Grundlagen, auf denen sie aufgebaut ist, auf allzu einfachen, der Wirklichkeit nicht entsprechenden Annahmen beruhten.

Es war zwar grundsätzlich ein Vorteil, aber für die Weiterentwicklung der Technik nachteilig, daß sie alle praktisch erforderlichen Festigkeitswerte auf den einfachen Zugversuch zurückführen wollte, der außerdem mit möglichst einfachen (meist glatten) Probestäben durchgeführt wurde.

Die Höchstbeanspruchungen wurden von der alten Konstruktionslehre mit Hilfe von ebenfalls viel zu einfachen Annahmen über die Spannungsverteilung (z. B. mit dem Geradliniengesetz) berechnet. Man beachtete nicht, daß das Verhalten eines Werkstoffes nicht nur durch seinen inneren Aufbau, seine Kristallstruktur usw. bedingt ist, sondern auch in hohem Maße von der geometrischen Form des fertigen Maschinenteiles abhängt. Die tiefe Kluft, die sich zwischen der technischen Wirklichkeit und den grundlegenden Vorstellungen von der Festigkeit auftat, suchte man durch die sog. Sicherheitsfaktoren zu überbrücken.

Die allgemeine Einführung von Sicherheitsfaktoren hat aber den Fortschritt der Konstruktionstechnik ganz besonders gehemmt. Sie gewöhnte den Konstrukteur daran, nicht genügend sorgfältig in der Berücksichtigung von Zusatzkräften zu sein, sie verleitete ihn dazu, die Formeln der Festigkeitslehre rein mechanisch anzuwenden und die Wirkung des Kraftflußverlaufs im Maschinenteil ganz unberücksichtigt zu lassen.

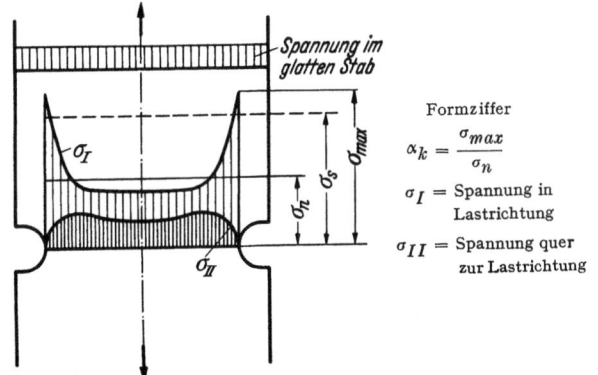

Bild 1. Spannungsverteilung im gekerbten Zugstab in Längs- und Querrichtung.

Aus diesen Überlegungen ergibt sich die Notwendigkeit, Wege zu suchen, die über die Möglichkeiten der alten Konstruktionslehre hinaus zum leistungsfähigen und betriebssicheren Leichtbau führen.

Die wichtigste Forderung, die an einen modernen Konstruktionsteil zu stellen ist, ist die, daß die Festigkeit

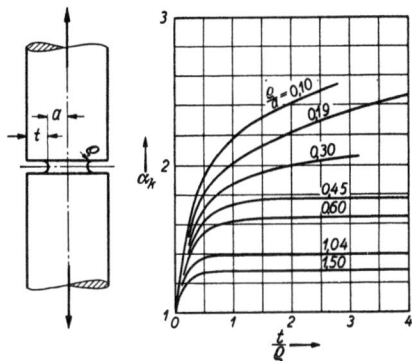

Bild 2. Die Formziffern auf Zug beanspruchter Rundstäbe mit Umlaufkerbe (nach M. M. Frocht und A. Krisch).

des Werkstoffes an allen Stellen möglichst gleichmäßig ausgenutzt wird.

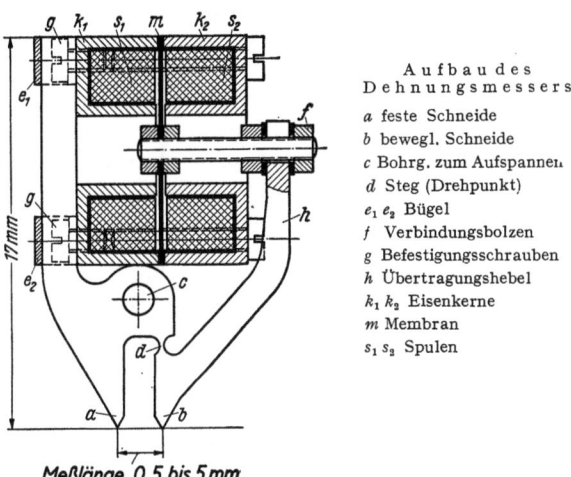

Aufbau des Dehnungsmessers
a feste Schneide
b bewegl. Schneide
c Bohrg. zum Aufspannen
d Steg (Drehpunkt)
$e_1\ e_2$ Bügel
f Verbindungsbolzen
g Befestigungsschrauben
h Übertragungshebel
$k_1\ k_2$ Eisenkerne
m Membran
$s_1\ s_2$ Spulen

Bild 3. Induktiver Dehnungsmesser.

Denn nach den bisher üblichen Entwurfsverfahren wurde die zulässige Nennspannung, die nach wiederholten Brüchen an Kerbstellen sehr niedrig angesetzt wurde, für das ganze Werkstück als obere Grenze angesehen und so für glatte wenig beanspruchte Teile viel Werkstoff verschwendet. Traten trotz der niedrigen Nennspannung an schroffen Querschnittsübergängen Brüche auf, so wurden diese Bruchquerschnitte verstärkt, was häufig zu einem weiteren Absinken der Haltbarkeit des Bauteiles führen mußte, da man nicht daran dachte, den Ausrundungsradius oder die Bohrung ebenfalls entsprechend zu vergrößern, und die Verformungsmöglichkeiten, die für die Haltbarkeit schlagbeanspruchter Bauteile so wichtig sind, vernachlässigte.

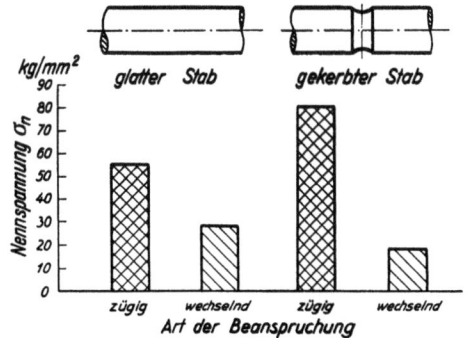

Bild 4. Vergleich der Kerbwirkung bei zügiger und wechselnder Beanspruchung.

Hiernach gibt es zur Verringerung des Werkstückgewichtes drei Möglichkeiten, die anschließend genauer erörtert werden sollen:

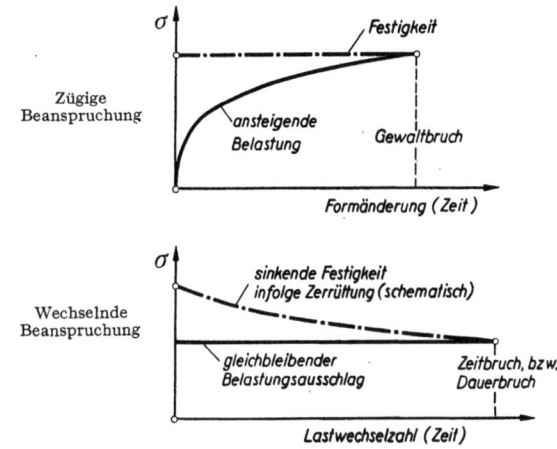

Bild 5. Schematischer Vergleich der Bruchentstehung bei zügiger und wechselnder Beanspruchung.

1. Die Verwendung eines Werkstoffes höherer Festigkeit,
2. Verkleinern des Querschnitts an den zu gering beanspruchten Stellen,

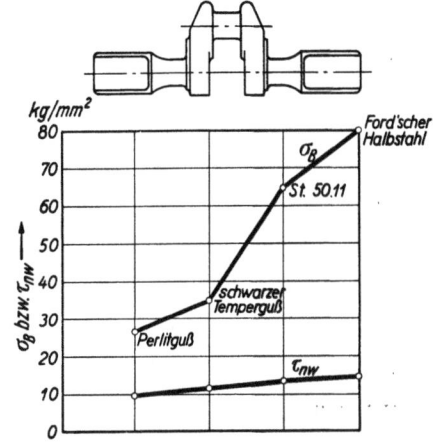

Bild 6. Abhängigkeit der Dauerhaltbarkeit eines Formelements vom Werkstoff.

3. Herabsetzung der Höchstbeanspruchung durch konstruktive Maßnahmen (z. B. durch Vermeidung von

Kerbwirkungen, Verstärkung hochbeanspruchter Querschnitte, Schaffung von Dehnlängen bei Schlagbeanspruchung oder bei Zwangsverformung).

Die zahlreichen Untersuchungen zur Erforschung des Verhaltens eines Werkstoffes unter den verschiedensten Bedingungen haben immer wieder die wichtige Erkenntnis bestätigt, daß die Festigkeit eines Werkstoffes sehr stark von der Art der Beanspruchung und von der Gestalt des Bauteiles abhängt. Wenn auch die Haltbarkeit der Maschinenteile durch ständige Verbesserung des Werkstoffes bedeutend gesteigert werden konnte, so kann sie oft noch zusätzlich durch geeignete Veränderung der äußeren Form beträchtlich erhöht werden.

Die richtige Anwendung dieser Erkenntnisse setzt also die genaue Kenntnis der im Betriebe auftretenden Belastungen eines Konstruktionsteiles und der hierdurch in ihm hervorgerufenen Beanspruchungen voraus. Die Schwierigkeiten der Bestimmung der Betriebsbelastungen geht ohne weiteres aus folgendem allgemeinen Schema der möglichen Belastungsarten hervor:

1. Belastung durch ruhende Kräfte,
2. ,, ,, wechselnde Kräfte,
3. ,, ,, eingeleitete Schlagarbeit,
4. ,, ,, Zwangsverformungen (z. B. durch ungleichmäßige Erwärmung).

Es kommt nun praktisch außerordentlich selten vor, daß ein Konstruktionsteil nur eine der angeführten Belastungsarten zu ertragen hat.

Selbst die sog. statischen Bauwerke haben außer den ruhenden Lasten meist noch erhebliche wechselnde Beanspruchungen aufzunehmen. So wird z. B. ein Dampfkessel nicht nur durch einen konstanten Dampfdruck belastet, sondern dieser schwankt je nach der Entnahme, außerdem treten durch ungleichmäßige Erwärmung hohe Zwangsverformungen auf und auch diese sind starken zeitlichen Änderungen unterworfen.

Hat man trotz aller dieser Schwierigkeiten die Belastungen ermittelt, so ist die genaue Berechnung der Spannungen nur bei Bauteilen sehr einfacher Form und auch nur dann möglich, wenn unstetige Querschnittsänderungen vermieden werden. Denn an diesen Stellen örtlicher „Kerbwirkung" treten stets Spannungsspitzen auf, die die Haltbarkeit des Teiles meist stark herabsetzen. Bild 1 zeigt den Spannungsverlauf an einem gekerbten Flachstab, der auf Zug beansprucht wird. Im Kerbgrund herrschen bei der hier gewählten Kerbform Zugspannungen von mehr als dem doppelten Betrag der Nennspannung. Außerdem treten senkrecht zur Stabachse Zugspannungen auf. Je schärfer die Kerbe ist, um so höher und steiler wird die Spannungsspitze. Dies zeigt auch Bild 2, das die Formziffern von auf Zug beanspruchten gekerbten Wellen nach amerikanischen Messungen am Flachstab, der nach einer Formel von Krisch angenähert auf den Rundstab umgerechnet werden kann, wiedergibt. Die Formziffer (das Verhältnis von Spannungsspitze zu Nennspannung) wächst mit zunehmender Kerbschärfe rasch an und kann, ohne daß extreme Verhältnisse vorliegen, das drei- und mehrfache der Nennspannung erreichen. Da die Kenntnis der Höchstspannung in einem Konstruktionsteil von so grundlegender Bedeutung ist, sind zahlreiche Verfahren für ihre Ermittlung entwickelt worden.

Die elastizitätstheoretische Errechnung der Formziffer ist nur für geometrisch einfach begrenzte Körper möglich, wie sie in der Praxis nur selten vorkommen. Eine breitere Anwendbarkeit bieten die sog. Analogieversuche, von denen das Seifenhautmodell und das feldelektrische Verfahren wohl am bekanntesten sind, auf die ich aber im Rahmen dieses Vortrages nicht näher eingehen kann. Doch gelten sie nur für bestimmte Beanspruchungsarten und auch nur dann, wenn die geometrische Form des Werkstückes gewissen Bedingungen genügt.

Darum möchte ich nur kurz das Verfahren erwähnen, daß die allgemeinste Anwendbarkeit besitzt: die Feindehnungsmessung. Sie ist nur einer einzigen Bedingung unterworfen: der Beschränkung auf Oberflächenspannungen. Da aber die Spannungsspitzen in unseren Konstruktionsteilen meist an ihrer Oberfläche auftreten, ist diese Einschränkung nur von geringer praktischer Bedeutung.

Daß trotzdem die Feindehnungsmessungen erst seit kurzer Zeit weitere Verbreitung finden, liegt an den erheblichen experimentellen Schwierigkeiten, die überwunden werden mußten. Denn da die Meßlänge eines solchen Dehnungsmessers höchstens 1 mm lang sein darf, um auch örtlich stark veränderte Spannungsfelder ausmessen zu können, sind die Längenänderungen dieser kurzen Strecke, die als Maß für die Spannungen ermittelt werden sollen, außerordentlich klein. Eine Meßlänge von z. B. 1 mm auf einem Stahlstab verlängert sich bei einer Zugbelastung von 1 kg/mm^2 um 0,00005 mm. Doch ist es gelungen, Geräte zu bauen, die solche winzigen Längenänderungen bequem und mit praktisch genügender Genauigkeit zu messen gestatten. Bild 3 zeigt einen solchen Dehnungsmesser, der in der MPA Darmstadt entwickelt mit elektrodynamischer Vergrößerung arbeitet, d. h. durch geringes Verschieben einer Membran mittels der einen Meßschneide wird die Selbstinduktion der beiden Spulen geändert und in einer Brückenschaltung gemessen. Dieser Dehnungsmesser ist nur so groß wie ein Fingerhut und daher auch für sonst schwer zugängliche Meßpunkte brauchbar.

Dem grundsätzlichen Einwand, daß die Wirkung sehr scharfer Kerben mit ihren äußerst steilen und auf eine sehr kleine Fläche beschränkten Spannungsspitzen wohl kaum jemals befriedigend gemessen werden kann, darf man wohl mit Recht entgegenhalten, daß es dem in der Beurteilung von Kerbwirkung und Gestaltfestigkeit geübten Konstrukteur stets möglich sein wird, die ganz scharfen Kerben völlig zu vermeiden, wenn nicht überhaupt jede Kerbwirkung durch die weiter unten eingehender zu erörternden Maßnahmen so gut wie ganz auszuschalten.

Kerbwirkung und Festigkeit

Ist die Spannungsverteilung in dem Werkstück untersucht, so hat man sich weiter zu fragen, wie diese Beanspruchung auf den gewählten Werkstoff wirken wird, d. h. welche Gestaltfestigkeit bei der Verwendung dieses Werkstoffes zu erwarten ist.

Den großen Einfluß der Kerbwirkung und der Beanspruchungsart erkennt man am besten am Verhalten eines glatten und eines gekerbten Zugstabes bei zügiger und wechselnder Beanspruchung, wie es in Bild 4 dargestellt ist. Allerdings ist die praktische Bedeutung dieser Gegenüberstellung insofern beschränkt, als rein ruhende Beanspruchungen praktisch sehr selten sind, wie oben näher ausgeführt wurde. Nach Bild 4 steigt also bei rein zügiger Beanspruchung, z. B. beim Zerreißversuch, die Bruchlast durch die Wirkung einer Kerbe. Diese Erscheinung kann dadurch erklärt werden, daß die Kerbe das Fließen und damit auch die Einschnürung behindert. Da zur Überwindung der Kohäsionskräfte etwa die gleiche Spannung nötig ist, ist die Bruchlast also beim gekerbten Stab größer. Weil die Streckgrenze und Bruchlast durch eine Kerbe mehr oder weniger erhöht werden, richtet sich die Beanspruchungsmöglichkeit bei rein ruhender Belastung nach der Nennspannung an der Kerbe. Je höher die Streckgrenze des Werkstoffes liegt, um so höher kann also die Beanspruchung gewählt werden. Bei einer derartigen Beanspruchung und der Forderung nach geringem Gewicht wird man mit Vorteil hochfesten Stahl als Baustoff wählen, soweit dies wirtschaftliche Erwägungen gestatten.

Insbesondere wird man alle Maßnahmen ohne weiteres anwenden können, die eine Erhöhung der Streckgrenze bezwecken, wie z. B. Kaltrecken, hohes Vergüten usw. Ein Beispiel für die Anwendung solcher Verfahren ist das Überschleudern einer Dampfturbinenscheibe, die durch die Fliehkräfte beim Lauf ruhend beansprucht wird, bis zu einer Beanspruchung oberhalb ihrer Streckgrenze. Hierdurch erzielt man eine Kaltverfestigung, die Streckgrenze wird erhöht und somit die Haltbarkeit gesteigert.

Während also bei ruhender Beanspruchung die Beeinflussung der Haltbarkeit durch die äußere Gestalt des Bau-

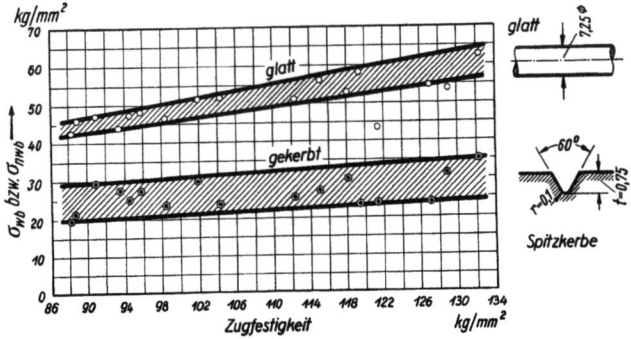

Bild 7. Abhängigkeit der Biegewechselfestigkeit glatter und gekerbter Proben von der Zugfestigkeit (nach Pomp und Hempel).

teiles praktisch meist vernachlässigt werden kann, so daß also die zulässige Beanspruchung allein von dem verwendeten Werkstoff abhängt, wird die Haltbarkeit gegenüber den meist auftretenden wechselnden Belastungen durch

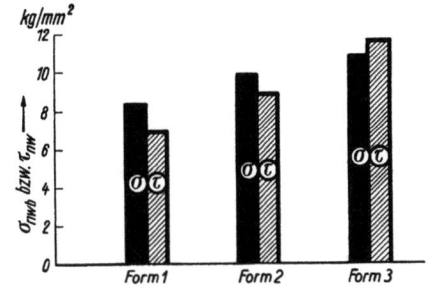

τ = Torsionsspannung bezogen auf den Zapfendurchmesser
σ = Biegespannung bezogen auf den Wangenquerschnitt

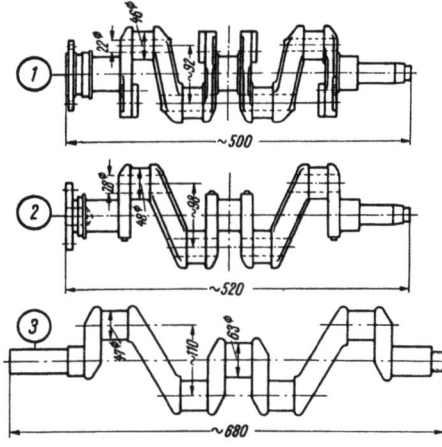

Bild 8. Verbesserung der Dauerhaltbarkeit durch günstigere Formgebung einer Welle aus St 45.61.

Kerbwirkungen jeder Art besonders stark herabgesetzt, wie dies auch aus Bild 4 hervorgeht.

Dies gegensätzliche Verhalten findet darin seine Erklärung, daß wechselnde Belastungen ganz anders auf den Werkstoff einwirken. Eine wechselnde Beanspruchung, die weit unter der Trennfestigkeit des Werkstoffs liegen kann, zerrüttet den Werkstoff allmählich, das heißt, sie erniedrigt die Trennfestigkeit solange, bis ein Anriß entstehen kann. In Bild 5 sind diese beiden Arten der Bruchentstehung anschaulich dargestellt. Hierbei wirken sich örtliche Spannungsspitzen insofern aus, als bei örtlicher Überschreitung der Dauerhaltbarkeit zunächst ein Anriß an dieser einen Stelle entsteht. Ein solcher Anriß bedeutet nun für die angrenzenden Teile eine außerordentlich hohe Kerbwirkung, er schreitet daher allmählich weiter fort und führt schließlich zu einer solchen Schwächung des gesamten Teiles, daß bereits die normale Betriebsbeanspruchung zum gänzlichen Auseinanderbrechen führt. Aus diesem Grunde ist das Vermeiden jeglicher Kerbwirkung das weitaus wichtigste Mittel zur Steigerung der Dauerhaltbarkeit von Maschinenteilen.

Wenn auch eine Kerbe eine erhebliche Schwächung des Werkstückes darstellt, haben andererseits eingehende Versuche gezeigt, daß sehr hohe und daher steile Spannungsspitzen nicht immer in ihrer vollen Höhe zur Wirkung ge-

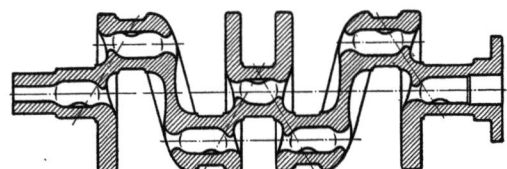

Bild 9. Beanspruchungsgerechte Form einer gegossenen Kurbelwelle.

langen. Infolge der geringeren oder höheren „Kerbempfindlichkeit" der einzelnen Werkstoffe können örtliche Spannungsspitzen ertragen werden, die je nach ihrer Steilheit mehr oder weniger die Dauerfestigkeit des glatten Stabes aus dem gleichen Werkstoff überschreiten können.

Einige praktische Regeln zur Erzielung hoher Gestaltfestigkeit

Die bereits angeführten Möglichkeiten zur Verringerung des Maschinengewichts, ohne die Konstruktion in anderer Hinsicht zu schädigen, lassen sich auch dahin zusammenfassen, daß die Werkstoffestigkeit an allen Stellen des Werkstücks möglichst voll ausgenutzt werden muß.

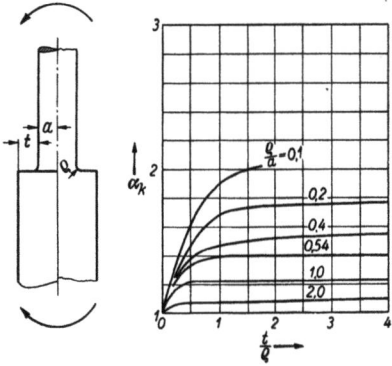

Bild 10. Die Formziffern abgesetzter, auf Biegung beanspruchter Flach- und Rundstäbe (nach M. M. Frocht und Peterson und Wahl).

Das schließt sowohl das Vermeiden jeder Spannungsspitze in sich als auch die Forderung, den Konstruktionsteil als Körper gleicher Festigkeit auszubilden, so daß er bei der vorgesehenen Belastung überall gleich hoch beansprucht ist. Da aus konstruktiven Gründen häufig Kerbstellen, wie Wellenabsätze, Bohrungen usw. nicht zu vermeiden sind, so muß die Kerbstelle soweit verstärkt werden, daß die Bruchsicherheit der übrigen Teile wieder erreicht ist. Allerdings muß dabei sorgfältig darauf geachtet werden, daß durch die Verstärkung des Kerbquerschnittes die Formziffer nicht erhöht wird und so der ganze Festigkeitsgewinn wieder verlorengeht. Der Mehraufwand an Werkstoff wird sich erstens dadurch in engen Grenzen halten lassen, daß man ja außer der Verstärkung noch die Möglichkeit hat, durch Anordnung von Entlastungskerben und durch Aufbringen günstiger Eigenspannungssysteme die Wirkung auch verhältnismäßig scharfer Kerben weitgehend herabzusetzen, so daß der Ausgleich der restlichen Kerbwirkung durch Vergrößerung des tragenden Querschnitts wohl kaum jemals auf konstruktive Schwierigkeiten stoßen wird.

Alle diese Möglichkeiten mögen an dem praktischen Beispiel einer Kurbelwelle erläutert werden. Eine Kurbelwelle hat infolge ihrer Form starke Kerbwirkungen besonders an den scharfen Querschnittsübergängen, die hohe Spannungsspitzen und daher geringe Dauerhaltbarkeit zur Folge haben. Bild 6 zeigt nun, daß durch Verwendung eines Werkstoffs höherer Festigkeit unter Beibehaltung einer ungünstigen Kurbelwellenform nur eine sehr geringe Erhöhung der Dauerhaltbarkeit erzielt werden kann, da infolge der höheren Kerbempfindlichkeit der hochfesten Werkstoffe die an den Kerbstellen auftretenden Spannungsspitzen gefährlicher sind als für zähere Werkstoffe mit geringerer Festigkeit. Aus den umfangreichen Dauerversuchen, die in Bild 7 zusammengestellt sind, geht ebenfalls klar hervor, daß die Verwendung von Werkstoffen höchster Festigkeit nur bei günstigster Gestaltung und Oberflächenbearbeitung zur vollen Auswirkung gelangt.

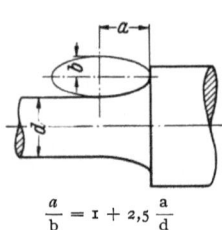

$\frac{a}{b} = 1 + 2{,}5\,\frac{a}{d}$

Bild 11. Ellipsenübergang (nach Lürenbaum-Deutler).

Zur Steigerung der Haltbarkeit durch Milderung der Spannungsspitzen zeigt Bild 8 ein Beispiel. Es sind hier die Dauerfestigkeiten verschiedener Kurbelwellenformen aus gleichem Werkstoff dargestellt. Die Wellenform, die die geringsten Kraftlinienumlenkungen ergibt, hat auch die höchste Dauerhaltbarkeit. Dabei ist zu bemerken, daß die dargestellte Kurbelwelle mit der höchsten Dauerhaltbarkeit noch nicht das äußerste ist, was man durch Formgebung überhaupt erreichen kann. Bild 9 zeigt einen Vorschlag für eine weitere Verbesserung der Kurbelwellenform. Hierbei ist zunächst der Zapfen hohl ausgebildet, da bei Biege- und Verdrehbeanspruchung der Werkstoff im Innern nur sehr gering ausgenutzt ist. Nach den Querschnittsübergängen hin wird der Zapfen verstärkt, um an diesen Stellen die Höchstspannung herabzusetzen und somit die Bruchgefahr zu vermindern. Weiterhin hat der Übergang vom Zapfen zur Wange selbst insofern eine Verbesserung erfahren, als durch muldenförmige Ausbildung der Wange die inneren Fasern sehr weich gehalten werden, so daß sie bei gleicher Verformung eine viel geringere Spannung zu ertragen haben. Der Kraftfluß wird hierdurch in die stärkeren Außenfasern abgelenkt. Man erreicht auf diese Weise eine annähernd gleichmäßige Spannungsverteilung über den Wangenquerschnitt. Durch diese Formgebung wird das Ziel einer dauerfesten Konstruktion, der Körper gleicher Festigkeit, praktisch erreicht. Allerdings ist zu bemerken, daß eine derartig verwickelte Formgebung durch Schmieden nur mit großem Aufwand an nachträglicher zerspanender Bearbeitung zu erreichen ist. Am wirtschaftlichsten lassen sich solche günstigen Formen durch den Gießprozeß herstellen.

Maßgebend für die Gestaltfestigkeit ist auch die Ausrundung des Übergangs vom Zapfen zur Wange oder allge-

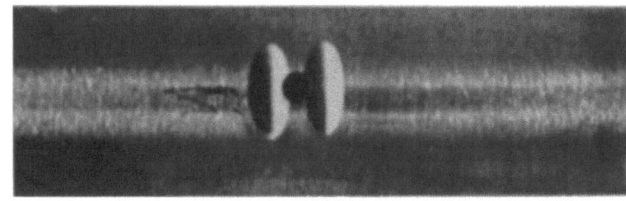

Bild 12. Tangentialkerben an einer gebohrten Welle.

meiner ausgedrückt, die zweckmäßigste Ausbildung der abgesetzten Welle. Eine scharfe Ausrundung verursacht eine sehr hohe Spannungsspitze, wie Bild 10 zeigt.

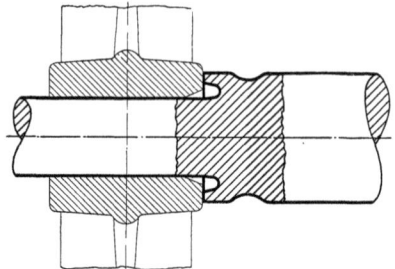

Bild 13. Entlastungskerbe an abgesetzter Welle (nach Oschatz).

Für eine Viertelkreisausrundung und ein Ausrundungsverhältnis von 0,1 ergibt sich für Biegungsbeanspruchung eine Formziffer von 1,9. Die Formziffer läßt sich, wenn die beiden Wellendurchmesser festliegen, nur durch Vergrößerung des Abrundungsradius herabsetzen.

Nun zeigten das Experiment und theoretische Überlegungen, daß die Spannungsspitze immer an dem Auslauf der Hohlkehle zum schwächeren Wellenteil auftritt. Für den Auslauf zum stärkeren Teil hin könnte also eine schär-

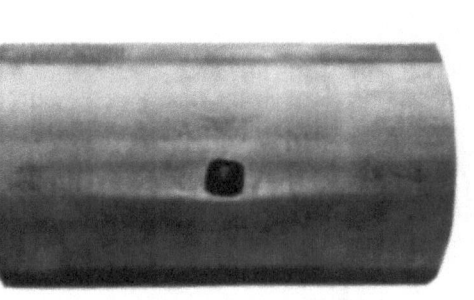 

Bild 14. Steigerung der Verdrehdauerhaltbarkeit von Wellen mit Querbohrung durch Drücken mit einem Vierkantstempel.

fere Ausrundung gewählt werden, ohne die Bruchgefahr zu erhöhen.

Bild 11 zeigt als praktisches Ergebnis dieser Überlegungen den Ellipsenübergang von Lürenbaum-Deutler, der eine sehr niedrige Formziffer hat und außerdem auch verhältnismäßig kurz ist, was für Nabensitze, Lagerflächen usw. häufig sehr erwünscht ist.

Lassen sich scharfe Kerben aus konstruktiven Gründen nicht vermeiden, so läßt sich in manchen Fällen der Spannungsfluß durch Entlastungskerben günstiger gestalten und so die Dauerhaltbarkeit erhöhen, ohne daß man zu einer Verstärkung und damit zu einer Gewichtserhöhung des Teiles greifen müßte. Die nächsten Bilder zeigen zwei Ausführungsformen von Entlastungskerben.

In Bild 12 sind tangentiale Entlastungskerben an einer quergebohrten Welle wiedergegeben, die den Spannungsfluß von den bei Biegung besonders gefährdeten Lochrändern ins Innere der Welle ablenken. Ein sehr häufig vorkommender Fall ist in Bild 13 dargestellt. Die Stirnfläche eines Wellenabsatzes dient als Paßfläche für einen Nabensitz. Die Hohlkehle läßt sich daher nicht mit einem großen Abrundungsradius ausführen. Man hilft sich hier durch die gezeichnete Art von Entlastungskerben.

Es ist demnach verständlich, daß sich genaue Vorschriften, aus denen sich die günstigste Form der Entlastungskerben für jeden besonderen Einzelfall entnehmen läßt, nicht aufstellen lassen. Es ist vielmehr die Aufgabe des Konstrukteurs, eine solche Übung in der Nachprüfung von Spannungsverteilungen zu erlangen, daß er rein gefühlsmäßig die günstigste Form eines Konstruktionsteiles aus den zahllosen Möglichkeiten herausfindet und bei der Verbesserung eines Maschinenteiles ohne langwierige Versuche die beste Lösung angeben kann.

Eine weitere Möglichkeit zur Milderung von Kerbwirkungen ist das Aufbringen von zweckmäßigen Eigenspannungssystemen. Ein solches Eigenspannungssystem ist dann vorteilhaft, wenn es zusammen mit der Betriebsbeanspruchung eine geringere Zugspannung ergibt als die Betriebsbelastung allein. Derartige Eigenspannungen erhält man z. B. dadurch, daß man die durch eine Betriebszugspannung gefährdete Stelle örtlich plastisch dehnt. Da der Werkstoff im Innern des Bauteils hierbei nur elastisch beansprucht wird, nimmt er nach dem Entlasten wieder bei ursprüngliche Form an, wodurch in der gedrückten Zone Druckeigenspannungen entstehen. Durch solches Drücken von Hohlkehlen, Bohrungen, Schweißnähten usw. läßt sich die Dauerhaltbarkeit des Teils oft außerordentlich steigern.

Als Beispiel sei das Drücken von Querbohrungen verdrehbeanspruchter Wellen mit einem pyramidenförmigen Stempel erwähnt, wie es Bild 14 wiedergibt. Die Seiten der quadratischen Pyramidengrundfläche müssen dabei parallel bzw. senkrecht zur Stabachse stehen, da bei Verdrehbeanspruchung die Spitzenspannungen an Punkten des Lochrandes auftreten, deren Radien mit der Richtung der Stabachse einen Winkel von 45° bilden.

Druckeigenspannungen können auch durch geeignete örtliche Wärmebehandlung erzeugt werden. In ähnlicher Weise wirken auch das Einsatzhärten und das Nitrieren, von denen besonders das Nitrieren wirksam ist.

Es sei hier noch erwähnt, daß man auch durch gleichzeitige Anwendung beider Möglichkeiten, d. h. durch das Eindrücken von Entlastungskerben, sehr gute Erfolge erzielen kann.

Der Entwurf dauerfester Schweißverbindungen

Es darf nicht unerwähnt bleiben, daß der Leichtbau auch durch die Schweißtechnik wesentlich gefördert worden ist. Sie vermag besonders im Vergleich mit der Niet- und Schraubverbindung viel Werkstoff zu sparen. Denn es fallen nicht nur die Niet- und Schraubenköpfe fort, sondern vor allen Dingen die Knotenbleche und Laschen, die bei statischen Bauwerken einen nicht unwesentlichen Anteil des Gesamtgewichts darstellen. Außerdem wird eine Schweißnaht nicht durch Schrauben- und Nietlöcher geschwächt. Daß man in der Praxis trotzdem gelegentlich eine mißtrauische Abneigung gegen geschweißte Konstruktionen bemerkt, rührt daher, daß man erst vor kurzer Zeit die werkstofftechnischen Bedingungen, die eine gute Schweißnaht erfüllen muß, erkannte und berücksichtigen konnte, so daß bis zu diesem Zeitpunkt zahlreiche und schwere Mißerfolge nicht ausbleiben konnten. Außerdem ist ja rein äußerlich eine gute Schweißnaht von einer schlechten nicht immer zu unterscheiden. Da überdies systematische Röntgendurchstrahlungen und die laufende Kontrolle der Schweißer erst in letzter Zeit allgemein eingeführt wurden, konnte man bis dahin immer erst nach der Katastrophe feststellen, daß eine Naht unsachgemäß ausgeführt war. Doch sind heute alle diese Mißstände wenig-

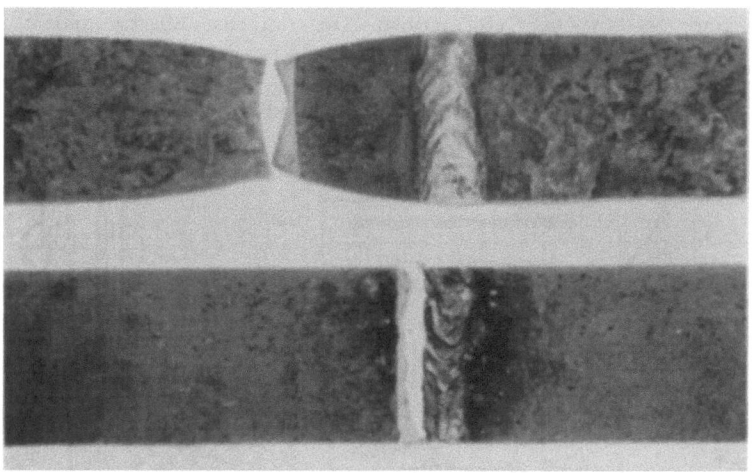

Bild 15. Bruchlage einer Schweißverbindung bei zügiger und wechselnder Beanspruchung.

stens soweit behoben, daß man bei einer sorgfältig ausgeführten Schweißverbindung stets die Güte der gleichartigen genieteten Bauweise gewährleisten kann.

Vor allen Dingen muß eine gute Schweißnaht völlig frei von Schlackeneinschlüssen, Rissen und Bindefehlern sein, da diese sehr scharfe Kerben darstellen, die die Naht auch bei niedriger Nennspannung gefährden können.

Um diese Fehler mit Sicherheit vermeiden zu können, dürfen für hochbeanspruchte Schweißungen nur erstklassig ausgebildete und zuverlässige Schweißer herangezogen werden. Außerdem muß von Zeit zu Zeit ihre Zuverlässigkeit durch Probeschweißungen oder durch Röntgenuntersuchungen nachgeprüft werden. Auch der Konstrukteur muß genügend Kenntnisse über die Wärmebewegung, Schrumpfspannungen und die Gefahr der Schweißrissigkeit besitzen, damit er seine Konstruktionen so ausbilden kann, daß sie leicht hergestellt werden können, und so die Gefahr fehlerhafter Schweißungen schon von vornherein möglichst ausgeschaltet wird.

Unvermeidlich ist allerdings die Entstehung der Einbrandkerbe, worunter man die Kerbwirkung an der Grenze zwischen Schweiße und Grundwerkstoff versteht. Diese ist aber hauptsächlich an der Werkstücksoberfläche am Rande der Schweißraupe wirksam; der Dauerbruch geht daher immer durch die Einbrandkerbe hindurch (Bild 15) im Gegensatz zum Bruch durch einmalige Belastung, der bei einer guten Schweißung stets außerhalb der Naht verläuft. Deshalb kann die Dauerhaltbarkeit einer Schweißnaht erheblich durch Glätten der Einbrandkerbe gesteigert werden. Man erzielt eine weitere Festigkeitssteigerung durch Druckvorspannungen in der Einbrandkerbe, die man durch Walzen mit einer gut abgerundeten Rolle leicht erzeugen kann. Dies zeigt auch Bild 16, das die Wöhlerkurven von den gezeichneten Schweißproben mit verschieden behandelter Einbrandkerbe wiedergibt. Wenn die Einbrandkerbe nur nachgefräst wird, liegt die Festigkeit schon fast an der des vollen Bleches. Dagegen ist die Kerbwirkung der gerollten Schweißnaht bereits gleich Null; der Bruch verläuft durch das volle Material.

Die Dauerfestigkeit einer Schweißverbindung wird außer durch die eben besprochene Kerbwirkung der Schweißnaht selbst durch die konstruktive Form der Naht erheblich beeinflußt. In Bild 17 werden die Ursprungsfestigkeitswerte gleichartiger Niet- und Schweißverbindungen miteinander verglichen. Während die einfache Stumpfnaht die gleiche Dauerfestigkeit besitzt wie die genietete Doppellaschenverbindung, fällt die geschweißte Ausführung dieser Laschenverbindung stark ab, und auch die verwickelte Bauart mit eingezogenen Laschen ergibt keine wesentliche Verbesserung. Die zunächst überra-

Die Aufnahme von Schlagbeanspruchung und Zwangsverformungen

Maschinenteile, die Schlagbeanspruchungen oder Zwangsverformungen unterworfen sind, können durch konstruktive Änderungen besonders wirksam verbessert oder auch verschlechtert werden. Der Entwurf solcher Teile erfordert also besonders sorgfältige Berücksichtigung des Werkstoffverhaltens. Bei Schlagbeanspruchung wird dann die höchste Beanspruchung sehr gering, wenn man zur Aufnahme der Schlagenergie ein möglichst großes verformungsfähiges Werkstoffvolumen zur Verfügung stellt. Es ist hierbei zu berücksichtigen, daß beim Vorhandensein scharfer Kerben die gesamte eingeleitete Energie durch Verformungsarbeit dieser schwächsten Stelle aufgenommen werden muß. Da an der Kerbstelle selbst nur ein äußerst geringes Werkstoffvolumen zur Verfügung steht, ist es leicht einzusehen, daß infolge der geringen Verformungsfähigkeit an dieser Stelle sehr hohe Beanspruchungen auftreten müssen, die schon nach sehr kurzer Zeit zu einem Bruch führen können. Bei derartigen Teilen ist es deshalb noch viel wichtiger, daß man die Kerbstellen entsprechend

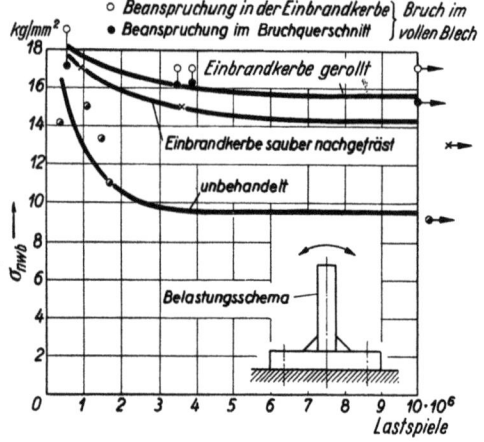

Bild 16. Biegewechselfestigkeit elektrisch geschweißter ⊥-Verbindungen aus St 37.11.

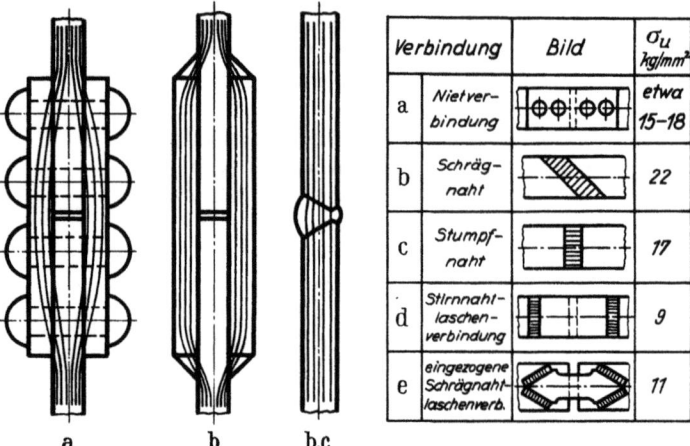

Bild 17. Kraftlinienbild und Ursprungsfestigkeiten genieteter und geschweißter Verbindungen (Werte nach Graf, Schick und Kaufmann).

schende Verschiedenheit dieser Ergebnisse erklärt sich zwanglos aus dem Verlauf des Kraftflusses. Während bei der Nietverbindung die Belastung durch die einzelnen Niete (also über die Laschenfläche verteilt) in die Laschen übergeleitet wird, muß bei der geschweißten Ausführung der ganze Spannungsfluß durch die verhältnismäßig schmalen Schweißnähte in die Laschen eintreten. Diese plötzliche Umlenkung aller Kraftlinien stellt eine so erhebliche Kerbwirkung dar, daß der große Festigkeitsabfall gegenüber der genieteten Verbindung verständlich ist. Andererseits besteht der Vorteil der Stumpfnaht darin, daß sie den geraden Verlauf des Kraftflusses nicht unterbricht, so daß besonders dann, wenn die Beanspruchung schräg zur Naht verläuft, eine hohe Dauerfestigkeit erzielt werden kann.

Die Dauerhaltbarkeit einer Schweißverbindung wird sehr vermindert, wenn eine konstruktive Kerbe und eine Schweißnaht zusammenfallen. Der Konstrukteur muß also unbedingt darauf achten, daß er die Schweißnähte in glatte Teile verlegt. Diese Maßnahme bedingt allerdings meistens, wie Bild 18 zeigt, eine teurere Formgebung, so daß man sie nur dort anwenden wird, wo äußerste Gewichtsersparnis bei hoher Festigkeit dringend erforderlich ist. Der Festigkeitsgewinn durch Anwendung der gezeigten günstigen Bauarten ist allerdings erheblich.

verstärkt und die ungekerbten Stellen so schwächt, daß sie die ganze Verformung aufnehmen müssen. In vielen Fällen empfiehlt es sich, noch besondere sog. Dehnglieder vorzusehen, die das verformungsfähige Volumen um ein Vielfaches vergrößern können.

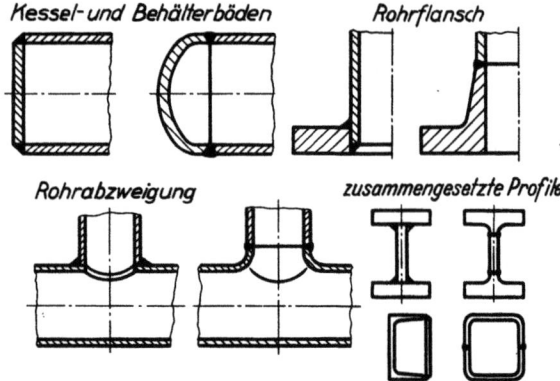

Bild 18. Schlechte und gute Schweißverbindungen. Schweißnaht nicht an konstruktiver Kerbe.

Diese Erwägungen lassen sich z. B. auf einen Konstruktionsteil anwenden, der im Maschinenbau sehr häufig benutzt wird und dessen Behandlung in formgebungstechnischer Hinsicht bis in die letzte Zeit sehr vernachlässigt worden ist: die Schraube. Wie Bild 19 zeigt, entsteht im ersten tragenden Gewindegang eine Spannungsspitze, während die Beanspruchung im Schaft recht gering ist. Um

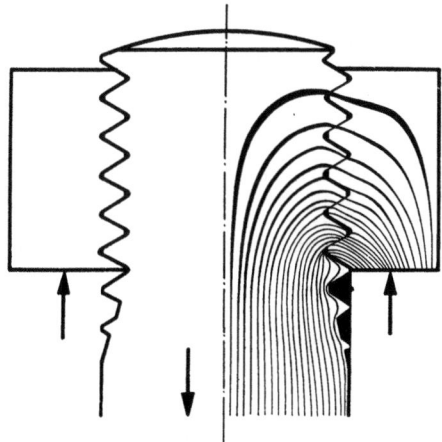

Bild 19. Hydrodynamisches Gleichnis des Kraftlinienverlaufs in einer Schraube.

einen Körper gleicher Spannung mit möglichst hoher Arbeitsfähigkeit außerhalb der Kerbstelle zu erhalten, wird man eine Schraube mit eingezogenem Schaft, die sog. „Dehnschraube" konstruieren müssen. Bild 20 zeigt, daß

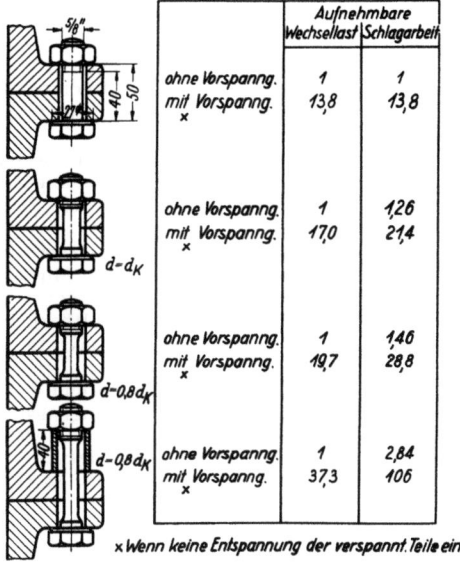

Bild 20. Aufnehmbare Wechsellasten und Schlagarbeiten bei Dehnschrauben.

diese Schrauben ein vielfaches der Arbeitsfähigkeit gegenüber der Starrschraube aufweisen. Ebenso werden durch eingeleitete Wechselverformungen entstehende Spannungen geringer, wodurch die Dauerhaltbarkeit der Schrauben ansteigt.

Werden solche Dehnschrauben aus hochfestem Werkstoff hergestellt, so können die zu verschraubenden Teile z. B. Flansche wesentlich kleiner gehalten werden. Man wendet daher die Dehnschraube in steigendem Maße im Hochdruckapparatebau, Kraftmaschinen- und Fahrzeugbau an.

Zusammengesetzte Beanspruchungen

Häufig sind Bauteile einer zusammengesetzten Beanspruchung ausgesetzt, z. B. nicht nur auf Zug, sondern auch auf Biegung und manchmal sogar noch gleichzeitig auf Verdrehung beansprucht. Die für die einzelnen Beanspruchungsarten heute üblichen Bauformen sind aber für solche zusammengesetzten Belastungsfälle nicht immer die günstigsten. Durch genauere Berücksichtigung aller auftretenden Belastungsarten und durch entsprechende Auswahl einer besonders geeigneten Konstruktionsform kann die Höchstbeanspruchung häufig gesenkt und dadurch der Bauteil leichter gehalten werden.

Diese Möglichkeit mag an dem Beispiel von Trägerquerschnitten erläutert werden, die gleichzeitig auf Biegung und Verdrehung beansprucht werden. Nach Bild 21 ist hierfür der

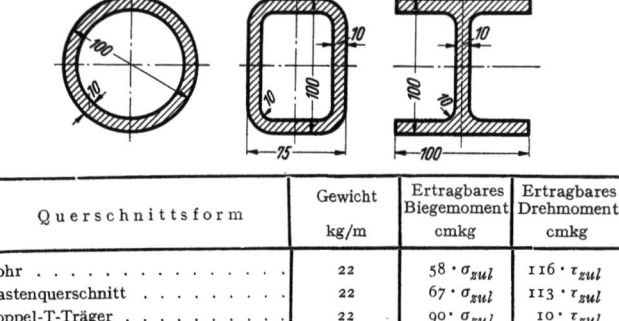

Querschnittsform	Gewicht kg/m	Ertragbares Biegemoment cmkg	Ertragbares Drehmoment cmkg
Rohr	22	$58 \cdot \sigma_{zul}$	$116 \cdot \tau_{zul}$
Kastenquerschnitt	22	$67 \cdot \sigma_{zul}$	$113 \cdot \tau_{zul}$
Doppel-T-Träger	22	$90 \cdot \sigma_{zul}$	$10 \cdot \tau_{zul}$

Bild 21. Biege- und Verdrehfestigkeit verschiedener Querschnittsformen.

Träger mit Kastenquerschnitt besonders gut geeignet, da er eine gute Biegefestigkeit und außerdem auch eine erhebliche Verdrehfestigkeit besitzt. Denn die Biegefestigkeit des Rohrquerschnitts ist erheblich geringer als die des Kastenträgers, und der Doppel-T-Träger hat zwar eine sehr hohe Biegefestigkeit aber nur etwa den 10. Teil der Verdrehfestigkeit der beiden anderen Querschnittsformen.

Diese Erkenntnis, die im Flugzeug- und im Fahrzeugbau bereits Allgemeingut geworden ist, findet jetzt auch Anwendung im Werkzeugmaschinenbau. Ein Drehbankbett (Bild 22) wurde bisher in der Form zweier durch Rip-

Bild 22. Offene und geschlossene Form eines Drehbankbettes.

pen versteifter Träger hergestellt, wie es links gezeichnet ist. Die geschlossene Kastenbauart rechts ist wesentlich steifer, so daß die Rippen wegfallen können und trotzdem noch ein Gewinn an Steifigkeit (neben der Gewichtsverminderung) übrigbleibt.

Eine Weiterentwicklung dieser Gedanken führt zur sog. Schalenbauweise, die sich heute im Flugzeugbau schon weitgehend durchgesetzt hat und auch in den Fahrzeugbau immer mehr eindringt. Während bei alten Konstruktionen die Verkleidung ein notwendiges Übel war, das eine Gewichtserhöhung mit sich brachte, ohne irgendwie zur Kraftübertragung beizutragen, werden bei der Schalenbauweise auch diese Wände soweit wie möglich zur Lastaufnahme herangezogen. Auf diese Weise kann das übrige Tragwerk entsprechend leichter gehalten werden, so daß sich im ganzen eine wesentliche Gewichtseinsparung ergibt.

So haben z. B. die Opelwerke im vergangenen Jahre durch Anwendung dieser Grundsätze bei der Karosserie des Opel-Kadett und -Olympia pro Wagen 150 kg an Gewicht einsparen können. Das bedeutet auf den Jahresverbrauch umgerechnet eine Ersparnis von 10 000 t Stahl, d. h. 10 vollbeladenen Güterzügen zu je 50 Wagen.

Die neue Leichtbauweise beschränkt sich nicht nur auf den Flugzeug- und den Straßenfahrzeugbau, sondern dringt immer mehr auch in den Schienenfahrzeugbau ein. Die modernen Schnelltriebwagen sind schon vielversprechende Anfänge.

Auch der neuzeitliche Schiffbau beginnt sich schon der Vorteile der Leichtbauweise immer mehr zu bedienen.

Im stationären Maschinenbau und namentlich in der Elektrotechnik sind in jüngster Zeit durch die Leichtbauweise schon beträchtliche Fortschritte erzielt worden.

Große Anstregungen werden gegenwärtig gemacht, den Werkzeugmaschinenbau, der bisher ein typischer Vertreter der Schwerbauweise war, durch die neuen Grundsätze zu befruchten.

Auch der Brückenbau, der Hallenbau und der Mastenbau ziehen aus der neuen Leichtbauweise immer mehr Nutzen.

Besonders bemerkenswert ist es, daß sogar der Eisenbetonbau, namentlich der Deckenbau durch Anwendung der neuen Grundsätze ganz erhebliche Einsparungen an Stahl erzielen konnte.

Zusammenfassung

Bis vor kurzem war man der Ansicht, daß die schwerere, mit größerem Werkstoffaufwand hergestellte Konstruktion in jedem Fall die leistungsfähigere und betriebssichere sei. Unsere Betrachtungen haben aber gezeigt, daß eine Werkstoffeinsparung an richtiger Stelle nicht nur das Gewicht herabsetzt, sondern in den meisten Fällen auch die Betriebssicherheit gegenüber der massigen Bauart wesentlich erhöht.

Allerdings ist die Anwendung der neuen Grundsätze nicht immer ganz einfach und naheliegend. Wir müssen uns daher mit dem Studium der Werkstoffeigenschaften, mit der Gestaltung und Formgebung noch viel mehr als bisher befassen. Wir müssen unser konstruktives Gefühl noch besser schulen, um die Lehre von der Gestaltfestigkeit vollkommener beherrschen zu können. Gerade die Erfahrungen mit den schwierigsten Konstruktionselementen, wie z. B. den Kurbelwellen haben gezeigt, daß man bei ungünstiger Formgebung auch mit den besten Stählen nichts erreicht, daß man aber bei zweckmäßiger Formgebung sogar mit dem noch vor wenigen Jahren so verachteten Gußeisen Kurbelwellen hoher Gestaltfestigkeit gießen kann. Ein unerfahrener Konstrukteur kann mit dem besten Werkstoff nichts anfangen, ein guter Konstrukteur dagegen kann mit einfachem, billigem Werkstoff, leichte und betriebssichere Konstruktionen schaffen. Konstrukteur sein bedeutet nicht: Scharwerker und Handlanger sein, sondern freier Gestalter. Gerade die neuen Grundsätze befähigen den Konstrukteur, seinen Werkstoff viel selbstsicherer als bisher zu gestalten. Sie geben ihm ganz neue Möglichkeiten der Gestaltung und Werkstoffeinsparung. Er ist nun nicht mehr in der mißlichen Lage, daß er trotz eines hohen Sicherheitsfaktors, d. h. großen Materialaufwandes, doch bangen muß, daß seine Konstruktionen einen Bruch mit seinen schlimmen Folgen erleiden werden.

Bei richtiger Anwendung und zweckmäßigem Ausbau der neuen Lehren wird es möglich sein, daß Konstruktionen entstehen, die an Leichtigkeit, Billigkeit, Einfachheit, Zweckmäßigkeit und Betriebssicherheit die heutigen Konstruktionen weit übertreffen.

Schrifttum

Thum, A. und W. Bautz: Die Gestaltfestigkeit. Schweiz. Bauztg. 106 (1935) Nr. 3, S. 25—30. — Stahl u. Eisen 55 (1935) H. 39, S. 1025—1029.

Krisch, A.: Spannungsmechanik des gekerbten Rundstabes. Dr.-Ing.-Diss. Berlin 1935.

Neuber, H.: Kerbspannungslehre. Berlin: Julius Springer 1937.

Thum, A., O. Svenson und H. Weiß: Neuzeitliche Dehnungsmeßgeräte. Forschg. Ing. Wes. 9 (1938) Nr. 5, S. 229 bis 234.

Pomp, A. und Max Hempel: Vergleichende Untersuchungen von nickelhaltigen und nickelfreien Stählen auf ihre mechanischen Eigenschaften insbesondere auf ihr Verhalten bei der Schwingungsprüfung. Luftfahrt-Forschung Bd. 14 (1937) Nr. 10, S. 511—519.

Lürenbaum, K.: Einfluß von Formgebung und Werkstoff auf die Gestaltfestigkeit geschmiedeter und gegossener Flugmotoren-Kurbelwellen. Jahrb. dtsch. Luftfahrtforschg. Bd. 2 (1937), Triebwerk S. 128—131.

Thum, A. und K. Bandow: Die Gußkurbelwelle. Z. VDI Bd. 80 (1936) Nr. 1, S. 23—27.

Frocht, M.M.: Factors of stress concentration photoelastically determined. J. Appl. Mech. Bd. 2 (1935) Nr. 2, S. A 67— A 68.

Peterson, R. E. und A. M. Wahl: Two- and three-dimensional cases of stress concentration, and comparison with fatigue tests J. Appl. Mech. Bd. 3 (1936) Nr. 1, S. A 15— A 22 und Nr. 4, S. A 146—A 154.

Oschatz, H.: Gesetzmäßigkeit des Dauerbruches und Wege zur Steigerung der Dauerhaltbarkeit. Mitteilungen d. Materialprüfungsanstalt a. d. Techn. Hochschule Darmstadt, H. 2, Berlin 1933.

Thum, A. und W. Bautz: Steigerung der Dauerhaltbarkeit von Formelementen durch Kaltverformung. Mitt. Materialprüfungsanstalt Darmstadt, Heft 8, Berlin 1936.

Föppl, O.: Die Steigerung der Dauerhaltbarkeit durch Oberflächendrücken. Masch.-Bau 8 (1929) Nr. 22, S. 752—755.

Döring, H.: Das Drücken der Oberfläche und der Einfluß von Querbohrungen auf die Biegeschwingungsfestigkeit. Mitt. Wöhlerinst. Braunschweig H. 5, Berlin 1930.

Thum, A. und A. Erker: Dauerbiegefestigkeit von Kehl- und Stumpfnahtverbindungen. Z. VDI Bd. 82 (1938) Nr. 38, S. 1101—1106.

Thum, A. und F. Debus: Vorspannung und Dauerhaltbarkeit von Schraubenverbindungen. Mitt.Mat.Prüf.Anst. Darmstadt, H. 7, Berlin 1936.

Thum, A.: Leichtbauweise in Gußeisen, Gießerei, Bd. 25 (1938) Nr. 10, S. 237—241.

BEMERKUNGEN ZUR DAUERFESTIGKEIT GESCHWEISSTER STABANSCHLÜSSE AN FACHWERKTRÄGERN IM KRANBAU

Von Professor Dr.-Ing. habil. **E. vom Ende**,

Institut für Schweißtechnik der Technischen Hochschule München

Die Tragwerke von Laufkranen werden als Vollwandträger und Fachwerkträger ausgeführt, wovon die letzteren im allgemeinen bevorzugt werden. Maßgebend ist dabei in erster Linie das Gewicht. Da nun durch Übergang von der genieteten zur geschweißten Ausführung bei den Vollwandträgern sehr wesentliche Gewichtsersparnisse möglich sind, hat sich deren Anwendungsgebiet gegenüber den Fachwerkträgern stark erweitert (Bild 1). Diese Entwicklung wird durch die dem geschweißten Fachwerk vorläufig noch anhaftende Unsicherheit noch gefördert.

Demgegenüber ist aber festzustellen, daß eine ganze Anzahl von Kranen mit geschweißten Fachwerkträgern in langjährigem Betrieb keine Dauerbrüche gezeigt haben, und daß statische Versuche mit einem solchen Träger Ver-

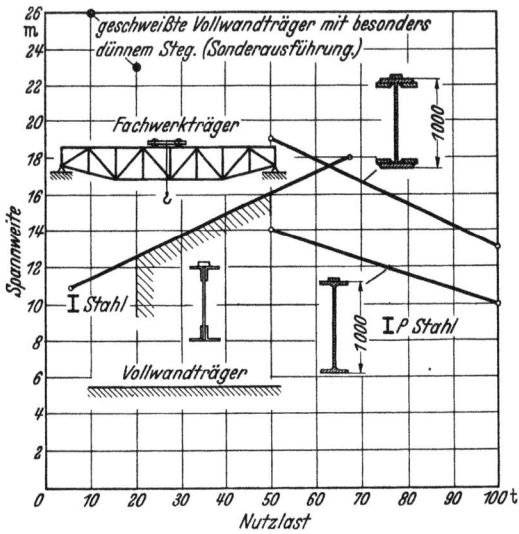

Bild 1. Grenze zwischen Vollwand- und Fachwerkträger für Zweiträgerlaufkrane. Erweiterte Verwendungsmöglichkeit der Vollwandträger durch Schweißung.
⊙ Geschweißte Vollwandträger mit etwa gleichem Gewicht wie entsprechende Fachwerkträger.

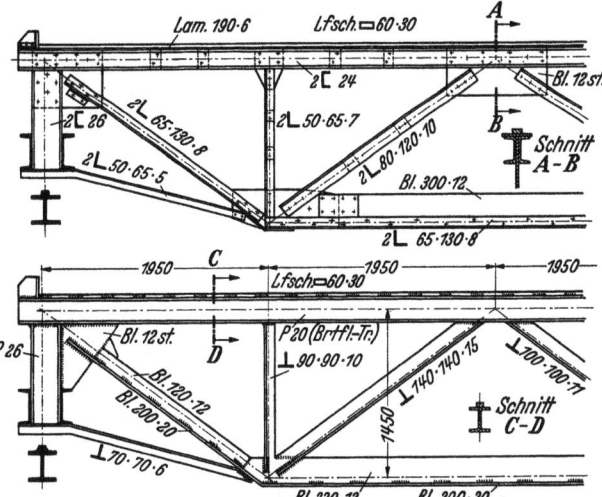

Bild 2. Kranträger genietet und geschweißt (aus Schorch-Mitteilungen). In der linken oberen Ecke eingesetztes Knotenblech. Die Stäbe sind stumpf an die Gurte gestoßen.

biegungen der Stäbe aber keine Brüche an den Knoten ergeben haben. Dazu kommt, daß auch hier Gewichtsersparnisse bis zu 20% bei größerer Steifigkeit des geschweißten Trägers festzustellen sind. Es ist deshalb an der Zeit, die Frage der Ausbildung der geschweißten Knotenpunkte von Fachwerkkranträgern zu studieren und die dabei auftretenden Fragen, gegebenenfalls durch Versuche, zu klären.

Zunächst ist der naheliegende Gedanke ausgeführt worden, die genietete Konstruktion zu übernehmen (Bild 2).

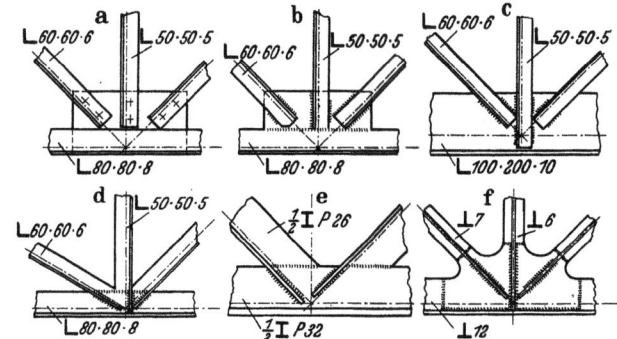

Bild 3. Ausführungsmöglichkeiten für geschweißte Knotenpunkte an Fachwerkträgern. b u. c Ausführungen mit Flankennähten. d u. e stumpf angestoßene Winkel mit Kehlnähten am freien Schenkel, f stumpf angestoßene ⊥-Eisen mit Kehlnähten am freien Schenkel, dazu eingesetztes Knotenblech, das mit Stumpfnähten an den Steg des Untergurts angeschlossen ist.

Die Knotenbleche werden nicht mehr aufgelegt sondern als Eckbleche eingesetzt oder fallen ganz fort und die Stäbe werden stumpf angestoßen oder mit Kehlnähten auf die Gurte aufgeschweißt oder auch mit Stumpf- und Kehl-

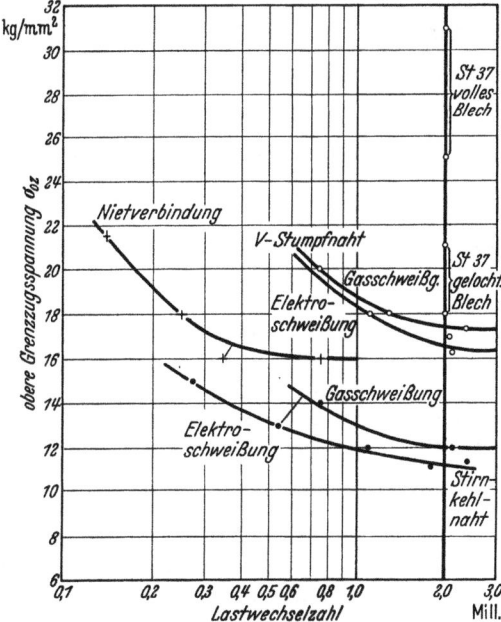

Bild 4. Wöhlerlinie einer Nietverbindung und einer entspr. Stumpfnaht und Stirnkehlnaht.

nähten angeschlossen. Es sind in dieser Hinsicht eine ganze Reihe von Kombinationen möglich, von denen einige in Bild 3 zusammengestellt sind.

Die statische Festigkeit läßt sich mit den üblichen Mitteln mit ausreichender Genauigkeit berechnen. Dabei ergibt sich, daß Stumpfnähte allein nicht ausreichen, wenn die Querschnitte der Stäbe voll ausgenützt werden sollen.

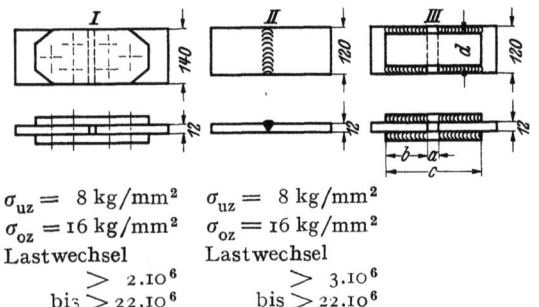

$\sigma_{uz} = 8 \text{ kg/mm}^2$ $\sigma_{uz} = 8 \text{ kg/mm}^2$
$\sigma_{oz} = 16 \text{ kg/mm}^2$ $\sigma_{oz} = 16 \text{ kg/mm}^2$
Lastwechsel   Lastwechsel
$> 2 \cdot 10^6$ $> 3 \cdot 10^6$
bis $> 22 \cdot 10^6$ bis $> 22 \cdot 10^6$

für Ausführung III

Nr.	a	b	c	d	Lastwechsel $\cdot 10^6$ bei $\sigma_{uz} = 8 \text{ kg/mm}^2$ $\sigma_{oz} = 16 \text{ kg/mm}^2$	Brucherscheinung
1	5	75	155	100	0,07 — 0,27	Teilw. Nähte abgeschert
2	5	125	255	100	0,3 — 2,1	Lasche am Stoß oder Stab am Laschenende gerissen
3	50	125	300	100	1,06 — 1,35	

Bild 5. Vergleich der Dauerfestigkeit und der Ursprungsfestigkeit geschweißter mit genieteten Stabanschlüssen.

Es wird also regelmäßig eine Verbindung von Stumpf- und Flankennähten vorhanden sein, deren Dauerfestigkeit für die Haltbarkeit der Knotenpunkte maßgebend ist. Vom Standpunkt der Gewichtsersparnis aus ist der stumpf angeschlossene Stab vorzuziehen, wie aus Bild 3 leicht zu ersehen ist. Dabei ist wiederum zu beachten, daß der Anschluß, wie dort gezeigt, mit Stumpfnaht oder, wie in Bild 2 oben, mit Kehlnähten erfolgen kann.

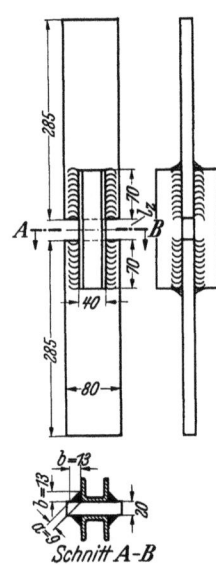

Bild 6. Kehlnahtverbindung aus St 37, Lichtbogenschweißung. Höhere Festigkeit bei größerer freier Länge.
$l_z = 30$ mm
$\sigma_{oz} = 9 \text{ kg/mm}^2$
$l_z = 200$,,
$\sigma_{oz} = 11$,,

Es wäre also zu prüfen, inwieweit die bisherigen Erkenntnisse betr. die Dauerfestigkeit der Schweißverbindungen auf diese Teile angewendet werden können.

Die vorliegenden Versuchsergebnisse

Die Dauerfestigkeit der Schweißverbindungen ist hier in Vergleich zu setzen mit entsprechenden Nietverbindungen.

Bei Nietverbindungen entstehen Spannungsspitzen an den Lochrändern. Die Stumpfnaht vermeidet dies und ist infolgedessen sicherer, wie ein Vergleich der Wöhlerlinien zeigt (Bild 4). Die Abbildung zeigt außerdem noch die Wöhlerlinien von Stirnkehlnähten, die demnach allein nicht ausreichen[1]. Sie sind auch im vorliegenden Fall bisher kaum verwendet worden. Statt dessen werden die Stäbe mit Flankenkehlnähten angeschlossen, diese können zwar meistens ausreichend lang gemacht werden. Doch ist, wie alle bisherigen Versuche mit aufgeschweißten Laschen

[1] Sehring, J.: Autogene Metallbearbeitung 31 (1938) H. 4 S. 50.

ergeben haben, die Vereinigung von Flanken- und Stirnnaht günstiger, die ja auch eine geringere Anschlußlänge erfordert[2].

Die bisher bekannten Versuchsergebnisse beziehen

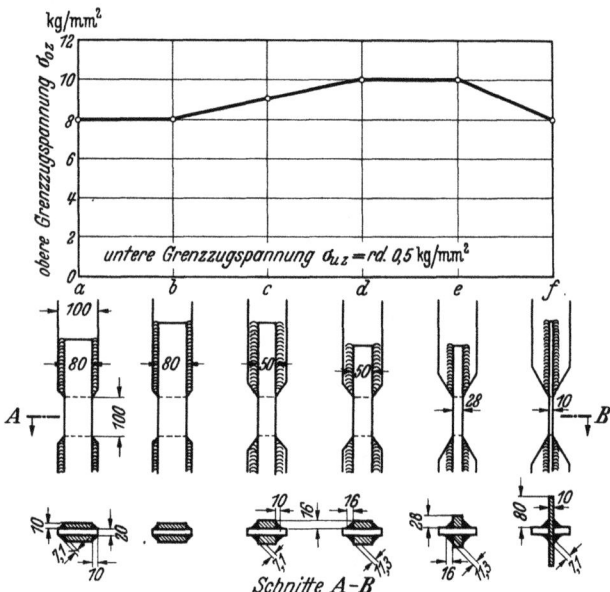

Bild 7. Dauerzugversuche mit Flankenkehlnahtverbindungen. Gedrungene Querschnitte (d u. e) sind besser als breite Flacheisen (a u. b). Mit Längsnähten angeschlossener Steg hochkant (f) ist dem Flacheisen gleichwertig.

sich in erster Linie auf die Dauerzugfestigkeit und die Ursprungsfestigkeit von Stabanschlüssen und sind vorwiegend mit Flacheisen durchgeführt worden. In einigen Fällen sind auch [-Eisenanschlüsse geprüft worden. Dazu

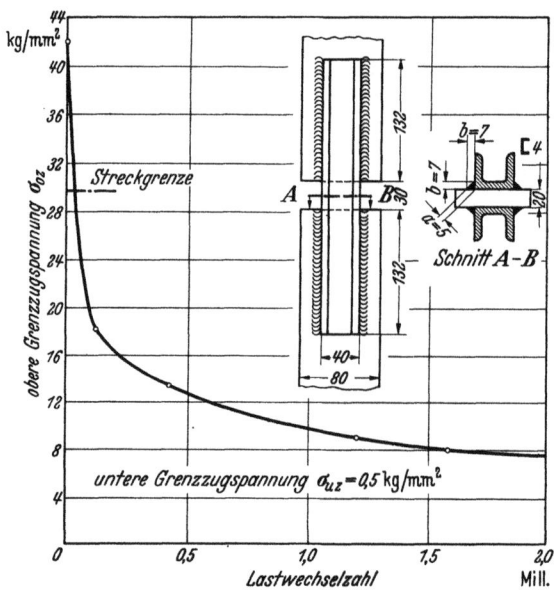

Bild 8. Anhängigkeit der oberen Grenzzugspannung von der Lastwechselzahl eines [-Eisenanschlusses bei $\sigma_{uz} = 0{,}5 \text{ kg/mm}^2$.

kommt noch ein Versuch mit einem Winkeleisenanschluß auf Dauerfestigkeit[3]. In einem Fall, der besonderes Interesse verdient, ist ein ganzer geschweißter Fachwerkträger mit verschiedenartig ausgebildeten Knotenpunkten ge-

[2] Graf, O.: Z. VDI 82 (1938) H. 7 S. 158.
[3] Dauerfestigkeitsversuche mit Schweißverbindungen (Kuratoriumsbericht). VDI-Verlag, Berlin 1935.

prüft worden, bei dem die Stäbe aus T-Eisen bestehen[4]. In Bild 5 sind die zu vergleichenden Verbindungen zusammengestellt[4].

Bild 9. Dauerdruckversuch mit einem [-Eisenanschluß, St 37, Lichtbogenschweißung. Schweißnähte mit = 12 bis 13 kg/mm² auf Abscheren beansprucht.

Danach wird die Dauerzugfestigkeit mit $\sigma_{uz} = 8$ kg/mm² und $\sigma_{oz} = 16$ kg/mm² der Nietverbindung I nur von der

Bild 10. Zugversuch mit einer Schweißverbindung aus St 37 mit Flankenkehlnähten.
Stat. Zugversuch $\sigma_B \doteq 41,2$ kg/mm²
Dauerzugversuch $\sigma_{uz} = 0,5$ kg/mm² $\sigma_{oz} = 9$ kg/mm²
1 437 000 Lastwechsel

---

[4] Mortada, S. A.: Eidg. Mat.-Prüf.-Anst. E. T. H. Zürich. Bericht Nr. 103, Zürich 1936. Auszug Z. VDI 82 (1938) H. 49 S. 1409.

Verbindung II (Stumpfnaht) erreicht. Bemerkenswert ist noch, daß die Verbindung III 3 im Durchschnitt besser gehalten hat als III 2, da sie gegenüber dieser ein verhältnismäßig langes Dehnungsstück a zwischen den Nähten hat. Dadurch werden die Nähte entlastet und ihre Dauerfestigkeit nimmt zu. Im Tragwerk ist das Dehnungsstück sehr lang, die Beanspruchung der Schweißverbindung also noch günstiger. Das gleiche Ergebnis lieferten die Versuche von Graf zur Feststellung der Ursprungsfestigkeit, die bei einer größeren freien Länge in einer Verbindung nach Bild 6 größer war als bei einer kürzeren freien Länge, nämlich bei $l_z = 200$ mm $\sigma_{oz} = 11$ kg/mm²

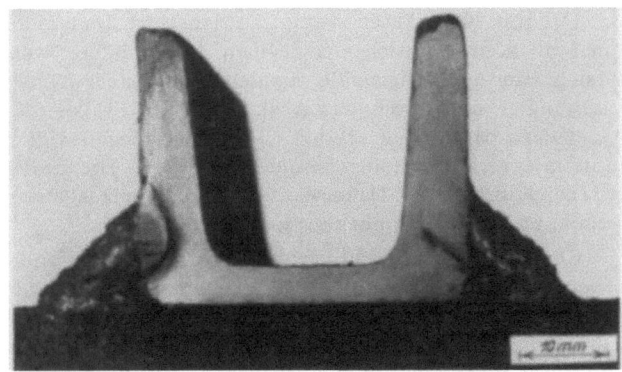

Bild 11. Bruchfläche an einem mit Flankenkehlnähten angeschlossenen [-Eisen im Dauerzugversuch.

und bei $l_z = 30$ mm $\sigma_{oz} = 9$ kg/mm². Dementsprechend fand Mortada, dessen Versuchsanordnung den wirklichen Verhältnissen entspricht, an den Diagonalen seines Trägers eine Dauerzugfestigkeit von 10,36 kg/mm² bei $1,54 \cdot 10^6$ Lastwechseln, wobei man aber bedenken muß, daß der Bruch vom Endkrater am Ansatz des Knotenbleches aus-

Bild 12. Bruch eines geschweißten Knotens. Der Bruch geht vom Ansatz des Knotenblechs an den Stab aus. Der Anschluß mit Flanken- und Stirnnähten hat besser gehalten.

gegangen ist (Bild 11). Wird diese empfindliche Stelle vermieden, so ist die Festigkeit höher, wie der rechte Anschluß in dem gleichen Bild zeigt. Schmale, dicke Querschnitte ließen sich außerdem besser anschließen als breite flache (Bild 7).

Im Stahlbau werden nun aber durchweg [-Eisen und L-Eisen verwendet. Die ersteren haben bei den Versuchen eine höhere Ursprungszugfestigkeit ergeben und die letzteren eine kleinere als die entsprechenden Flacheisen. Bekannt sind die in Bild 8 gezeigten Versuchsergebnisse von Graf, nach denen unter Benutzung des Zeitfestigkeitsbegriffs von Thum mit einem $\sigma_{oz} = 12$ kg/mm² gerechnet werden könnte. Zweckmäßiger ist der T-Träger wegen der günstigen Werkstoffverteilung.

Dauerdruckversuche sind nur mit L-Eisenanschlüssen durchgeführt worden (Bild 9) und haben eine Dauerscherfestigkeit der Flankennähte von 12 bis 13 kg/mm² ergeben.

Allen diesen Versuchen bis auf diejenigen von Mortada haftet jedoch der Mangel an, daß die freie Länge zu kurz ist und der Anschluß doppelseitig ausgeführt ist, so daß die Übertragung ihrer Ergebnisse auf den vorliegenden Fall unsicher bleibt insbesondere dann, wenn der Stab einseitig angeschlossen ist.

Der mit Kehlnähten stumpf an den Gurt angeschlossene Stab könnte unsicher erscheinen, insbesondere, wenn es sich um eine Diagonale handelt, die Dauerwechselspannungen und durch das Ausknicken des Stabes noch Dauerbiegespannungen erfährt. Die Dauerbiegefestigkeit kann mit 11 kg/mm² angenommen werden[5]. Die Festigkeit bei kombinierter Dauerwechsel- und Dauerbiegebeanspruchung ist noch unbekannt.

Charakteristisch sind schließlich die auftretenden Brüche (Bild 10 bis 12). Beim Dauerversuch tritt der Bruch regelmäßig am Ansatz der Schweißnaht auf, wo sich der Endkrater befindet. Es wäre zu überlegen, ob der Endkrater nicht aus der gefährlichen Ansatzstelle herausgezogen werden kann.

Noch ein Versuchsergebnis muß berücksichtigt werden, nämlich die Feststellung des Einflusses der Schweißnaht auf den ungestoßenen Bauteil[6]. Bei ungestoßenen, auf Zug beanspruchten Bauteilen muß im Bereich von Schweißnähten mit einer Verringerung der Ursprungsfestigkeit gerechnet werden.

Folgerungen für die Ausbildung der Knotenpunkte

Der Fachwerkträger besteht aus Obergurt, Untergurt, den Vertikalen und den Diagonalen. Der Obergurt wird immer auf Druck, der Untergurt auf Zug, die Vertikale entweder auf Dauerdruck oder auf Dauerzug und die Diagonale auf Dauerwechselfestigkeit gegebenenfalls in Verbindung mit Dauerbiegefestigkeit beansprucht. Dementsprechend setzen sich die Spannungen in den Knotenpunkten zusammen.

Da bisher nur die Dauerzugfestigkeiten ermittelt worden sind, kann zunächst nur auf die Vertikalstäbe geschlossen werden, soweit sie auf Zug beansprucht werden. Den Diagonalstabanschlüssen haftet demnach noch einige Unsicherheit an.

Wird ein L-Eisen mit einer Stumpfnaht angestoßen, so kann mit dieser 80 bis 90% der Kraft des angeschlossenen Schenkels übertragen werden. Der freie Schenkel muß dann noch mit Flankennähten befestigt werden, die den gesamten Rest der Stabkraft aufzunehmen haben. Die Ursprungsfestigkeit der Stumpfnaht beträgt bei St 37 16 kg/mm², die der Flankennaht jedoch nur 8 kg/mm². Bedenkt man nun noch, daß durch die im Knotenpunkt außermittige Lage der Schwerlinie des Stabes bei einem solchen einseitigen Anschluß ein zusätzliches Biegungsmoment auftritt, so scheint die volle Ausnutzung des Stabquerschnitts doch in Frage gestellt. Andererseits sind aber die Versuche durchweg mit kurzen Versuchsstücken durchgeführt worden, während die Stäbe im Tragwerk lang sind. Die große Dehnungslänge trägt zur Entlastung der Knotenpunkte bei, so daß die Festigkeit höher sein dürfte als sich aus den Versuchen ergeben hat.

Das Auflegen der Stäbe auf ein besonderes angeschweißtes Knotenblech, Bild 3b, ist schon der Gewichtsersparnis wegen zu vermeiden. Es ermöglicht aber doppelseitigen Anschluß und dürfte dann eine günstige Verbindung sein. In diesem Fall kommen Flankennähte in Verbindung mit Stirnnähten vor. Schlitznähte und ähnliche Nähte werden der Kosten wegen abgelehnt.

Ein solches angesetztes Knotenblech stellt aber eine schroffe Querschnittsänderung des Gurtsteges dar, was nach den Erfahrungen der Reichsbahn ungünstig ist. Auch in die Ecken eingeschweißte Bleche sind nicht besser. An der Stelle, an der das Knotenblech an die Diagonale anstößt, treten erhebliche Spannungskonzentrationen auf. Mortada fand hier Hauptspannungen bis zu 16,62 kg/mm²; die zugehörige Hauptschubspannung in der Schweißnaht beträgt 9,62 kg/mm². Es ist darum die Ausführung nach Bild 3f zu empfehlen.

Schließlich wäre noch zu bedenken, daß die vorerwähnten Flankennähte auf dem Gurtsteg liegen, dessen Dauerfestigkeit dadurch geschwächt wird, ein Mangel, der ebenfalls durch die Ausführung nach Bild 3f ausgeglichen wird.

Zusammenfassung

Die Frage, ob Fachwerkträger im Kranbau geschweißt werden können, ist noch ungeklärt. Die vorliegenden Versuchsergebnisse reichen auch zur Klärung noch nicht voll aus. Sie sind fast durchweg mit kurzen Flacheisen durchgeführt worden und beziehen sich nur auf die Dauerzugfestigkeit und die Ursprungsfestigkeit. Es ist anzunehmen, daß die Verhältnisse im Fachwerk etwas günstiger sind, und daß bei zweckmäßiger Gestaltung der Knotenpunkte ausreichende Festigkeiten zu erreichen sind.

---

[5] Graf, O.: Der Bauingenieur 19 (1938) H. 37/38 S. 519 bis 530; Nachdruck im vorliegenden Heft S. 19.
[6] Bühler, A.: Elektroschweißung 7 (1936) H. 8 S. 197.

B. EINFLUSS DER HERSTELLUNG, NACHBEHANDLUNG UND BESCHAFFENHEIT VON SCHWEISSVERBINDUNGEN AUF DEREN FESTIGKEITSEIGENSCHAFTEN; MECHANISCHE PRÜFUNG UNTER DIESEN GESICHTSPUNKTEN

UNTERSUCHUNGEN AN STUMPFGESCHWEISSTEN PLATTIERTEN BLECHEN

Von Professor Dipl.-Ing. **G. Richter**[1],
Staatliches Materialprüfungsamt Berlin-Dahlem

Zur besseren Einführung plattierter Bleche im Behälter- und Apparatebau der chemischen Industrie und damit zur Förderung des Vierjahresplanes durch Einsparung devisenbelasteter unedler Metalle wurde im Rahmen einer Forschungsarbeit, auf Anregung der Deutschen Gesellschaft für Metallkunde und des Fachausschusses für Schweißtechnik beim Verein Deutscher Ingenieure, die Untersuchung der Schweißung von plattierten Blechen und Zylindern im Staatlichen Materialprüfungsamt Berlin-Dahlem durchgeführt.

Zweck und Ziel der Untersuchungen wurden in mehreren Besprechungen mit den interessierten Kreisen (Fachausschuß für Schweißtechnik, Überwachungsstelle für unedle Metalle, Gesellschaft für Metallkunde, Fachgruppe Apparatebau und den Herstellern und Verarbeitern plattierter Bleche) festgelegt.

Bei diesen Besprechungen hatte es sich gezeigt, daß die anfänglich viel umfassender geplanten Untersuchungen nicht in dem vorgesehenen Umfange erforderlich waren, da die Frage der Herstellung plattierter Bleche und ihrer Verarbeitung, soweit es sich nicht um Verbindungsarbeit handelt, d. h. also hinsichtlich Dicke der Plattierung, Haftfestigkeit, Dauerfestigkeit, Korrosion usw. als gelöst angesehen werden kann, dagegen nicht die Frage der Schweißbarkeit.

Zahlentafel 1. Versuchsplan

Auflage-Werkstoff	Dicke mm	Form der Versuchsstücke	Schweißung des Grundwerkstoffs[3]	Schweißung der Auflage	ausgeführt von	Versuchsarten	Bemerkungen
Kupfer	1,0 / 2,0	Platten[1]	elektrisch	autogen	A	Zug-, Falt- u. Dauerschwell-Versuche	1) Die Platten wurden aus 350 × 1500 × 10 mm Streifen stumpf zusammengeschweißt.
	1,0	Zylinder[2]					
Nickel	1,0 / 2,0	Platten	elektrisch	elektrisch	B		2) Die Zylinder von etwa 1,2 m Länge u. 500 mm Durchmesser haben eine Längs- u. eine Rundschweißnaht.
	1,0	Zylinder				Analytische, metallographische u. Korrosions-Untersuchungen	
	1,0 / 2,0	Platten	autogen	autogen	C		
	1,0	Platte	elektrisch	elektrisch	D		
	1,0	Zylinder					3) Grundwerkstoff St 37
V2A	1,5 / 2,0	Platten	elektrisch	elektrisch	E		
	1,5 / 2,0	Zylinder					
Remanit 1880 S	1,0	Platte	elektrisch	elektrisch	A		
	0,5	Zylinder					

Die Untersuchung der Schweißbarkeit ist von besonderer Wichtigkeit, weil im chemischen Apparatebau für Verbindungsarbeiten mit plattiertem Material nur das Schweißen in Frage kommt. Der Grund hierfür liegt in der Notwendigkeit, den an den Schneidkanten freigelegten Stahl wieder mit einer korrosionsbeständigen Auflage zu versehen, so daß die Plattierung an der Verbindungsstelle keine Unterbrechungen erfährt. Insbesondere galt es, die Frage der günstigsten Schweißnahtform, die Art der

---
[1] Die Arbeit wurde als Gemeinschaftsarbeit im Staatlichen Materialprüfungsamt Berlin-Dahlem durchgeführt. Es waren daran beteiligt die Fachabteilungen: Mechanische Technologie, Prof. Dipl.-Ing. G. Richter, Korrosion und Metallographie, Dr. phil. G. Schikorr und Prof. H. Arndt, Anorganische Chemie, Dr. phil. H. Blumenthal, Maschinenbau, Dipl.-Ing. K. H. Bußmann, Reichs-Röntgenstelle, Dr.-Ing. R. Berthold.

Schweißung und die Reihenfolge der einzelnen Schweißungen zu klären, da hierüber bei den einzelnen Apparatebaufirmen und Schweißanstalten gegensätzliche Anschauungen bestanden.

Auf Grund der Besprechungen wurde das auf Zahlentafel 1 zusammengestellte Versuchsprogramm entwickelt[2]. Die Untersuchung erstreckte sich auf die im Großapparatebau gebräuchlichsten Plattierungswerkstoffe und -dicken bei Verwendung eines Grundmaterials von Kesselblechqualität (etwa 37 kg/mm²).

Die Schweißung der nickelplattierten Bleche durch drei verschiedene Firmen wurde deshalb vorgesehen und durchgeführt, weil gerade hier die Ansichten über die zweckmäßigste Schweißung besonders stark auseinander gingen. Es wurde z. B. hervorgehoben, daß bei der Schweißung von Nickel die Gefahr besonders groß ist, daß entweder das Eisen in die Nickelschicht diffundiert oder, wenn dies nicht der Fall ist, die Schweißung porös wird und die Nickelschicht mit dem Eisen nicht innig verbunden ist; hinzu kommen noch eventuelle Kornvergrößerungen (schlechte Korrosionsbeständigkeit) und die Gefahr der Versprödung des Nickels.

Zur Verschärfung der Schweißbedingungen und damit zur Angleichung der Untersuchungen an die durch die Praxis gegebenen Verhältnisse wurden außer Platten auch Zylinder geschweißt und untersucht.

Das Versuchsmaterial in Form von Blechen mit einer Plattierung aus Kupfer, Nickel, V2A-Extra und Remanit 1880 S wurde von der Industrie zur Verfügung gestellt[3]. Die Schweißungen wurden gemäß Versuchsplan in Gegenwart des Berichterstatters bei den verschiedenen Firmen vorgenommen.

Die Probenentnahme erfolgte mit Ausnahme der Schweißung D nach dem auf Bild 1 und 2 angegebenen Schema; für die Schweißung D gilt Bild 1 und 2a.

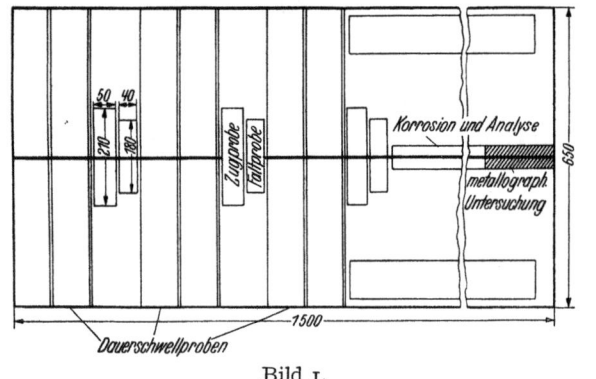

Bild 1.

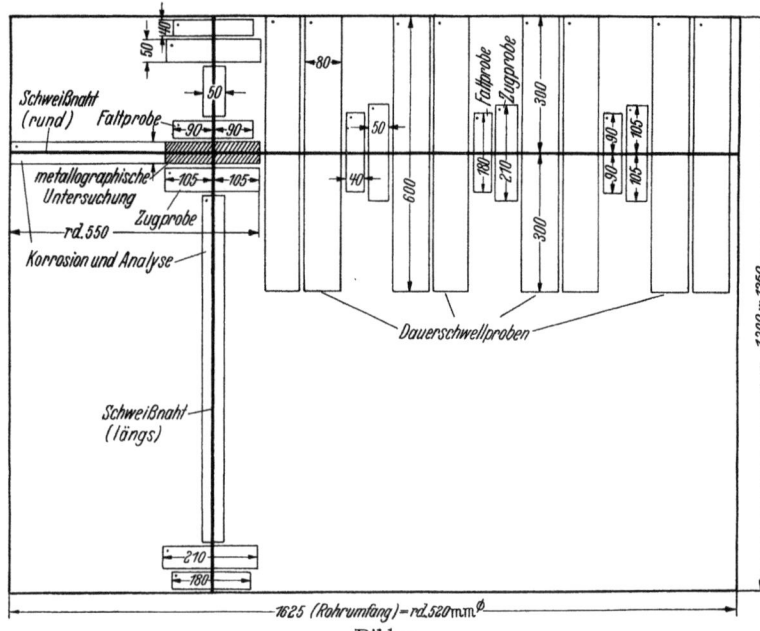

Bild 2.

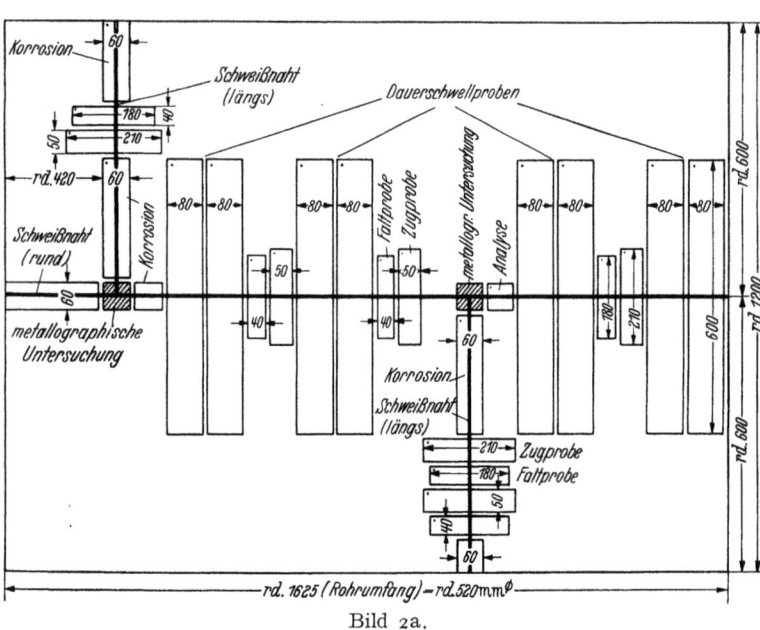

Bild 2a.

A. Schweißung der plattierten Bleche

I. Kupferplattierte Bleche

Die Schweißung der kupferplattierten Bleche wurde bei der Firma A vorgenommen. Die Naht war U-förmig vorbereitet. Zuerst wurde der Grundwerkstoff in 3 bis 4 Lagen elektrisch mit Arcos-Stabilend-B-Elektrode geschweißt. Nach Auskreuzen wurde die Kupferseite durch Canzler-Kupferschweißdraht und mit Canzler-Kupferschweißpaste autogen geschweißt, wobei von der anderen Seite kräftig vorgewärmt wurde.

Diese Art der Schweißung entspricht etwa der von der Herstellerfirma der kupferplattierten Bleche angegebenen „Vorschrift für das Schweißen kupferplattierter Bleche":

---

[2] Die Schweißung der Versuchsstücke wurde ausgeführt von: Carl Canzler G.m.b.H., Düren (Rhld.). — I.G. Farbenindustrie A. G. Werk Autogen, Frankfurt/Main-Griesheim. — Fried. Krupp A. G., Gußstahlfabrik, Essen. — Samesreuther & Co. G. m. b. H., Butzbach (Hessen). — Westdeutsche Schweißtechnische Lehr- u. Versuchsanstalt, Duisburg, denen auch an dieser Stelle bestens gedankt sei. Im folgenden wird bei den einzelnen Schweißungen die ausführende Firma nicht mehr genannt, sondern eine neutrale Bezeichnung A—E gewählt, um den Anschein zu vermeiden, als ob ein Werturteil über die Güte des Schweißens der einzelnen Firmen gefällt werden soll.

[3] Die V2A-plattierten Bleche wurden dankenswerterweise von Fried. Krupp, Essen, alle übrigen von der Deutschen Röhrenwerken, Mülheim-Ruhr zur Verfügung gestellt.

Die zu verschweißenden Blechkanten werden V-förmig unter einem Winkel von etwa 70° gehobelt, wobei der Scheitelpunkt der V-Form in der Kupferplattierung liegen muß. An den Schweißkanten wird in einer Breite von je etwa 4 mm die Kupferschicht durch Hobeln oder Behauen entfernt und die Stahlseite alsdann in üblicher Weise autogen oder elektrisch verschweißt, wobei auf gutes Durchschweißen besonders zu achten ist. Zuletzt wird dann die Wurzelseite der Schweißnaht durch Autogenschweißung mittels Kupferschweißdraht und Schweißpulver mit einem Kupferüberzug versehen und so die Plattierung wiederhergestellt. Hierbei ist zu beachten, daß die Schweißflamme nicht mit Sauerstoffüberschuß arbeitet und nicht zu scharf bläst. Nach Bedarf kann die Schweißraupe kalt gehämmert oder geschliffen und poliert werden. Zeigen sich hierbei Poren, so müssen diese ausgekreuzt und von neuem verschweißt werden.

II. Nickelplattierte Bleche

a) Schweißung B.

Geschweißt wurde elektrisch. Auf der Nickelseite beginnend wurde eine V-Naht mit umhüllter Nickelelektrode (Griesheim 4 mm) bei 160 A Wechselstrom gelegt. Nach Schweißung dieser Lage wurde von der Eisenseite die durchgelaufene Schlacke sorgfältig ausgeschliffen und dann die Eisenseite zunächst mit einer 3 mm, drei weitere Lagen mit einer 4 mm-Elektrode (ähnlich Va) bei 80 (3 mm) bzw. 120 (4 mm) A-Gleichstrom zugeschweißt.

b) Schweißung C.

Die Firma C schweißte rein autogen, indem die X-förmig abgearbeitete Fuge (s. Bild 3) zunächst von der Eisenseite in einer Lage autogen mit Gv 1 mm-Schweißdraht geschweißt und dann die Nickelseite, nach sorgfältiger Bearbeitung mit einem Preßlufthohlmeißel, mit Nickeldraht 4 mm nach Bestreichen mit Nickelschweißpulver Pu 2 Griesheim autogen zugeschweißt wurde.

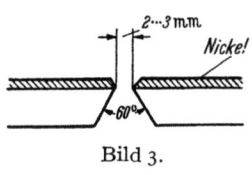

Bild 3.

Die erste Schweißung wies auf der Nickelseite eine ganze Reihe von Poren auf. Sie wurde deshalb wiederholt, wobei die Nickelnaht zur Vermeidung der Poren etwas wärmer geschweißt wurde. Man nahm dabei eine evtl. stärkere Diffusion in Kauf.

Die Eisenseite des Bleches mit 1 mm Nickelauflage wurde mit einem Brenner 9—14 geschweißt, die des Bleches mit 2 mm Nickelauflage mit einem schwach eingestellten Brenner 14—20. Der größere Brenner wurde wegen der durch die stärkere Nickelschicht bedingten größeren Wärmeableitung gewählt. Die Eisenschweißung wurde mit Griesheimer Gv-1-Draht, ohne Verwendung von Pulver, durchgeführt.

Die Nickelschicht wurde in beiden Fällen mit einem Brenner 9—14 geschweißt. Für die Nickelschweißung wurde das Griesheimer Nickelschweißpulver benutzt. Die Schweißgeschwindigkeit betrug für die Eisenseite etwa 0,05 m/min, für die Nickelseite etwa 0,1 m/min. Die Eisenseite war in beiden Fällen V-förmig vorbereitet, ebenso war die Nickelschicht bei dem Blech mit der 1 mm-Auflage V-förmig abgekantet. Bei den Blechen mit 2 mm Auflage wurde, um eine Diffusion des Eisens mit dem Nickel während der Eisenschweißung zu vermeiden, die Nickelschicht längs der Naht beiderseitig etwa 2 mm breit abgenommen (Vz-Naht).

Da die Bleche sich nach dem Schweißen durchgebogen hatten, wurden sie anschließend kalt gerichtet.

c) Schweißung D.

Die Nahtform wurde in Vz-Form (V-Naht, Decke beiderseitig zurückgesetzt) vorbereitet, wobei für die Platten die Form I, für den Zylinder die Form II (s. Bild 4 und 5) angewandt wurde.

Es wurde zunächst im Eisenkern elektrisch geschweißt, wobei der Nahtgrund mit einer blanken Elektrode (Phönix-Union rot) vorgelegt und darauf in zwei Lagen mit der Elektrode Messer-Kapta nachgeschweißt wurde.

Geschweißt wurde jeweils in einem Zuge. Nach sorgfältiger Glättung der Raupe mit Meißel und Schleifscheibe wurde die Nickeldecke aufgebracht, wobei Gries-

Bild 4.   Bild 5.

heim-Nickel-Elektroden mit Nickel-Firinit-Paste von Dr. Rostosky verwandt wurde. Die Aufbringung des Nickels erfolgte in einer Lage und im Pilgerschritt, um das Aufreißen infolge Wärmespannungen zu vermeiden. Die Bleche 750 × 1500 mm wurden mit Keilspalt aufgelegt. Bei dem Zylinder wurden erst beide Stöße einzeln elektrisch geschweißt und dann jeweils die Nickelnaht aufgetragen. Hierauf folgte die elektrische Schweißung im Kernwerkstoff der Rundnaht und dann die Nickel-Auflage in der Rundnaht.

III. V2A-plattierte Bleche

Die Schweißung der V2A-plattierten Bleche wurde von der Firma E elektrisch ausgeführt.

Bei einer X- bzw. U-förmig vorbereiteten Naht wurden zunächst auf der Plattierungsseite zwei Lagen mit Zeus V2A leg.-Elektroden geschweißt. Nach sorgfältigem Ausschleifen von der Eisenseite her wurden auf dieser Seite noch weitere zwei Lagen mit den gleichen Elektroden geschweißt.

Der Rest der Grundwerkstoffnaht wurde dann nach Ausbürsten mit St 52-Elektroden in 2—3 Lagen ausgefüllt.

IV. Remanit 1880 S-plattierte Bleche

Die Schweißung der remanitplattierten Bleche erfolgte durch die Firma A. Geschweißt wurde elektrisch, und zwar eine reine V-Naht, deren Wurzel auf der plattierten Seite lag. Verwendung fand eine austenitische Elektrode (Zeus V2A leg.). Zunächst wurde auf der Plattierungsseite eine Wurzellage geschweißt.

Nach Vorwärmung durch Autogenbrenner wurden von der anderen Seite 3—4 Lagen mit der gleichen Elektrode geschweißt, und zwar die unterste Lage mit besonders starker Stromstärke (140 A), bei Verwendung einer 4 mm-Elektrode, um die durchgeflossene Schlacke wegzuschwemmen.

B. Mechanische Untersuchungen

I. Zugversuche

Die Zugversuche wurden in Anlehnung an DIN 4100 mit nichtprofilierten Proben von etwa 50 mm Breite und 210 mm Länge bei einer durchschnittlichen Dicke der Proben (einschließlich Plattierung) von etwa 10 mm durchgeführt. Ausgeführt wurden je Plattierungsmetall, Plattierungsstärke und Schweißnaht drei Versuche. Ergebnisse s. Zahlentafel 2.

II. Faltversuche

Die Faltversuche wurden unter Zugrundelegung des DVM-Prüfverfahrens A 121 vorgenommen. Die Flach-

Zahlentafel 2. Zug- und Faltversuche

Auflage-		Versuchsstück	Schweißnaht	Schweißung ausgeführt durch	Zugversuche (Mittelwerte aus je 3 Versuchen)				Faltversuche (je 3 Versuche)			
					Streck- grenze σ_{zF} kg/mm²	Zugfestig- keit σ_{zB} kg/mm²	Anzahl der Brüche		Biegewinkel α beim ersten Anriß			Bemerkungen
Werkstoff	Dicke mm						in der Schweiße	außerhalb der Schweiße				
Kupfer	1,0	Platte		A		31,4		3	133	180*	143	Anrisse auf den hohen Kanten u. der gezogenen Seite *Bruch ohne Anriß
	2,0	Platte		A	25,4	39,6		3	124	153	102	
	1,0	Zylinder	rund	A	23,3	30,7		3	112	102	73	
			längs	A	25,9	35,3		3	52	70	130*	
Nickel	1,0	Platte		B	26,9	42,9		3	120	117	115	Anrisse auf der gezogenen Seite
	2,0	Platte		B	28,2	44,2		3	122	121	135	
	1,0	Zylinder	rund	B		44,9		3	115	108	57	
			längs	B		43,1	1	2	29	88	111	
	1,0	Platte		C	28,9	40,7	1	2	92	93	101	Anrisse auf der gezogenen Seite *Bruch ohne Anriß
	2,0	Platte		C	28,2	44,7		3	126*	91	102	
	1,0	Platte		D		36,4	3		7	80	24	Sehr starke Rißbildung auf der gezogenen Seite
	1,0	Zylinder	rund	D		16,8;29,7; 36,1	3		80	48	42	
			längs	D		30,2;30,3; 37,5	3		48	11	92	
V2A	1,5	Platte		E	33,6	48,0		3	136	107	148	Anrisse am Rande der Schweißnaht
	2,0	Platte		E	34,8	49,0		3	105	124	114	
	1,5	Zylinder	rund	E	33,1	48,6	1	2	134	118	127	
			längs	E	39,1	47,6		3	114	106	130	
	2,0	Zylinder	rund	E	35,0	47,7	1	2	131	115	124	
			längs	E	37,3 37,8	48,8; 28,9 48,6	1	2	106	100	124	
Remanit 1880 S	1,0	Platte		A	31,2	48,4		3	180	132*	180	Bis auf * Anriß und Bruch gleichzeitig
	0,5	Zylinder	rund	A		38,0	3		180	180	180	
			längs	A		40,2	3		180	180	180	

stäbe wurden quer zur Schweißnaht so entnommen, daß diese in der Mitte der Stäbe lag. Die Probenbreite betrug einheitlich 40 mm bei etwa 10 mm Dicke und 180 mm Länge. Die Druckseiten der Probestäbe wurden geebnet,

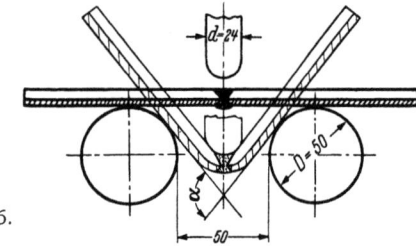

Bild 6.

die Kanten auf der Zugseite nach einem Halbmesser von etwa 2 mm gerundet. Bei allen Versuchen lag die Plattierung auf der gezogenen Seite.

Die Versuche (je Plattierungsmetall, Plattierungsstärke und Schweißnaht drei Versuche) wurden auf einer hydraulisch angetriebenen Biegevorrichtung ausgeführt. Der Rundungshalbmesser d des Dornes betrug 24 mm, die lichte Weite zwischen den Auflagerollen 50 mm bei einem Rollendurchmesser D = 50 mm (s. Bild 6). Ergebnisse der Faltversuche s. Zahlentafel 2.

Zusammenfassend können auf Grund der technologischen Werte die mit verschiedenen Schweißnahtformen und Schweißverfahren von den Firmen A, B, C und E hergestellten Nähte als gleichwertig bezeichnet werden. Dagegen ist die Schweißung D der nickelplattierten Bleche als ungenügend anzusehen. Inwieweit dies auf die Schweißart oder auf das handwerkliche Können der Schweißer zurückzuführen ist, bleibe dahingestellt.

C. Schwellzugversuche zur Ermittlung der Dauerfestigkeit

I. Umfang der Untersuchung

In Anbetracht der starken Inanspruchnahme der vorhandenen Maschinen konnten nicht alle der im Versuchsplan vorgesehenen Schwellzugversuche durchgeführt werden.

II. Versuchsmaterial

Wie aus der Zahlentafel 3 ersichtlich, wurden eine Versuchsreihe mit kupferplattierten Blechen, zwei Reihen mit remanit- und 4 Reihen mit nickelplattierten Blechen durchgeführt.

III. Durchführung der Versuche

Die Proben für die Schwellzugversuche wurden aus dem Versuchsmaterial in der Werkstatt des Amtes herausgearbeitet. Die Oberfläche derselben blieb im Anlieferungszustand. Form und Abmessungen der Proben gehen aus

Bild 7 hervor. Die Versuche wurden teils auf einer 30 t-Pulsatormaschine (Hersteller: Mohr u. Federhaff) teils auf einer 60/40 t Pulsatormaschine (Hersteller: Losenhausenwerk) des Amtes durchgeführt, welche mit einer Lastperiodenzahl von 375 bzw. 500 und 666/min arbeiteten. Während die Unterlast allgemein so eingestellt wurde,

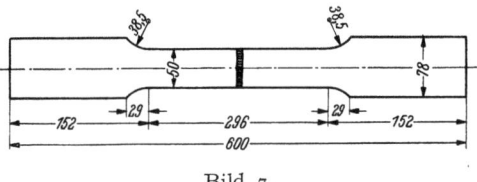

Bild 7.

daß die auf den Probenquerschnitt bezogene, zugehörige Nennspannung 2 kg/mm² betrug, wurde die Oberlast zweckmäßig gestaffelt von Probe zu Probe anders gewählt. Die eingestellten Lastgrenzen dieser schwellenden Zugbeanspruchung werden von der Maschine während der ganzen Dauer eines Versuchs selbsttätig gleichgehalten.

IV. Auswertung der Versuchsergebnisse

Hinsichtlich der Versuchsergebnisse sei folgendes vorausgeschickt:

Jeder Belastungsvorgang, bei dem die in der Probe auftretende Spannung zwischen einem oberen Grenzwert σ_o und einem unteren Grenzwert σ_u schwankt, kann als Überlagerung einer sinusförmigen Wechselspannung mit dem Ausschlag $\sigma_a = \pm \dfrac{\sigma_o - \sigma_u}{2}$ über eine Mittelspannung $\sigma_m = \dfrac{\sigma_o + \sigma_u}{2}$ aufgefaßt werden.

Trägt man den für eine Probe gewählten Spannungsausschlag der Beanspruchung σ_a oder die Oberspannung σ_o in Abhängigkeit von der jeweiligen Lebensdauer der Probe (ausgedrückt durch die Lastperiodenzahl N, die bis zum erfolgten oder nicht erfolgten Bruch ertragen wird) auf, so erhält man die Wöhlerlinie. Der Wert der Spannung, für den die Wöhlerlinie waagerechten Verlauf annimmt, gibt die Dauerfestigkeit an. Er wird mit σ_A bzw. σ_O bezeichnet, je nachdem, ob der Spannungsausschlag oder die Oberspannung aufgetragen wurde. Führt man eine Dauerprüfung für verschiedene Mittelspannungen σ_m durch, so zeigt sich, daß sich der Wert des Spannungsausschlages der Dauerfestigkeit σ_A nur wenig ändert, während naturgemäß der Wert für die Oberspannung σ_O, der ja gleich $\sigma_m + \sigma_A$ ist, mit zu- oder abnehmender Mittelspannung stark veränderlich ist. Es ist deshalb mit Bezug auf die Anwendung der Dauerversuchsergebnisse angebracht, die Wöhlerkurven in erster Linie für den Spannungsausschlag aufzutragen. Er stellt ein gutes Maß für die Dauerfestigkeit dar. Die Ursprungsfestigkeit σ_U ist bei der vorliegenden Versuchsausführung praktisch gleich dem doppelten Spannungsausschlag der Dauerfestigkeit; es ist also $\sigma_U = 2 \cdot \sigma_A$. In der vollständigen Schreibweise ist die Dauerfestigkeit eines Werkstoffes also:

$$\sigma_D = \sigma_m \pm \sigma_A.$$

Die Grenzperiodenzahl, für welche die angegebene Dauerfestigkeit gilt, ist durch einen entsprechenden Index gekennzeichnet. So heißt z. B.:

$\sigma_{D\,10\cdot 10^6}$: Dauerfestigkeit für eine Grenzperiodenzahl von 10 Mill.
$\sigma_{A\,2\cdot 10^6}$: Spannungsausschlag der Dauerfestigkeit für eine Grenzperiodenzahl von 2 Mill.

Bei der Prüfung ergab sich, wie dies fast immer bei der Untersuchung von geschweißten Proben der Fall ist, eine Reihe von Streuwerten. Beim Auftreten solcher Streuwerte wäre es zur einwandfreien Abgrenzung des Streufeldes erwünscht, mit einer möglichst großen Probenzahl zu arbeiten. Da die Probenzahl bei den vorliegenden Versuchen auf durchschnittlich 6...8 begrenzt war, wurden die Schaubilder so gezeichnet, daß jeweils der niedrigste erhaltene Wert als maßgeblich für die untere Streugrenze angesehen wurde.

Der so erhaltene Spannungsausschlag ist in der Zahlentafel 3, in welcher sämtliche erhaltenen Ergebnisse zusammengestellt sind, verwendet.

Zahlentafel 3

Vers.-Reihe Nr.	Bezeichnung des Stabes	Entnommen aus	Auflagewerkstoff	Plattierungsdicke mm	Geschweißt bei der Firma	$\sigma_D\,10\cdot 10^6 = \sigma_m \pm \sigma_A$ $10\cdot 10^6$ kg/mm²	$\sigma_U\,10\cdot 10^6$ kg/mm²
1	1...8	Zylinder	Kupfer	1	A	4,25 ±2,25	4,5
2	31...38	Zylinder	Remanit	0,5	A	6,0 ±4,0	8,0
3	101...106	Platte	Remanit	1	A	6,6 ±4,6	9,2
4	121...127	Zylinder	Nickel	1	B	8,25 ±6,25	12,5
5	151...156	Platte	Nickel	1	B	8,75 ±6,75	13,5
6	191...196	Platte	Nickel	1	C	8,5 ±6,5	13,0
7	211...216	Platte	Nickel	2	C	7,5 ±5,5	11,0

V. Besprechung der Ergebnisse der Dauerversuche

Aus dem Vergleich der Ergebnisse der Reihen 2...6 geht hervor, daß die an den Platten vorgenommenen Schweißungen offenbar eine etwas höhere Dauerfestigkeit aufweisen, als die Schweißnähte der Zylinder.

Im einzelnen sind zu den Versuchsreihen noch folgende Bemerkungen zu machen:

Versuchsreihe 1: Proben 1...8.

Dauerzugversuche mit kupferplattierten Blechen

Probenbezeichnung	P_u kg	P_o kg	σ_u kg je mm²	σ_o kg je mm²	σ_m kg je mm²	σ_a kg/mm²	F mm²	N 10^6 Perioden	n /min	gebrochen / nicht gebrochen
1	1020	10200	2	20	11	±9	510	0,029	375	×
2	1020	8200	2	16	9	±7	512	0,129	375	×
3	1030	7250	2	14	8	±6	517	0,367	375	×
4	1030	6700	2	13	7,5	±5,5	515	0,448	375	×
5	1040	5990	2	11,5	6,75	±4,75	521	0,363	375	×
6	1030	5460	2	10,5	6,25	±4,25	520	0,15	375	×
7	1030	5950	2	11,5	6,75	±4,75	517	1,37	375	×
8	1050	3670	2	7	4,5	±2,5	524	2,1	375	O
8	1050	6820	2	13	7,5	±5,5	524	0,21	375	×

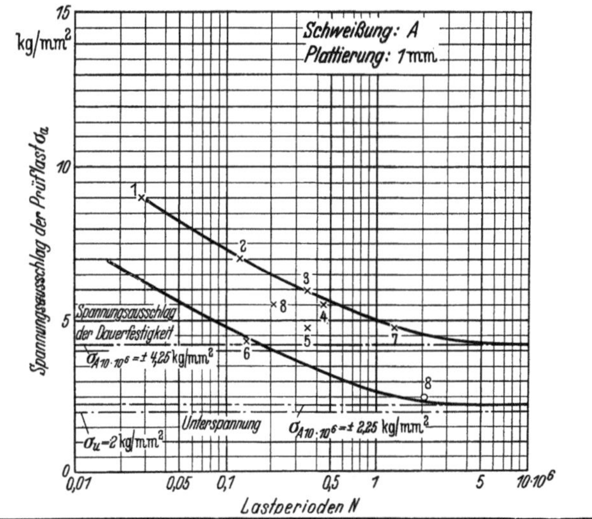

Bild 8.

Die Ergebnisse der Versuche mit den Proben 1...8 sind in Bild 8 zusammengefaßt. Wie aus dem Schaubild zu ersehen ist, ordnen sich die Proben 1, 2, 3, 4 und 7 nach einer gesetzmäßigen Linie an, die einem Grenzwert für den Spannungsausschlag von $\sigma_{A\,10\cdot 10^6} = \pm 4{,}25$ kg/mm² zustrebt.

Die Proben 5, 6 und 8 ergaben Streuwerte nach der ungünstigen Seite. Eine durch den Punkt 6 parallel zu der durch die Punkte 1, 2, 3, 4 und 7 gelegten Kurve gezogene Linie stellt die untere Begrenzung eines bei größerer Probenzahl zu erwartenden Streugebietes dar. Diese untere Grenze strebt einem Wert für den Spannungsausschlag der Dauerfestigkeit von $\sigma_{A10 \cdot 10^6} = \pm 2{,}25$ kg/mm² zu.

Vor dem Versuch wurden bei der Probe 3 auf beiden Schmalseiten dunkle Stellen in der Schweißung festgestellt, bei denen es sich vermutlich um Schlackeneinschlüsse handelt. Die Stellen lagen an der Wurzel der im Stahlblech liegenden V-Naht noch innerhalb der Plattierungsschicht und hatten eine rundliche Form. Ein Festigkeitsabfall gegenüber den Proben 1 und 2 wurde jedoch hierdurch nicht hervorgerufen.

Bei Probe 5 wurde ebenfalls eine Fehlstelle gefunden, die rundlich ausgebildet war und an die sich zwei feine dunkle Linien von etwa 1 mm Länge anschlossen, welche offensichtlich den Begrenzungen der Schweißnaht im Stahl folgten. Diese Fehlstelle, die als Wurzelfehler angesprochen werden kann, hat, wie der Vergleich mit der Wöhlerlinie zeigt, die Festigkeit ungünstig beeinflußt.

Nachdem sich somit ergeben hatte, daß durch die Fehlstellen eine Verminderung der Festigkeit eintrat, deren Maß je nach deren Art verschieden groß war, wurden von den weiteren Proben beiderseitig vor dem Versuch Lichtbild-Aufnahmen gemacht.

Als Beispiel ist das Aussehen der Probe 6 in den

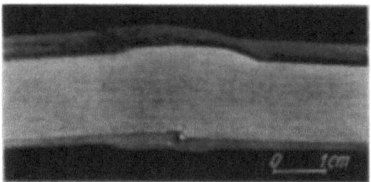

Bild 9.

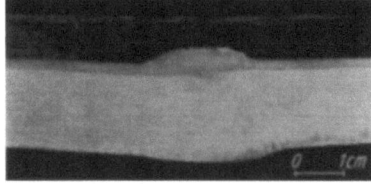

Bild 10.

Bild 9—10. Ungünstige Beeinflussung der Dauerfestigkeit durch versetzte Schweißung.

Lichtbildern Bild 9 und 10 gezeigt. Hier ist bei der Schweißung ein scharfer Kerb entstanden, da die beiden Stücke gegeneinander versetzt worden waren. Die festigkeitsmindernde Wirkung dieses Kerbes, die aus Bild 8 hervorgeht, wird durch einen anschließenden kleinen Einschluß noch erhöht, der wahrscheinlich auf eine mangelhafte Wurzelschweißung der Stahlschweißnaht zurückzuführen ist.

Auch auf einer Seite der Probe 7 ist eine Kerbe und ein Einschluß vorhanden, auf der anderen Seite findet sich die Kerbe nicht. Im Gegensatz zu Probe 6 hat hier jedoch eine entsprechende Verminderung der Festigkeit nicht stattgefunden.

Bei Probe 8 zeigt sich in dem durch eine erhebliche Versetzung der Bleche entstandenen Kerb außerdem noch ein Schlackeneinschluß. Diese Fehlstelle wirkte sich ähnlich wie die bei den Proben 5 und 6 gefundenen ungünstig auf die Haltbarkeit aus.

Aus vorstehendem Vergleich des äußeren Aussehens der Cu-plattierten Proben mit den zugehörigen Einzelergebnissen geht hervor, daß anscheinend ein geringfügiger Schlackeneinschluß die Festigkeit der Schweißverbindung nicht in dem Maße ungünstig beeinflußt, wie eine Blechversetzung. Es ist also beim Schweißen darauf zu achten, daß ein derartiger Fehler nicht vorkommt. Kann er vermieden werden, so kann nach den obigen Ergebnissen wohl für die Beurteilung der Dauerfestigkeit die obere Wöhlerlinie herangezogen werden. Bei ungünstiger Schweißung muß jedoch die untere Begrenzung des Streufeldes als maßgebend angesehen werden, da im praktischen Betrieb bei schwingender Beanspruchung die Festigkeit der Schweißnaht nicht höher sein kann, als die Festigkeit einer Nahtstelle, die fehlerhaft ist.

Versuchsreihe 2: Proben 31 ... 38.

Probenbezeichnung	P_u	P_o	σ_u	σ_o	σ_m	σ_a	F	N	n	gebrochen / nicht gebrochen
	kg	kg	kg je mm²	kg je mm²	kg je mm²	kg/mm²	mm²	10⁶ Perioden	/min	× O
32	930	9300	2	20	11,0	±9,0	465	0,37	375	×
33	928	6950	2	15	8,5	±6,5	464	0,38	375	×
38	910	4500	2	10	6,0	±4,0	455	2,0	375	O
38	910	10000	2	22	12,0	±10,0	455	0,36	375	×
34	920	6900	2	15	8,5	±6,5	460	0,69	375	×
31	916	5960	2	13	7,5	±5,5	458	0,6	375	××
35	918	5060	2	11	6,5	±4,5	459	3,0	375	O
37	914	5480	2	12	7,0	±5,0	457	2,1	375	O
36	916	5960	2	13	7,5	±5,5	458	1,62	375	×

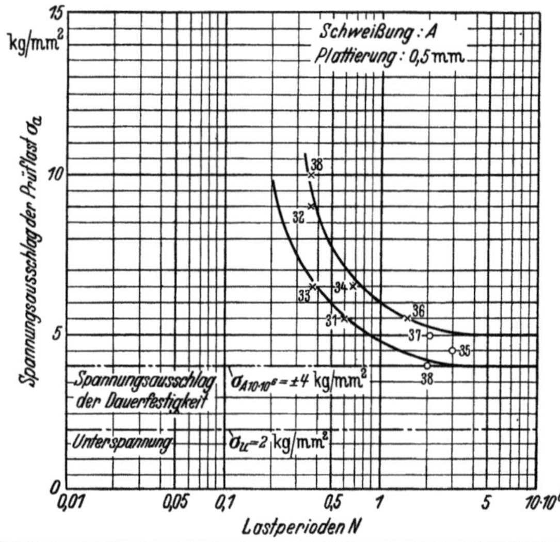

Bild 11.

Die Ergebnisse der Versuche zeigt Bild 11. Die Punkte der Proben 32, 37 und 38 ergaben einen streuungslosen Verlauf der Wöhlerkurve, während die Proben 31 und 33, die den gleichen Beanspruchungen unterworfen wurden wie die Stäbe 34 und 36, Streuwerte nach der ungünstigen Seite ergaben.

Probe 32 zeigt eine leichte Blechversetzung auf einer Seite, die jedoch keinen ungünstigen Einfluß hatte. Probe 33 zeigt zwar eine verhältnismäßig starke Blechversetzung, die zu der erwähnten Herabsetzung der Dauerfestigkeit führte, ohne daß hier eine eigentliche Kerbe entstanden ist, wie die Lichtbilder 12 und 13 zeigen. Dem widerspricht aber das Ergebnis des mit Probe 34 angestellten Versuches, deren Festigkeit dem oberen Grenzwert entspricht, obwohl die Bleche genau so stark versetzt sind, wie bei Probe 33 und an der Schweißnaht gemäß Bild 14 eine Kerbe entstanden ist.

Die Proben 31, 36 und 38 wurden röntgenographisch

vor Beginn der Versuche geprüft. Die Probe 31 mit der geringeren Dauerfestigkeit wies sehr feine, kugelige Schlackenreste und zwei kurze Bindefehler auf. Die Probe 36 zeigte zwei Bindefehler und einige kugelige Schlackenreste, während bei der Probe 38 ein geringerer Wurzelfehler festgestellt wurde. Die röntgenographische Untersuchung ergab also kein wesentlich unterschiedliches Aussehen der Proben 31, 36 und 38.

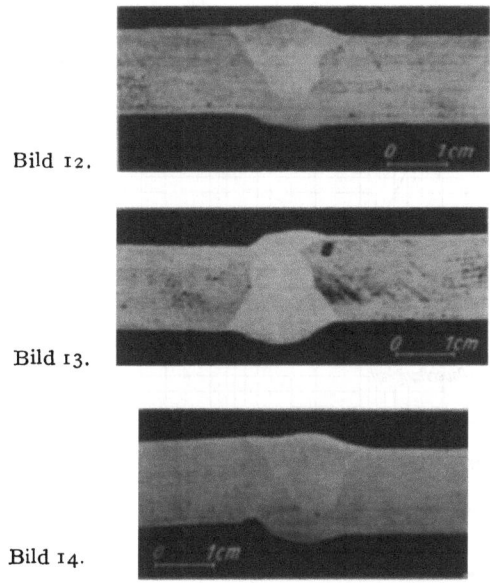

Bild 12.

Bild 13.

Bild 14.

Bild 12—14. Versetzte Schweißungen.

Zusammenfassend muß zur Frage der Beurteilung des Zustandes der Proben 31 und 38 also festgestellt werden, daß ein Grund für das unterschiedliche Verhalten dieser Proben beim Dauerversuch weder aus dem äußeren Aussehen noch aus der Röntgenuntersuchung hergeleitet werden kann.

Versuchsreihe 3: Proben 101...106.

Dauerzugversuche mit remanitplattierten Blechen

Probenbezeichnung	P_u	P_o	σ_u	σ_o	σ_m	σ_a	F	N	n	gebrochen	nicht gebrochen
	kg	kg	kg je mm²	kg je mm²	kg je mm²	kg/mm²	mm²	10⁶ Perioden	/min	×	O
101	1410	9420	2	19	11,5	±8,5	471	0,22	500	×	
102	950	8090	2	17	9,5	±7,5	475	0,30	375	×	
103	960	7200	2	15	8,5	±6,5	480	0,28	375	×	
104	946	6150	2	13	7,5	±5,5	473	1,70	375	×	
105	948	5680	2	12	7,0	±5,0	474	2,00	375		O
105	948	14220	2	30	16,0	±14,0	474	0,03	375	×	
106	958	6710	2	14	8,0	±6,0	479	2,00	375		O

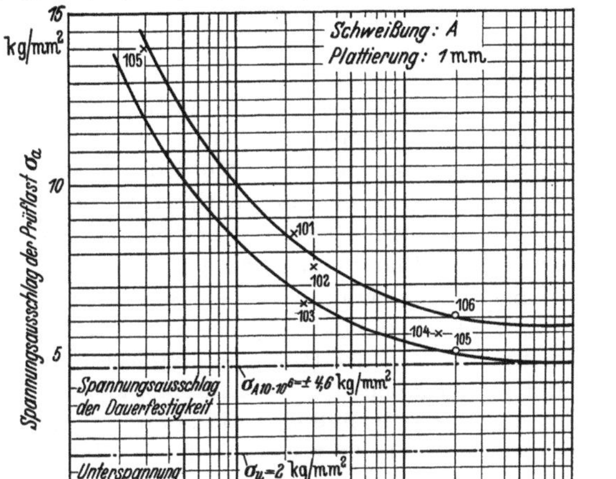

Bild 15.

Bild 15 zeigt die Ergebnisse der Versuche, bei denen nur geringfügige Streuungen auftraten.

Versuchsreihe 4: Proben 121...127.

Dauerzugversuche mit nickelplattierten Blechen

Probenbezeichnung	P_u	P_o	σ_u	σ_o	σ_m	σ_a	F	N	n	gebrochen	nicht gebrochen
	kg	kg	kg je mm²	kg je mm²	kg je mm²	kg/mm²	mm²	10⁶ Perioden	/min	×	O
123	1005	7540	2	15,0	8,5	±6,5	502	2,07	375	×	
121	1010	8340	2	16,5	9,25	±7,25	505	0,61	375	×	
122	1005	10040	2	20,0	11,0	±9,0	502	0,46	375	×	
124	1000	7750	2	15,5	8,75	±6,75	500	1,53	375	×	
125	1010	9070	2	18,0	10,0	±8,0	504	0,95	375	×	
126	1005	8030	2	16,0	9,0	±7,0	502	0,80	375	×	
127	1010	9070	2	18,0	10,0	±8,0	504	0,68	375	×	

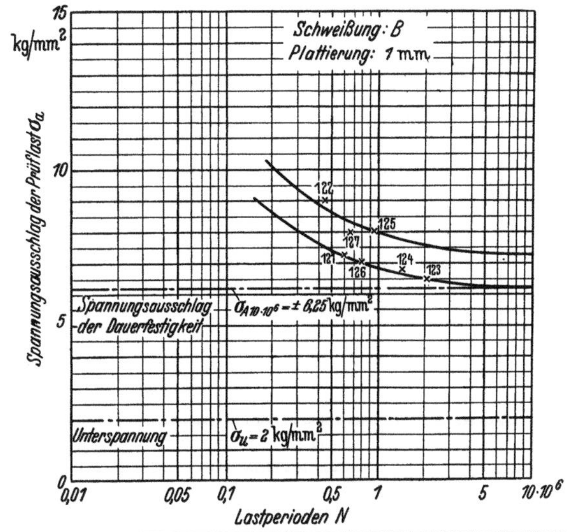

Bild 16.

Die in Bild 16 zusammengestellten Ergebnisse zeigen ähnliche Streuungen, wie die bei Versuchsreihe 2 festgestellten. Die Proben wurden vor dem Versuch photographiert. Eine Gesetzmäßigkeit zwischen dem Probenaussehen und der Zuordnung der Versuchspunkte ließ sich jedoch nicht feststellen.

Versuchsreihe 5: Proben 151...156.

Bei dieser Reihe waren, wie der Vergleich des Bildes 17a mit dem Bild 16 zeigt, die Streuungen etwas größer als bei den Proben der Reihe 4, die aus dem Probezylinder entnommen waren.

Versuchsreihe 6: Proben 191...196.

Die bei dieser Reihe gefundenen Streuungen sind verhältnismäßig gering (Bild 17b). Ein Einfluß der äußeren Beschaffenheit auf die Lage der Versuchspunkte war nicht feststellbar. Die Brüche gingen, nach dem Aussehen der Bruchfläche zu urteilen, fast durchweg von der Übergangsschicht zwischen der Plattierung und dem Stahl unmittelbar vom Auslauf der Schweißnaht aus. Nur bei einer Probe verlief der Bruch mitten durch die Schweißnaht.

Versuchsreihe 7: Proben 211...216.

Versuchsreihe 7 zeigt etwa die gleichen Streuungen wie Versuchsreihe 6 (s. Bild 17c). Hier gingen die Brüche vom Auslauf der Schweißnaht auf der Stahlseite aus, wobei z. B. bei Probe 213 außer dem zum Dauerbruch führenden Anbruch weitere Anbrüche feststellbar sind. Die Anbrüche liegen vorwiegend an Stellen scharfen Übergangs der Schweißraupe. Aus dem äußeren Aussehen hätte jedoch von vornherein nicht gesagt werden können, von welcher Stelle der Bruch ausgehen würde.

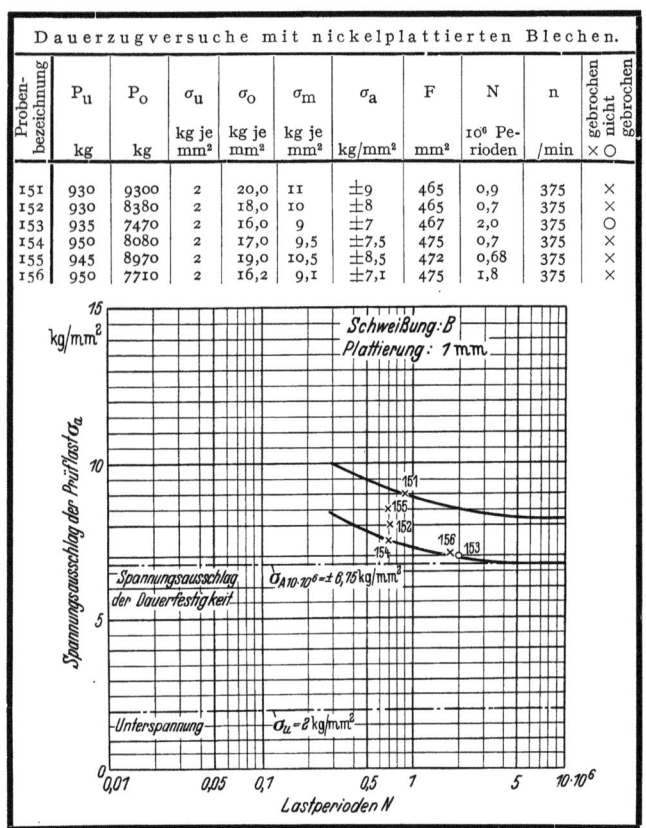

Probenbezeichnung	P_u kg	P_o kg	σ_u kg je mm²	σ_o kg je mm²	σ_m kg je mm²	σ_a kg/mm²	F mm²	N 10^6 Perioden	n /min	gebrochen × nicht gebrochen ○
151	930	9300	2	20,0	11	±9	465	0,9	375	×
152	930	8380	2	18,0	10	±8	465	0,7	375	×
153	935	7470	2	16,0	9	±7	467	2,0	375	○
154	950	8080	2	17,0	9,5	±7,5	475	0,7	375	×
155	945	8970	2	19,0	10,5	±8,5	472	0,68	375	×
156	950	7710	2	16,2	9,1	±7,1	475	1,8	375	×

Bild 17a.

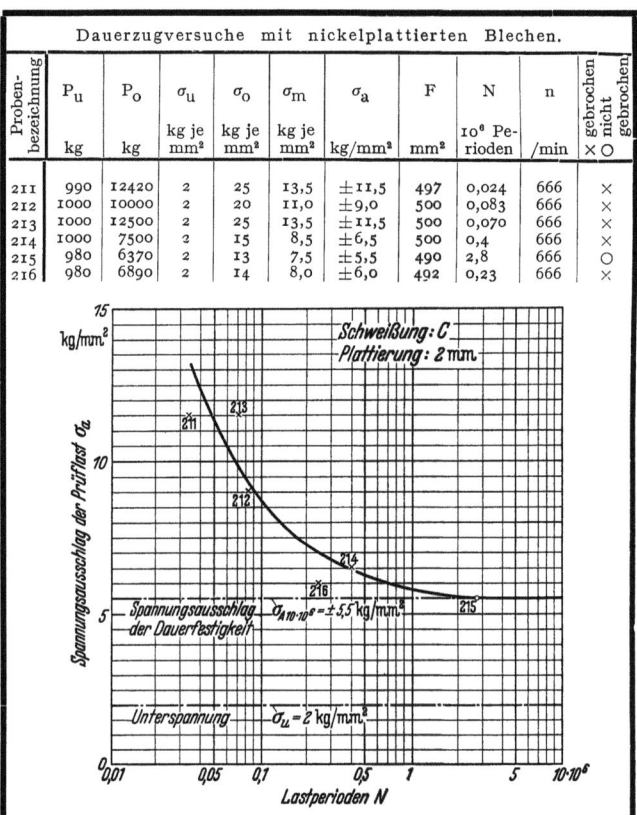

Probenbezeichnung	P_u kg	P_o kg	σ_u kg je mm²	σ_o kg je mm²	σ_m kg je mm²	σ_a kg/mm²	F mm²	N 10^6 Perioden	n /min	gebrochen × nicht gebrochen ○
211	990	12420	2	25	13,5	±11,5	497	0,024	666	×
212	1000	10000	2	20	11,0	±9,0	500	0,083	666	×
213	1000	12500	2	25	13,5	±11,5	500	0,070	666	×
214	1000	7500	2	15	8,5	±6,5	500	0,4	666	×
215	980	6370	2	13	7,5	±5,5	490	2,8	666	○
216	980	6890	2	14	8,0	±6,0	492	0,23	666	×

Bild 17c.

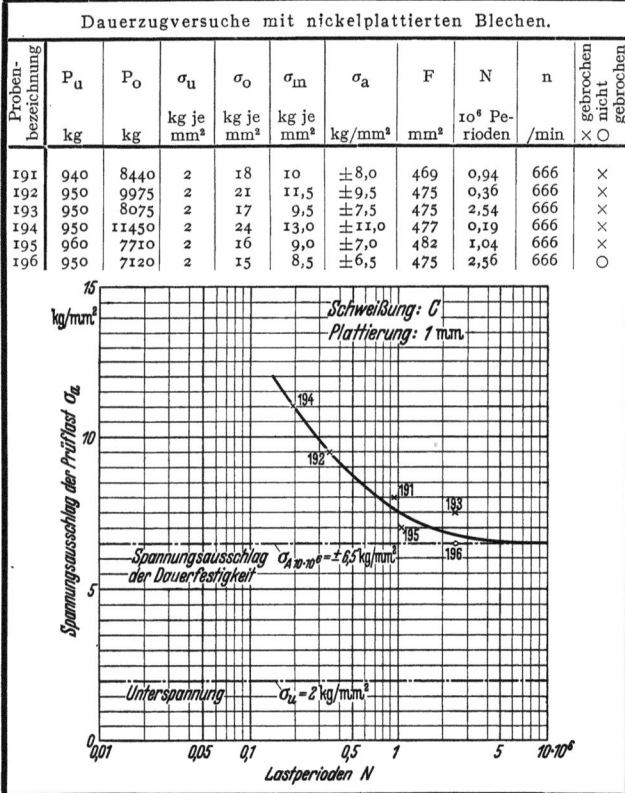

Probenbezeichnung	P_u kg	P_o kg	σ_u kg je mm²	σ_o kg je mm²	σ_m kg je mm²	σ_a kg/mm²	F mm²	N 10^6 Perioden	n /min	gebrochen × nicht gebrochen ○
191	940	8440	2	18	10	±8,0	469	0,94	666	×
192	950	9975	2	21	11,5	±9,5	475	0,36	666	×
193	950	8075	2	17	9,5	±7,5	475	2,54	666	×
194	950	11450	2	24	13,0	±11,0	477	0,19	666	×
195	960	7710	2	16	9,0	±7,0	482	1,04	666	×
196	950	7120	2	15	8,5	±6,5	475	2,56	666	○

Bild 17b.

VI. Zusammenfassung

Die Dauerversuche ergaben eine Ursprungsfestigkeit der plattierten Proben, die zwischen

$\sigma_{U\,10\cdot 10^6} = 4{,}5$ kg/mm² und $\sigma_{U\,10\cdot 10^6} = 13{,}5$ kg/mm² schwankte.

Zur Frage der Probenbeurteilung aus dem Aussehen und der Röntgenuntersuchung ist zu bemerken, daß ein eindeutiger Zusammenhang zwischen Probenaussehen und Dauerfestigkeit aus den Versuchsreihen 2 ... 7 nicht herzuleiten ist, während bei Versuchsreihe 1 ein gewisser Anhalt hierfür vorhanden zu sein scheint.

Es müßte durch weitere systematische Versuche mit fehlerhaften und fehlerfreien Blechen geklärt werden, wie weit bestimmte, bei der Vornahme von Schweißungen mögliche Fehler die Dauerhaltbarkeit herabsetzen. Eine solche Untersuchung würde die Grundlage für die Verwertung einer röntgenographischen Beurteilung von geschweißten plattierten Blechen bilden.

D. Korrosionsversuche

I. Kupferplattierte Bleche

Aus den Proben (Lage der Proben im Blech und Zylinder s. Bild 1, 2 und 2a) wurden Rinnen von etwa 150 × 50 × 10 mm hergestellt, indem von den Längsrändern das Grundmetall abgehobelt und die Plattierung hochgebogen wurde.

Durch diese Rinnen wurde in einem Fließgerät (s. Bild 18) künstliches Nordseewasser bzw. kohlensäurehaltiges Leitungswasser geleitet. Mit Nordseewasser bildeten sich grüne, mit kohlensäurehaltigem Leitungswasser braunrote Korrosionsprodukte. Unterschiede zwischen Schweißraupe und Plattierung waren nicht zu erkennen. In das Fließgerät eingehängte Proben (s. Bild 18) aus der Schweißraupe (Probenabmessungen: 45 × 15 × 2 mm) im Vergleich mit Proben aus Hüttenkupfer zeigten die in Zahlentafel 4 angegebenen Gewichtsabnahmen.

Hieraus ergibt sich, daß sich die Schweißraupen zum mindesten nicht schlechter verhalten als das Hütten-Kupfer.

II. Nickelplattierte Bleche

Die Bleche der Schweißung der Firma D zeigten tiefe Risse in der Schweißraupe und wurden daher nicht ge-

Zahlentafel 4

Korrosionsversuche	Gewichtsabnahme in mg	
	Schweiß-raupen mg	Hütten-Kupfer mg
mit kohlensäurehaltigem Leitungs-wasser	14	18
mit Nordseewasser	48	52

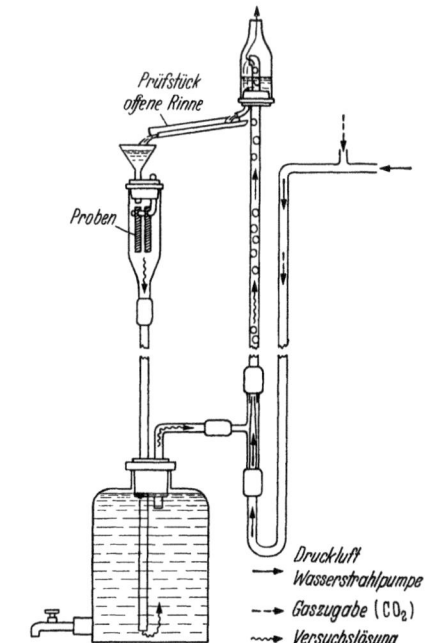

Bild. 18. Fließgerät (nach Bourdouxhe, Alex) schematisch.

prüft. Aus den von den Firmen B und C geschweißten Blechen wurden Wannen (s. Bild 19) hergestellt, die mit 50 cm³ konzentrierter Natronlauge (345 g NaOH auf 100 cm³ Wasser) gefüllt und in geschlossenen Gefäßen 44 Stunden auf 200° erhitzt wurden. Hierbei war — abgesehen von geringen Anlauffarben — kein Angriff erkennbar.

Die in Bild 19 gezeigte gereinigte Wanne der Schweißung C weist einige Löcher auf, die schon vor den Korrosionsversuchen

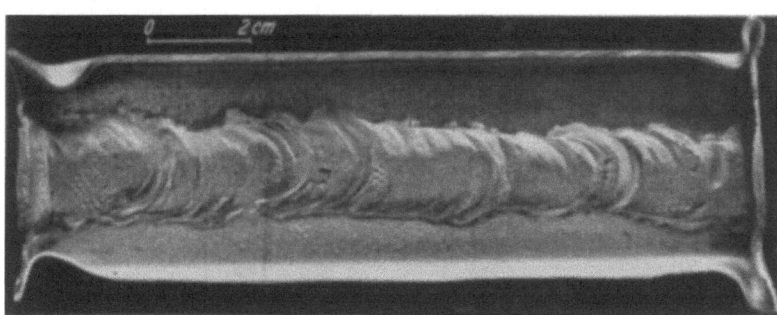

Bild 19. Wanne aus geschweißtem, plattiertem Werkstoff für Korrosionsversuche.

vorhanden waren. Die Schweißraupen der Schweißung B enthielten keine derartigen Löcher.

In Lauge eingelegte Proben aus Schweißraupen und Reinnickel (Größe 40 × 15 × 1 mm³) zeigten in allen Fällen Gewichtsabnahmen von 2—4 mg, ohne daß Angriffe erkennbar waren.

Auch bei den nickelplattierten Blechen zeigten sich demnach an den Schweißraupen keine Angriffe, bzw. verhielten sich die untersuchten Schweißungen bei den Korrosionsversuchen ebenso wie vergleichsweise untersuchtes Nickel.

III. V 2 A - und remanitplattierte Bleche

Aus den Schweißraupen wurden Proben von etwa 14 × 15 × 2 mm³ herausgearbeitet, zusammen mit saurer Calciumbisulfitlösung (Sulfitlauge) in Bombenrohre eingeschmolzen und 36 Stunden auf 140° C erhitzt.

Die hierbei auftretenden Gewichtsabnahmen der Proben schwankten zwischen 800 und 1000 mg. Aus der Plattierung selbst herausgearbeitete Vergleichsproben von etwa 40 × 15 × 0,5 mm³ zeigten bei der gleichen Behandlung ebenfalls Gewichtsabnahmen zwischen 800 und 1000 mg.

Schweißraupe und Plattierung zeigten also etwa die gleiche Angreifbarkeit.

E. Untersuchung des Eisengehalts und der Porigkeit der Schweißung

Die Frage der Diffusion von Grundwerkstoff und Plattierung, die bei Schweißtemperaturen verhältnismäßig schnell vor sich geht, spielt besonders bei Nickel und seinen Legierungen eine Rolle, da Nickel und Eisen eine sehr hohe Diffusionsgeschwindigkeit aufweisen. Beim Schweißen plattierter Bleche im Behälterbau kommt es also darauf an, den Eisengehalt auf der Plattierungsseite so niedrig zu halten, daß selbst bei stark eisenempfindlichem Inhalt (Film- und Seidenherstellung) kein Eisen in Lösung geht.

I. Chemische Untersuchung der Schweiße und des Auflagewerkstoffes nickelplattierter Bleche auf Eisengehalt

Untersucht wurden die Schweißungen B, C und D. Durch Abhobeln wurden von jeder Schweißraupe, und zwar gesondert von der Oberfläche, von der Mittel- und von der unteren Zone Analysenspäne entnommen. Das Probenmaterial des Plattierungsmetalls wurde ebenfalls durch Abhobeln gewonnen. Ergebnisse s. Zahlentafel 5.

Die chemische Analyse des Plattierungsmetalls ergibt, daß die Nickelplattierung durchschnittlich 0,3 % Eisen enthält. Der Eisengehalt der nach verschiedenen Verfahren hergestellten Schweißungen dagegen schwankt stark und beträgt bei den elektrischen Schweißungen im ungünstigsten Falle über 9 %, während die von der Firma C rein autogen geschweißte Naht max. 0,6 % Eisen aufweist. Der Eisengehalt, betrachtet über die Dicke der einzelnen Schweißraupen des Plattierungsmetalls, kann bei allen Schweißungen als in sich gleichmäßig bezeichnet werden.

II. Porigkeitsprüfung mittels Ferroxyl-Indikators

Die Porigkeitsprüfung erstreckte sich auf Schweiße und Plattierungswerkstoff von kupfer-, nickel- und remanitplattierten Blechen.

Für die Untersuchung wurden die beim Schweißen verwendeten Flußmittel (Metallsalze) mittels heißen Wassers entfernt. Die trockenen Proben wurden vor der Prüfung mit Benzin ent-

Zahlentafel 5. Eisengehalt von Schweiße und Plattierung

Auflage-Werkstoff	Probe Nr.	Schweißung des Grundwerkstoffs	Schweißung der Auflage	ausgeführt von	Eisengehalt in % Schweiße Oben	Mitte	Unten	Plattierung
Nickel	141	elektrisch	elektrisch	B	4,20	5,04	5,76	0,32
	165				8,80	8,80	9,12	0,38
	185				2,04	2,04	2,00	0,24
	205	autogen	autogen	C	0,52	0,60	0,60	0,30
	225				0,56	0,52	0,56	0,24
	245	elektrisch	elektrisch	D	5,92	5,80	6,52	0,30

fettet. Zunächst zeigten sich bei allen Proben bei Behandlung mit Ferroxyl-Indikator, mit Ausnahme der kupferplattierten, zahlreiche Blaufärbungen (Reaktionen des Indikators auf den Grundwerkstoff) auf Schweißnaht und Blech. Da besonders aus der Blaufärbung des Plattierungswerkstoffes auf oberflächlich eingeschlossene Eisenspäne geschlossen wurde, wurden die Plattierungen mittels Schmirgelleinen von Hand und die Schweißnähte mit einem Schleifstein bearbeitet und nochmals geprüft. Hierbei zeigten die remanitplattierten Bleche auf Platte und Naht und die nickelplattierten Bleche auf der Schweißnaht noch einzelne Blaufärbungen.

Die nach dem Überziehen mit Ferroxyl-Indikator sichtbar werdenden Blaufärbungen sind in der Aufstellung Zahlentafel 6 enthalten. Die nach der zweiten Prüfung auf-(max 9%), konnten bei den bisher durchgeführten Korrosionsversuchen nicht festgestellt werden.

F. Röntgenologischer Befund und metallographische Untersuchung

Die für die metallographische Untersuchung vorgesehenen Proben wurden zunächst in der Reichsröntgenstelle durchleuchtet.

Da erfahrungsgemäß auf Abzügen von Röntgenfilmen die Fehlstellen nur schlecht erkennbar sind, wurde auf ihre Wiedergabe verzichtet.

Zahlentafel 6. Porigkeitsprüfung mittels „Ferroxyl-Indikators"

Auflage-Werkstoff	Probe Nr.	Schweißung des Grundwerkstoffs	Schweißung der Auflage	ausgeführt von	Blaufärbung vor dem Schmirgeln	nach dem Schmirgeln
Kupfer	21	elektrisch	autogen	A	vereinzelt a. Platte u. Naht	
	22				do.	
	75					
	95					
Nickel	141	elektrisch	elektrisch	B	vereinzelt a. Platte u. Naht	
	142				do.	
	165				auf der Naht	auf der Naht
	185				do.	do.
	205	autogen	autogen	C	vereinzelt a. Platte u. Naht	vereinzelt a. Platte u. Naht
	225				do.	do.
	245	elektrisch	elektrisch	D	vereinzelt auf der Naht	sehr vereinzelt auf der Naht
Remanit 1880 S	51	elektrisch	elektrisch	A	vereinzelt a. Platte u. Naht	vereinzelt a. Platte u. Naht
	52				do.	do.
	115				auf Platte und Naht	auf Platte und Naht

tretenden Blaufärbungen sind vermutlich durch Poren oder durch Eisen bedingt, welches beim Schweißvorgang durch das Auflagematerial diffundierte. Bei den Remanitplattierungen handelt es sich möglicherweise um eine Reaktion des Remanits selbst.

Auf Grund dieser Feststellungen dürfte sich nach der Schweißung eine Reinigung der Auflageoberfläche und der Schweiße empfehlen, die entweder mechanisch oder chemisch erfolgen könnte. In der Praxis wird eine entsprechende Behandlung auch fast allgemein vorgenommen. Es läßt sich so die Gefahr verringern, daß bei sehr eisenempfindlichem Inhalt plattierter Gefäße Eisen in Lösung geht.

Eine ungünstige Beeinflussung der Korrosionsbeständigkeit nickelplattierter geschweißter Bleche, bedingt durch verschieden hohen Eisengehalt in der Nickelschweiße

Die Probenentnahme erfolgte für die kupfer- und remanitplattierten Bleche der Schweißung A, die nickelplattierten Bleche der Schweißung B und die V2A-plattierten Bleche der Schweißung E an den Zylindern, und zwar beiderseitig der Rundnaht an der Stelle, wo Rundnaht und Längsnaht sich schneiden (Bild 2). Bei der Schweißung C der nickelplattierten Bleche wurde aus den Platten je eine Probe mit in der Mitte liegender Schweißnaht entnommen (s. Bild 1). Die Lage der Proben aus der Schweißung D der nickelplattierten Bleche ist aus Bild 2a ersichtlich. Außerdem wurde von dieser Schweißung je eine Probe aus der Naht der Platte und der Rundnaht des Zylinders untersucht.

Einleitend ist zu den metallographischen Untersuchungen folgendes zu bemerken:

Die Gefügeentwicklung durch Ätzen ist beim Zusammentreffen mehrerer Werkstoffe verschiedenen elektrischen Potentials insofern schwierig, als teilweise der unedle Werkstoff schon zu stark angegriffen ist, wenn der edle noch kaum Gefüge erkennen läßt. Besonders schwer zu beurteilen sind scharf abgegrenzte Berührungszonen zwischen Metallen verschiedenen Potentials, da schon vom Schleifen und Polieren herrührende, unvermeidliche, kleinste Unterschiede in der Höhe der verschieden harten Materialien beim Ätzen so verstärkt werden, daß bei der Beobachtung im Mikroskop dicke Schattenlinien auftreten.

Es war deshalb nicht zu vermeiden, im Bericht bei der Beurteilung der Bindung zwischen Plattierung und Eisenblech meistens die Einschränkung „soweit eine Beurteilung möglich" zu machen.

Die Aufnahmen, die die Grenzzonen zwischen dem Plattierungsblech und der Eisenunterlage wiedergeben, sind in etwa 2—3 cm Entfernung von der Schweiße außerhalb ihres Einflußbereiches gemacht.

I. Kupferplattierte Bleche

Schweißung A:

Röntgenbefund: Scharfe Wurzelfehler und feine Rißbildung an der Wurzel.

Metallographischer Befund: s. Bild 20. Übereinstimmung mit Röntgenbefund gut.

Bild 20. Schweißung mit Wurzelfehler (Kupfer-Plattierung).

Die Bindung zwischen Kupferplattierung und Eisenblech ist, soweit eine Beurteilung möglich, als gut zu bezeichnen.

Die Bindung der Kupferschweiße ist gut, s. Bild 21. Bild 22 zeigt einen Diagonalschnitt durch die Kreuznaht. Der Befund ist der gleiche wie oben.

Bild 21. Schweißung der Kupfer-Plattierung. Gute Bindung der Kupferschweiße.

II. Nickelplattierte Bleche

a) Schweißung B:

Röntgenbefund: Kleine Schlackenzeile.

Metallographischer Befund: s. Bild 23. Übereinstimmung mit Röntgenbefund gut.

Die Bindung zwischen Nickelplattierung und Eisenblech ist, soweit eine Beurteilung möglich, als gut zu bezeichnen.

Die Bindung der Nickelschweiße ist gut, sowohl am Nickelblech, Bild 24, als auch der einzelnen Schweißlagen

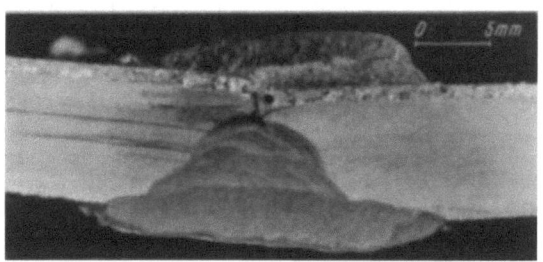

Bild 22. Schnitt durch Kreuznaht der Schweißung mit Wurzelfehler (Kupfer-Plattierung).

untereinander; desgleichen ist die Wurzel zwischen den beiden Schweißungen gut verschweißt, Bild 25. Das Bild 26 zeigt einen Diagonalschnitt durch die Kreuznaht.

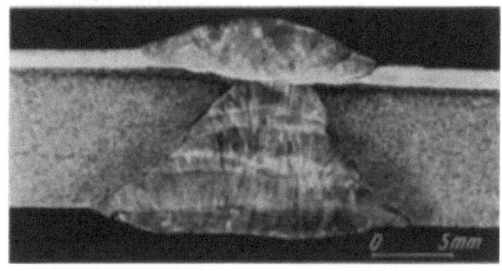

Bild 23. Geschweißte Nickel-Plattierung, kleine Schlackenzeile.

b) Schweißung C: Probe 205.

Röntgenbefund: sehr wenig Poren.

Metallographischer Befund: s. Bild 27; keine gute Übereinstimmung.

Die Nickelschweiße ist mit zahlreichen kleinen Poren durchsetzt, s. auch Bild 28; die Eisenschweiße enthält stellenweise gröbere Poren.

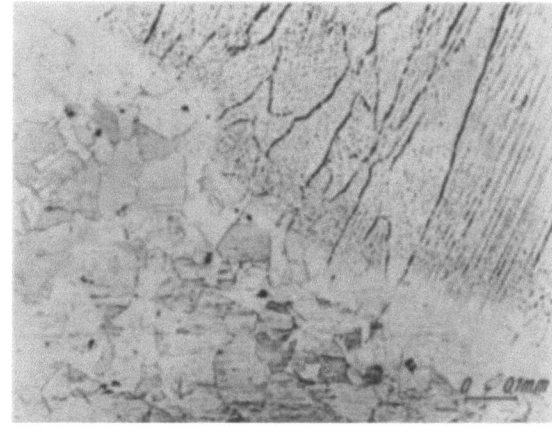

Bild 24. Gute Bindung der Nickel-Schweiße am Nickel-Blech.

Die Bindung zwischen der Nickelplattierung und dem Eisenblech ist, soweit eine Beurteilung möglich, als gut zu bezeichnen.

Die Bindung der Nickelschweiße zum Nickelblech ist gut; desgl. ist die Bindung zwischen Nickel- und Eisenschweiße, soweit eine Beurteilung möglich, als gut zu bezeichnen.

Probe 225.

Röntgenbefund: Poren und Schlacken, kurze Bindefehler.

Metallographischer Befund: s. Bild 29. Übereinstimmung gut.

Die Nickelschweiße ist ähnlich porig wie bei Probe 205, die Wurzelverschweißung ist unzureichend.

Über Bindung der Plattierung gilt das gleiche wie bei Probe 205.

Die Bindung zwischen Nickelblech und Schweiße ist gut.

c) Schweißung D: Probe 239.

Die Nickelschweiße ist stark porig, desgleichen die letzte Lage der Eisenschweißung, s. Bild 30.

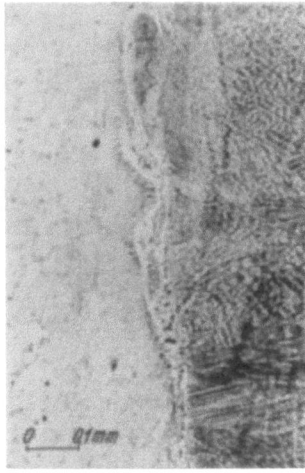

Bild 25. Gute Bindung. Nickelschweiße — Eisenschweiße.

Bild 26. Schnitt durch Kreuznaht (Nickel-Plattierung).

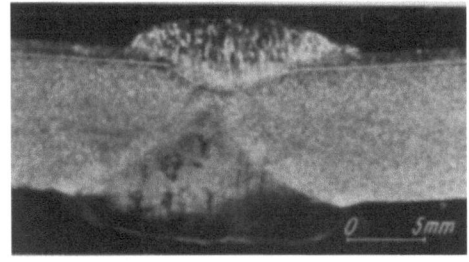

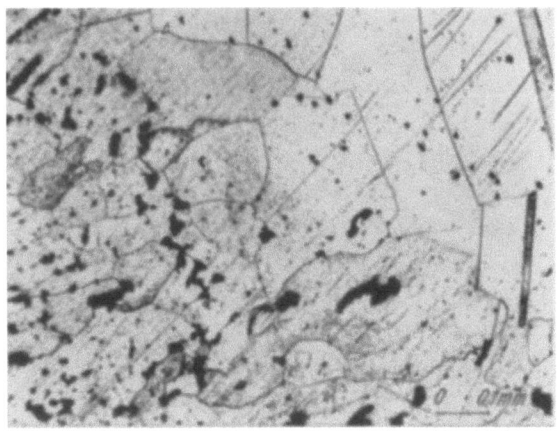

Bilder 27—28. Nickelschweiße mit zahlreichen kleinen Poren.

Die Bindung zwischen Nickelplattierung und Eisenblech ist, soweit eine Beurteilung möglich, als gut zu bezeichnen.

Probe 279: Quer- und Längsrisse in der Nickelschweiße. $^3/_5$ der Eisenblechdicke sind nicht verschweißt, s. Bild 31.

Probe 299: Röntgenbefund: Poren und Wurzelfehler.

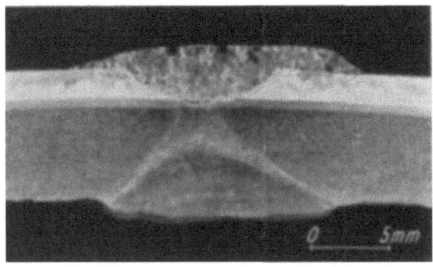

Bild 29. Porige Nickelschweiße mit schlechter Wurzelschweißung.

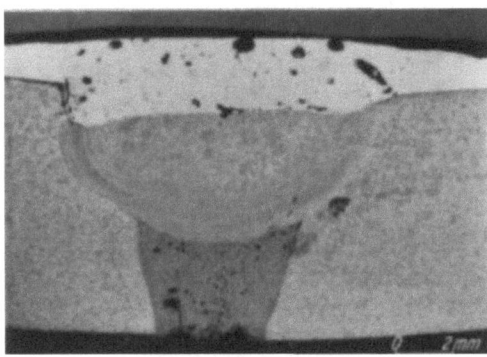

Bild 30. Stark porige Nickel-Schweißung.

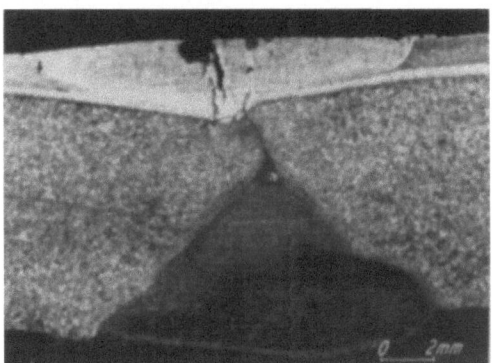

Bilder 31—32. Schlechte Schweißung einer Nickel-Plattierung.

Metallographischer Befund: Poren und Querrisse in der Nickelschweiße, s. Bild 32. $^2/_5$ der Eisenblechdicke sind nicht verschweißt. Übereinstimmung gut.

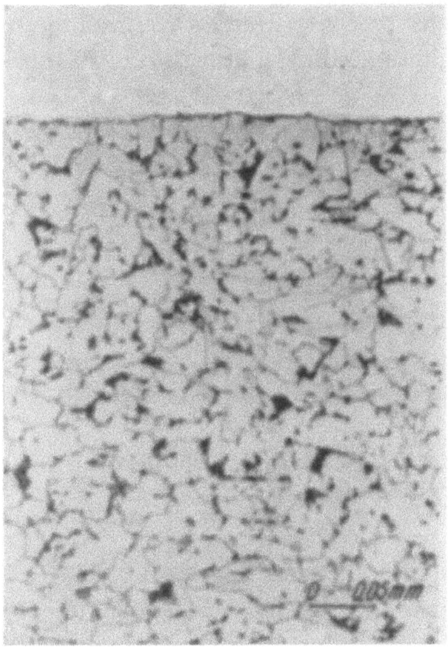

Die Bindung zwischen Nickelplattierung und Eisenblech ist, soweit eine Beurteilung möglich, als gut zu bezeichnen.

Probe 300: Röntgenbefund: Schlackenzeile und feiner Riß.

Metallographischer Befund: Starke Porenbildung zwischen Nickelschweiße und -blech. Etwa $^1/_3$ der Eisenblechdicke ist nicht verschweißt. Übereinstimmung gut.

Die Bindung zwischen Nickelplattierung und Eisenblech ist, soweit eine Beurteilung möglich, als gut zu bezeichnen, s. Bild 33.

Bild 33.

III. Remanitplattierte Bleche
Schweißung A: Probe 51.
Röntgenbefund: Feiner Anriß in der Nahtwurzel.

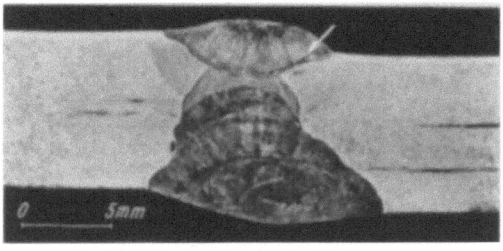

Bild 34. Feiner Anriß in der Wurzelnaht (Remanit-Plattierung).

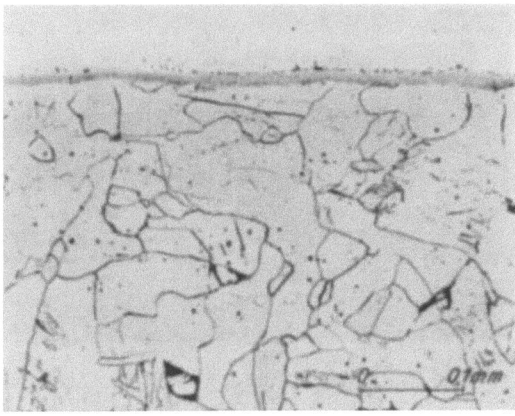

Bild 35. Gute Bindung der Remanit-Plattierung.

Metallographischer Befund: s. Bild 34. Übereinstimmung gut.

Die Bindung zwischen Plattierung und Eisenblech ist, soweit eine Beurteilung möglich ist, als gut zu bezeichnen, s. Bild 35.

Die Bindung zwischen Schweiße und Plattierung ist gut, s. Bild 36, desgl. zwischen Schweiße und Eisenblech; auch die Bindung zwischen den beiden Wurzellagen der Schweißung ist gut, s. Bild 37.

Das Bild 38 zeigt einen Diagonalschnitt durch eine Kreuznaht.

Schweißrissigkeit wurde nicht festgestellt.

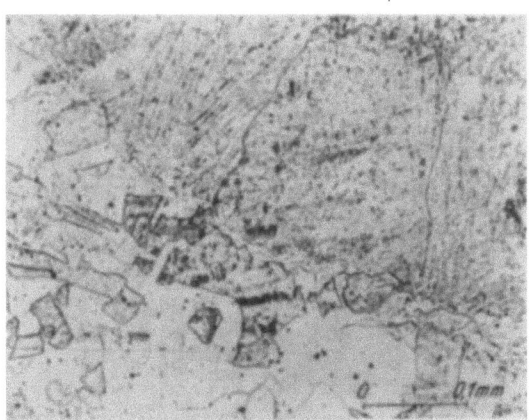

Bild 36. Gute Bindung der Remanit-Schweißung.

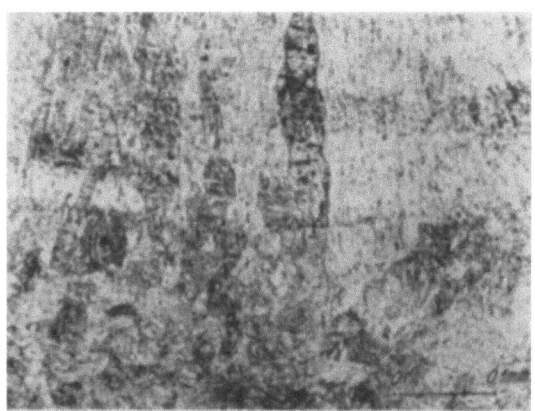

Bild 37. Wurzellage der Remanit-Schweißung.

IV. V2A-Plattierte Bleche
Schweißung E: Probe 325.
Röntgenbefund: Feiner Anriß am Nahtrand.
Metallographischer Befund: Übereinstimmung gut.

Die Bindung zwischen V2A-Plattierung und Eisen-

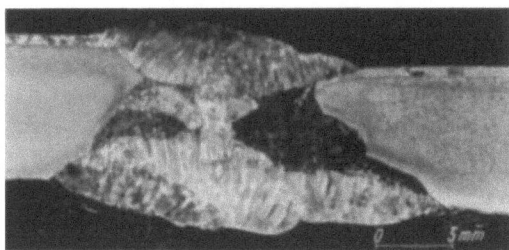

Bild 38. Schnitt durch Kreuznaht (Remanit-Plattierung).

blech ist, soweit eine Beurteilung möglich, als gut zu bezeichnen, s. Bild 39. Bemerkenswert ist die wahrscheinlich bei der Plattierung eingetretene Kornvergröberung und Entkohlung des Eisenwerkstoffes an der Seite der Plattierung.

Die Bindung zwischen Schweiße und Plattierung ist gut.

Zwischen Schweiße und Eisen verläuft an der einen Seite ein Riß.

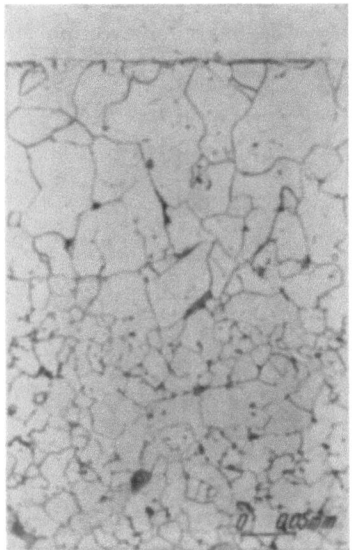

Bild 39. Gute Bindung (V2A-Plattierung).

Die Bindung zwischen den beiden Wurzellagen ist gut, s. Bild 40.

Das Bild 41 zeigt einen Diagonalschnitt durch eine Kreuznaht. Die Schweiße hat hier sowohl an mehreren Stellen des Eisenbleches als auch zwischen den einzelnen Schweißlagen nicht gebunden.

Probe 354 A: Bild 42.

Röntgenbefund: Rißstelle an einer Bindefläche.

Metallographischer Befund: Übereinstimmung gut.

Für die Bindung der Plattierung bzw. Kornvergröbung und Entkohlung gilt dasselbe wie für Probe 325.

Die Bindung zwischen Schweiße und Plattierung ist

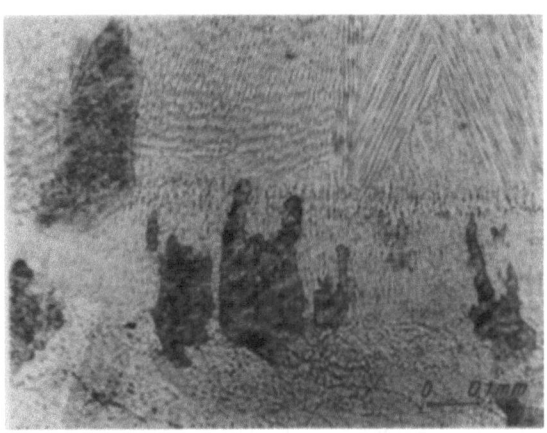

Bild 40. Gute Bindung der Wurzellagen (V2A-Plattierung).

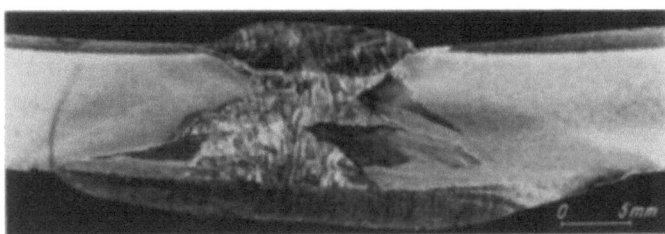

Bild 41. Schnitt durch Kreuznaht (V2A-Plattierung).

Für die Seite rechts der Schweiße gilt über Bindung der Plattierung bzw. Kornvergrößerung und Entkohlung das bei Probe 325 ausgeführte.

Die Plattierung links der Schweiße ist vom Eisenblech abgelöst, s. Bild 45. Hier ist keine Kornvergröberung und Entkohlung festzustellen, was die Vermutung nahelegt,

daß diese Materialveränderung (Entkohlung und Grobkornbildung) durch den innigen Kontakt zwischen V2A- und Eisen-Blech bei der Plattierung auftritt.

Die Bindung zwischen Schweiße und Plattierung ist gut, desgl. die Bindung zwischen den beiden Wurzellagen. Das Bild 46 zeigt einen Diagonalschnitt durch eine Kreuz-

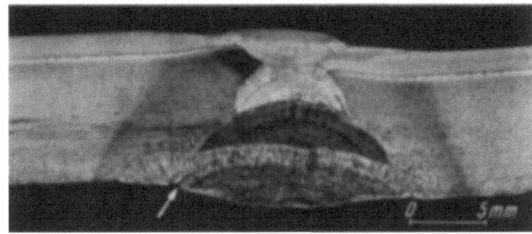

Bild 42. Schweißung einer V2A-Plattierung mit Rißstelle.

naht. Das eine Plattierungsblech, dasselbe wie bei Bild 44, ist von der Eisenunterlage abgelöst. Die Schweißung hat an einer Stelle zwischen der V2A- und der Eisenlage nicht gebunden.

Zusammenfassend kann über den Durchstrahlungsbefund und die metallographische Untersuchung folgendes gesagt werden: Beide Verfahren ergaben im wesentlichen gut übereinstimmende Ergebnisse. Bei keiner der Proben war eine völlig fehlerfreie Schweißung vorhanden. Der

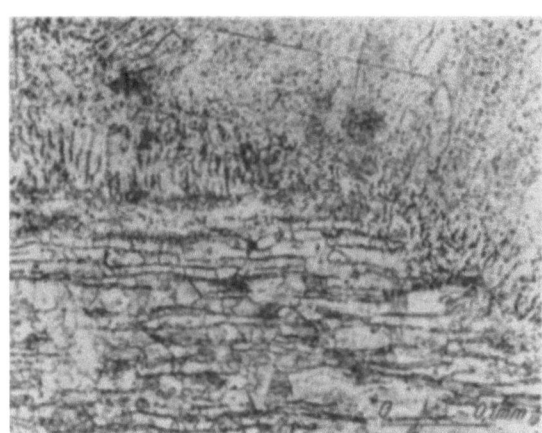

Bild 43. Gute Bindung der V2A-Schweiße.

Bild 44. Gute Bindung der Schweißlagen. Ablösung der Plattierung (V2A-Plattierung).

Grund hierfür dürfte z. T. darin zu suchen sein, daß für diese Untersuchungen die schwierigsten Stellen der Schweißung herausgegriffen wurden. Es handelte sich zumeist um Kreuzungen oder Stöße von Schweißnähten. In der Praxis wird man daher derartig komplizierte Schweißstellen vermeiden bzw. besondere Sorgfalt hierbei walten lassen müssen.

G. Zusammenfassung

Bei der wichtigsten Schweißverbindung, der Stumpfschweißung, kann nach den vorliegenden Untersuchungsergebnissen der Frage der Nahtform und des Schweißverfahrens nicht die Bedeutung beigemessen werden, wie dies oft geschieht. Bei den bisher durchgeführten Untersuchungen wiesen sowohl V-Naht, X-Naht, als auch VZ-Naht hinsichtlich mechanischer Festigkeit und Korrosion befriedigende Werte auf. Als gleichwertig erwies sich auch die elektrische und autogene Schweißung nickelplattierter Bleche. Es wurden sogar hinsichtlich des Eisengehalts in der Nickelschweiße mit der autogenen Schweißung wesentlich bessere Ergebnisse erzielt als mit den elektrischen Verfahren.

Von der Güte der Schweißung, d. h. dem Können und der Sorgfalt des Schweißers, hängt wie auch beim Schweißen einmetallischer Werkstoffe die mechanische Festigkeit und Korrosionsbeständigkeit ab. Das völlige Versagen der Nickelschweißung D — hier war an Stelle des ausgefallenen Fachschweißers ein Ersatzschweißer genommen worden — ist hierfür eine Bestätigung. Erschwerend kommt allerdings beim Schweißen plattierter Bleche hinzu, daß außer einer genügenden Festigkeit unbedingte Korrosionsbeständigkeit der Plattierungsnaht verlangt werden muß, die durch eine undichte Schweißung infolge Elementbildung stark beeinträchtigt werden kann. Dagegen muß eine Korrosionsgefahr infolge Diffusion von Eisen in die Nickelschweiße bei nickelplattierten Blechen auf Grund der Korrosionsprüfung und der chemischen Analyse verneint werden.

Desgleichen scheint das Vorhandensein von Poren die Korrosionsbeständigkeit nicht zu beeinflussen. Der Grund hierfür dürfte darin liegen, daß über bzw. unter den Poren noch genügend Werkstoff vorhanden ist, der der Korrosion standhält.

Auch auf die statischen Festigkeitseigenschaften blieb die Porigkeit ohne wesentlichen Einfluß. Da auch die mit den stark porigen Proben der Schweißung C durchgeführten Schwellzugversuche zur Bestimmung der Dauerfestigkeit nur wenig abweichende Werte gegenüber der Schweißung B ergaben, scheint auch ein Einfluß der Poren bezüglich der Dauerfestigkeit nicht vorhanden zu sein.

Abschließend läßt sich daher sagen:

Die Untersuchungen an Stumpfschweißungen plattierter Bleche mit Auflagewerkstoffen aus Kupfer, Nickel, V2A und Remanit 1880 S bei verschiedenen Auflagedicken, Schweißnahtformen und Schweißverfahren ergaben, daß sich bei sachgemäßer Ausführung der Schweißung Verbindungen mit guten Festigkeits- und Korrosionseigenschaften erzielen lassen.

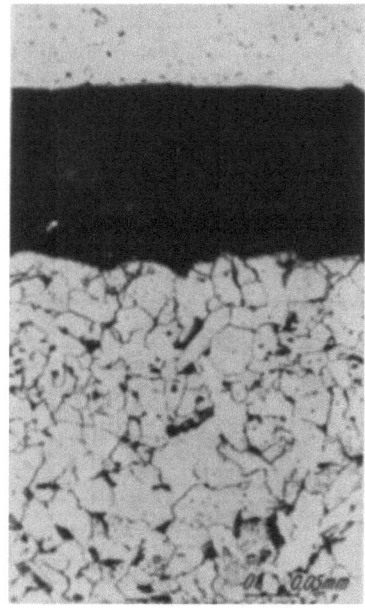
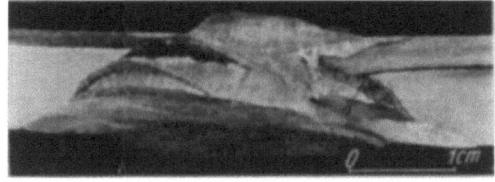

Bilder 45—46. V2-Schweißung: Plattierung vom Grundstoff abgelöst.

DER EINFLUSS VERSCHIEDENARTIGER NACHBEHANDLUNG AUF DIE DAUERZUGFESTIGKEIT GAS-SCHMELZGESCHWEISSTER KESSELBLECHE

Von Dipl.-Ing. **K. H. Bußmann,** VDI,

Fachabteilung Maschinenbau des Staatlichen Materialprüfungsamts Berlin-Dahlem

Mit dem Ziel, einen Beitrag zur Klärung der Frage des Einflusses verschiedenartiger Nachbehandlung auf die Schwellzugfestigkeit von autogen geschweißten Kesselblechen zu liefern, wurde im Staatlichen Materialprüfungsamt Berlin-Dahlem, Abteilung Maschinenbau und Mechanische Technologie eine Reihe von Dauerversuchen durchgeführt, die folgende Arten der Nachbehandlung an geschweißten 15 und 30 mm dicken Kesselblechen M 1 umfaßten:

1. Naht warm gehämmert; Schweißraupe sodann nicht weiter nachbearbeitet.
2. Proben bei 650° für die Zeitdauer einer halben Stunde geglüht und im Ofen abgekühlt; Schweißraupe nicht nachgearbeitet.
3. Proben bei 920° für die Zeitdauer einer halben Stunde geglüht (Normalglühen); Schweißraupe nicht nachgearbeitet.
4. Proben bei 920° für die Zeitdauer einer halben Stunde geglüht (Normalglühen); Raupe in Längsrichtung des Stabes bis auf die Staboberfläche sauber heruntergearbeitet.

Die Mittel für die Durchführung dieser Versuche wurden vom Verein deutscher Ingenieure, Fachausschuß für Schweißtechnik, zur Verfügung gestellt. Die Lieferung des erforderlichen Versuchsmaterials, d. h. seine Schweißung und Nachbehandlung erfolgte dankenswerterweise seitens der I. G. Farbenindustrie AG., Werk Autogen, Frankfurt a. M.-Griesheim.

Im einzelnen wurde folgendes Versuchsprogramm aufgestellt:

A. Nicht nachbehandelte Proben.
  Reihe A 1: 15 mm dick, ungeschweißt
  ,, A 2: 15 mm ,, mit V-Naht geschweißt
  ,, A 3: 15 mm ,, mit V-Naht, Wurzel nachgeschweißt
  ,, A 4: 30 mm ,, ungeschweißt
  ,, A 5: 30 mm ,, mit X-Naht geschweißt

B. Naht warm gehämmert.
   Reihe B 3: Abmessungen und Schweißung wie Reihe A 3
   ,,   B 5: Abmessungen und Schweißung wie Reihe A 5
C. Proben bei 650° geglüht.
   Reihe C 3: Abmessungen und Schweißung wie Reihe A 3
   ,,   C 5: Abmessungen und Schweißung wie Reihe A 5
D. Proben bei 920° normal geglüht.
   Reihe D 3: Abmessungen und Schweißung wie Reihe A 3
   ,,   D 5: Abmessungen und Schweißung wie Reihe A 5
E. Proben bei 920° normal geglüht, Schweißnaht bearbeitet.
   Reihe E 3: Abmessungen und Schweißung wie Reihe A 3
   ,,   E 5: Abmessungen und Schweißung wie Reihe A 5

Versuchsmaterial

Das seitens der I. G. angelieferte Versuchsmaterial ist in nachstehender Zusammenstellung aufgeführt. Diese Zahlentafel enthält auch sämtliche Angaben, die seitens des Lieferwerkes über Schweißung und Nachbehandlung gemacht wurden.

Versuchsreihe Nr.	Probenzahl	Länge mm	Breite mm	Dicke mm	Schweißung	Nachbehandlung
A 1	4	600	60	15	ungeschweißt	—
A 2	5	600	60	15	V-Naht	—
A 3	5	600	60	15	V-Naht, Wurzel nachgeschweißt	—
A 4	4	600	50	30	ungeschweißt	—
A 5	5	600	50	30	X-Naht, mit Gv 3-Draht geschweißt	—
B 3	5	600	60	15	V-Naht, Wurzel nachgeschweißt	Naht warm gehämmert
B 5	5	600	50	30	X-Naht, mit Gv 3-Draht geschweißt	do.
C 3	5	600	60	15	V-Naht, Wurzel nachgeschweißt	bei 650° ½ Std. lang geglüht und im Ofen abgekühlt
C 5	5	600	50	30	X-Naht	do.
D 3	5	600	60	15	V-Naht, Wurzel nachgeschweißt mit Gv 3-Draht geschweißt	bei 920° ½ Std. lang geglüht
D 5	5	600	50	30	X-Naht, mit Gv 3-Draht geschweißt	do.
E 3	5	600	60	15	V-Naht	bei 920° ½ Std. lang geglüht, Schweißnaht überschliffen
E 5	5	600	50	30	X-Naht	do.

Die Proben der Reihe E 5 wurden vor Beginn der Versuche in der Werkstatt des Amtes allseitig in der Richtung der Stabachse sauber bearbeitet, da sie beim Versand angerostet waren.

Die nicht geschweißten Proben, sowie die 30 mm dicken Stäbe der Reihen A5, B5, C5, D5 und E5 wurden gemäß Bild 1 bearbeitet. Die Abmessungen, die in der

Reihe Nr.	b mm	l mm	s mm
A 1	40	~116	15
A 4	35	~126	15
A 5, B 5, C 5, D 5, E 5 .	35	~126	30

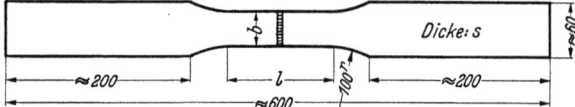

Bild 1. Form und Abmessungen der Probestäbe.

Zahlentafel dieses Bildes eingetragen sind, stellen Mittelwerte zwischen den Abmessungen der einzelnen Stäbe dar. Die Abweichung der wirklichen Werte von den angegebenen ist unerheblich.

Die 15 mm dicken Probestücke der Reihen A2, A3, B3, C3, D3 und E3 wurden nicht profiliert. Die Oberflächen der Proben blieben bis auf die Stäbe der Reihe E5 in dem Zustande, in dem sie vom Hersteller angeliefert wurden.

Durchführung der Versuche

Die Versuche wurden z. T. auf einem 30 t-Pulsator (Mohr & Federhaff), z. T. auf dem 50 t-Pulsator (Losenhausen) des Amtes durchgeführt. Der Mohr & Federhaff-

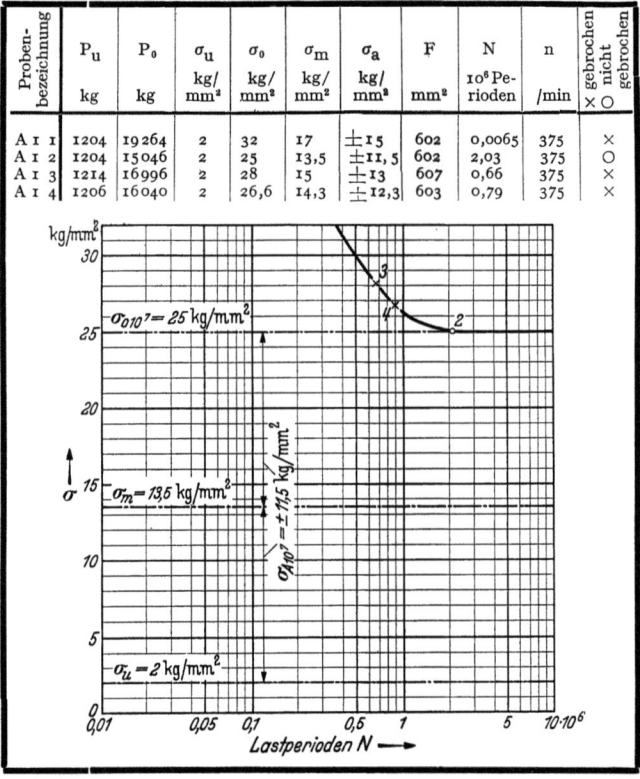

Probenbezeichnung	P_u kg	P_o kg	σ_u kg/mm²	σ_o kg/mm²	σ_m kg/mm²	σ_a kg/mm²	F mm²	N 10⁶ Perioden	n /min	gebrochen × nicht gebrochen ○
A 1 1	1204	19264	2	32	17	±15	602	0,0065	375	×
A 1 2	1204	15046	2	25	13,5	±11,5	602	2,03	375	○
A 1 3	1214	16996	2	28	15	±13	607	0,66	375	×
A 1 4	1206	16040	2	26,6	14,3	±12,3	603	0,79	375	×

Bild 2. Reihe A 1.

Probenbezeichnung	P_u kg	P_o kg	σ_u kg/mm²	σ_o kg/mm²	σ_m kg/mm²	σ_a kg/mm²	F mm²	N 10⁶ Perioden	n /min	gebrochen × nicht gebrochen ○
A 2 1	1816	18160	2	20	11	±9	908	0,58	500	×
A 2 2	1810	16290	2	18	10	±8	905	0,72	500	×
A 2 3	1808	14464	2	16	9	±7	904	0,26	500	×
A 2 4	1808	12656	2	14	8	±6	904	2,07	500	○
A 2 5	1808	14464	2	16	9	±7	904	2,17	500	○

Bild 3. Reihe A 2.

Pulsator arbeitete dabei mit einer minutlichen Lastperiodenzahl von 375/min, der Losenhausen-Pulsator durchschnittlich mit einer solchen von 500/min.

Die Maschinen sind so eingerichtet, daß sie die einmal eingestellte obere und untere Belastungsgrenze selbsttätig während der Versuchsdauer aufrechterhalten. Bei Bruch des Probestabes schaltet sich die Maschine ab, so daß die bis zum Bruch ertragene Lastperiodenzahl auf einem Zählwerk abgelesen werden kann.

Sämtliche Versuche wurden bei einer Unterspannung von $\sigma_u = 2$ kg/mm² durchgeführt. Dabei wurde die Oberspannung σ_o jeweils so abgestuft, daß sich ein Wöhlerschaubild aufzeichnen ließ, aus dem sodann die Dauerfestigkeit der betreffenden Proben entnommen werden konnte. Bei einer Grenzperiodenzahl von $2 \cdot 10^6$ wurden die Versuche abgebrochen; die Werte für $10 \cdot 10^6$ Lastperioden lassen

Probenbezeichnung	P_u kg	P_o kg	σ_u kg/mm²	σ_o kg/mm²	σ_m kg/mm²	σ_a kg/mm²	F mm²	N 10⁶ Perioden	n /min	gebrochen × nicht gebrochen ○
A 3 1	1808	18080	2	20	11	±9	904	0,61	500	×
A 3 2	1810	13585	2	17	9,5	±7,5	905	1,41	500	×
A 3 3	1834	14672	2	16	9	±7	917	1,9	500	×
A 3 4	1804	13981	2	15,5	8,75	±6,75	902	3,11	500	○
A 3 5	1816	16800	2	18,5	10,25	±8,25	908	1,54	500	×

Probenbezeichnung	P_u kg	P_o kg	σ_u kg/mm²	σ_o kg/mm²	σ_m kg/mm²	σ_a kg/mm²	F mm²	N 10⁶ Perioden	n /min	gebrochen × nicht gebrochen ○
A 5 1	2968	26712	2	18	10	±8	1484	2,1	500	○
A 5 1	2968	37100	2	25	13,5	±11,5	1484	0,076	500	×
A 5 2	2070	20700	2	20	11	±9	1035	1,51	500	×
A 5 3	2066	22726	2	22	12	±10	1033	0,52	500	×
A 5 4	2072	19700	2	19	10,5	±8,5	1036	0,35	500	×
A 5 5	2066	18600	2	18	10	±8	1033	0,76	500	×

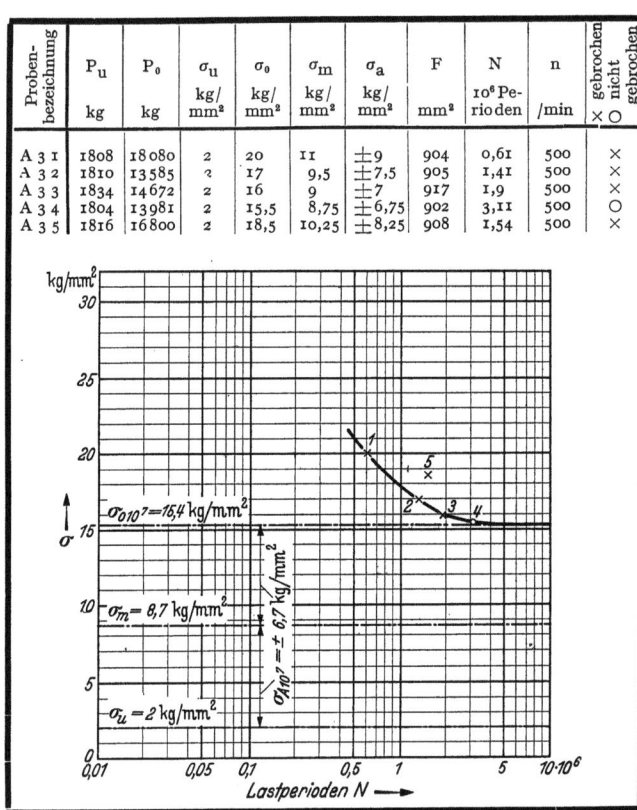

Bild 4. Reihe A 3.

Bild 6. Reihe A 5.

Probenbezeichnung	P_u kg	P_o kg	σ_u kg/mm²	σ_o kg/mm²	σ_m kg/mm²	σ_a kg/mm²	F mm²	N 10⁶ Perioden	n /min	gebrochen ×
A 4 1	2084	29200	2	28	15	±13	1042	0,06	500	×
A 4 2	2084	26500	2	25,4	13,7	±11,7	1042	0,27	500	×
A 4 3	2090	25707	2	24,6	13,3	±11,3	1045	1,44	500	×
A 4 4	2072	24864	2	24	13	±11	1036	2,28	500	×

Probenbezeichnung	P_u kg	P_o kg	σ_u kg/mm²	σ_o kg/mm²	σ_m kg/mm²	σ_a kg/mm²	F mm²	N 10⁶ Perioden	n /min	gebrochen × nicht gebrochen ○
B 3 1	1812	20838	2	23	12,5	±10,5	906	0,81	375	×
B 3 2	1840	19780	2	21,5	10,75	±8,75	920	2,08	375	×
B 3 3	1830	18480	2	21,0	11,5	±9,5	915	0,63	375	×
B 3 4	1818	18180	2	20,0	11,0	±9	909	0,31	375	×
B 3 5	1822	16850	2	18,5	10,25	±8,25	911	3,2	375	○

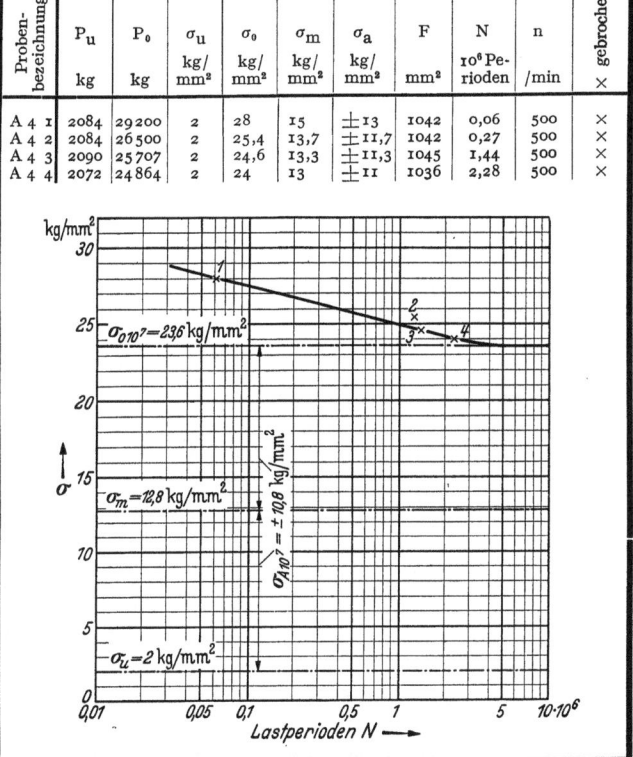

Bild 5. Reihe A 4.

Bild 7. Reihe B 3.

sich aus dem Verlauf der Kurven mit hinreichender Sicherheit extrapolieren.

Die Ergebnisse der einzelnen Versuchsreihen sind durchweg in Form von Wöhlerschaubildern dargestellt (Bild 2—14). Aus diesen Schaubildern lassen sich alle Werte für die Dauerfestigkeit entnehmen. Für den vorliegenden Bericht wurde die in den Arbeitsblättern des Fachausschusses für Maschinenelemente und im Werkstoffhandbuch Stahl und Eisen gewählte Schreibweise für die Dauerfestigkeit benutzt, die als kennzeichnenden Wert den einer Mittelspannung überlagerten Spannungsausschlag σ_A ansieht. Sie lautet:

$$\sigma_D = \sigma_m \pm \sigma_A .$$

Proben-bezeichnung	P_u kg	P_o kg	σ_u kg/mm²	σ_o kg/mm²	σ_m kg/mm²	σ_w kg/mm²	F mm²	N 10⁶ Perioden	n /min	gebrochen ×	nicht gebrochen ○
B 5 1	2084	24000	2	23	12,5	±10,5	1042	1,92	500	×	
B 5 2	2100	26225	2	25	13,5	±11,5	1050	0,1	665	×	
B 5 3	2084	25000	2	24	13	±11	1042	0,35	665	×	
B 5 4	2088	24550	2	23,5	12,75	±10,75	1044	0,25	665	×	
B 5 5	2094	23780	2	22,5	12,25	±10,25	1047	0,38	500	×	

Proben-bezeichnung	P_u kg	P_o kg	σ_u kg/mm²	σ_o kg/mm²	σ_m kg/mm²	σ_a kg/mm²	F mm²	N 10⁶ Perioden	n /min	gebrochen ×	nicht gebrochen ○
C 5 1	2076	21800	2	21	11,5	±9,5	1038	0,34	500	×	
C 5 2	2074	20222	2	19,5	10,75	±8,75	1037	0,82	625	×	
C 5 3	2066	19111	2	18,5	10,25	±7,25	1037	1,02	500	×	
C 5 4	2060	18000	2	17,5	9,75	±7,75	1030	1,25	500	×	
C 5 5	2060	17300	2	16,8	9,4	±7,4	1030	1,94	500	×	

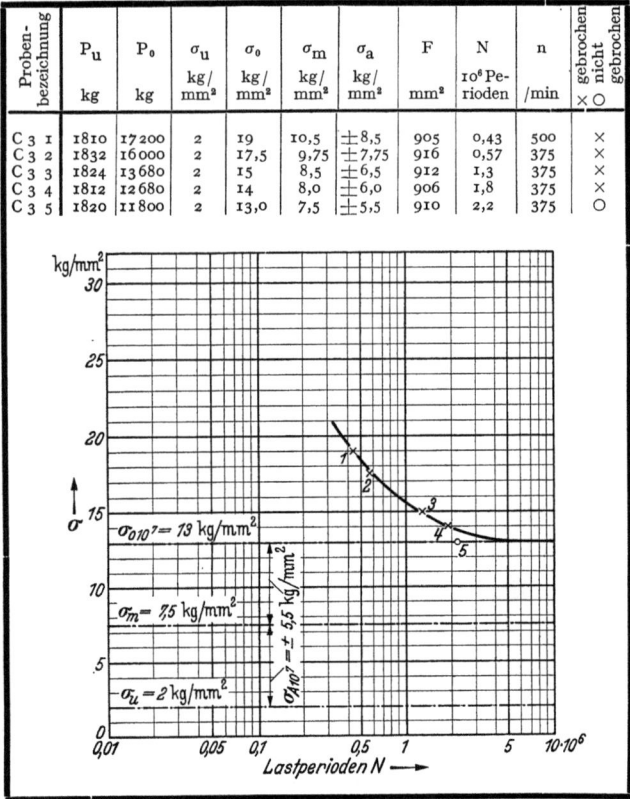

Bild 8. Reihe B 5.

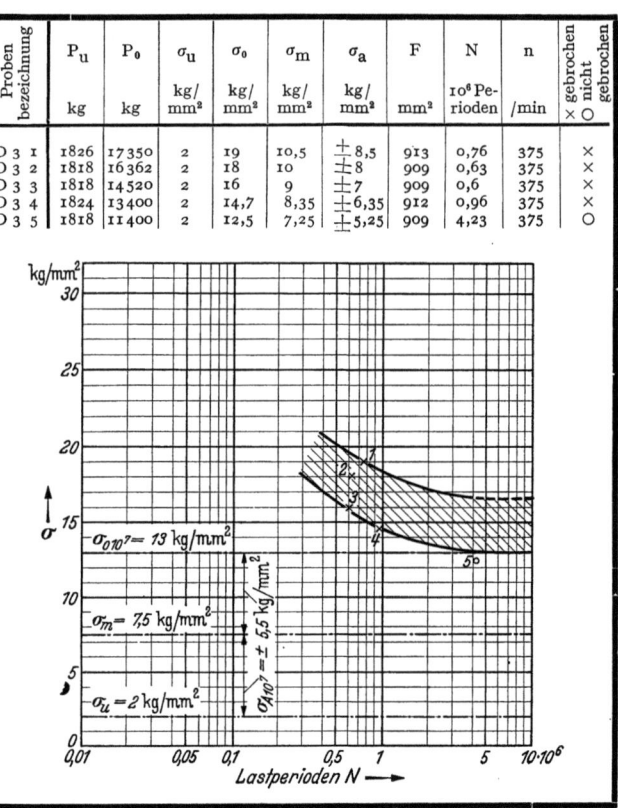

Bild 10. Reihe C 5.

Proben-bezeichnung	P_u kg	P_o kg	σ_u kg/mm²	σ_o kg/mm²	σ_m kg/mm²	σ_a kg/mm²	F mm²	N 10⁶ Perioden	n /min	gebrochen ×	nicht gebrochen ○
C 3 1	1810	17200	2	19	10,5	±8,5	905	0,43	500	×	
C 3 2	1832	16000	2	17,5	9,75	±7,75	916	0,57	375	×	
C 3 3	1824	13680	2	15	8,5	±6,5	912	1,3	375	×	
C 3 4	1812	12680	2	14	8,0	±6,0	906	1,8	375	×	
C 3 5	1820	11800	2	13,0	7,5	±5,5	910	2,2	375		○

Proben-bezeichnung	P_u kg	P_o kg	σ_u kg/mm²	σ_o kg/mm²	σ_m kg/mm²	σ_a kg/mm²	F mm²	N 10⁶ Perioden	n /min	gebrochen ×	nicht gebrochen ○
D 3 1	1826	17350	2	19	10,5	±8,5	913	0,76	375	×	
D 3 2	1818	16362	2	18	10	±8	909	0,63	375	×	
D 3 3	1818	14520	2	16	9	±7	909	0,6	375	×	
D 3 4	1824	13400	2	14,7	8,35	±6,35	912	0,96	375	×	
D 3 5	1818	11400	2	12,5	7,25	±5,25	909	4,23	375		○

Bild 9. Reihe C 3.

Bild 11. Reihe D 3.

Proben-bezeichnung	P_u kg	P_o kg	σ_u kg/mm²	σ_o kg/mm²	σ_m kg/mm²	σ_a kg/mm²	F mm²	N 10⁶ Perioden	n /min	gebrochen ×	nicht gebrochen ○
D 5 1	2076	22800	2	22	12	±10	1038	0,24	665	×	
D 5 2	2066	19110	2	18,5	10,25	±8,25	1033	2,2	665		○
D 5 3	2060	20600	2	20,0	11	±9	1030	0,54	500	×	
D 5 4	2056	19530	2	19,0	10,5	±8,5	1028	0,88	500	×	
D 5 5	2066	19300	2	18,7	10,35	±8,35	1033	0,63	500	×	

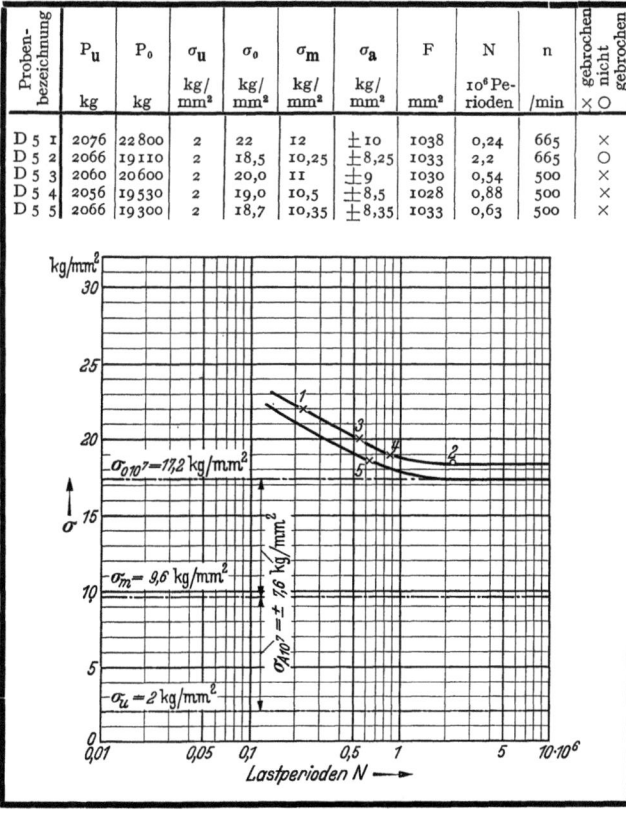

Bild 12. Reihe D 5.

Proben-bezeichnung	P_u kg	P_o kg	σ_u kg/mm²	σ_o kg/mm²	σ_m kg/mm²	σ_a kg/mm²	F mm²	N 10⁶ Perioden	n /min	gebrochen ×	nicht gebrochen ○
E 5 1	1850	19425	2	21	11,5	±9,5	925	0,267	500	×	
E 5 2	1840	17480	2	19	10,5	±8,5	920	2,567	500	×	
E 5 3	1930	19300	2	20	11	±9	964	0,59	500	×	
E 5 4	1930	18800	2	19,5	10,75	±8,75	964	2,1	500		○
E 5 5	1850	18300	2	19,8	10,9	±8,9	925	1,18	500	×	

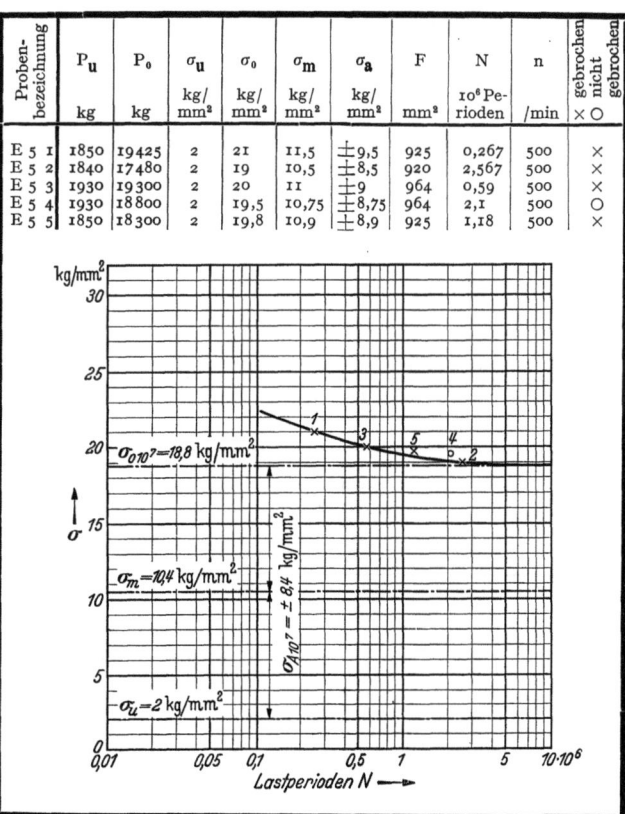

Bild 14. Reihe 5 E.

Proben-bezeichnung	P_u kg	P_o kg	σ_u kg/mm²	σ_o kg/mm²	σ_m kg/mm²	σ_a kg/mm²	F mm²	N 10⁶ Perioden	n /min	gebrochen ×	nicht gebrochen ○
E 3 1	1724	14630	2	17	9,5	±7,5	862	2,08	375		○
E 3 2	1702	17870	2	21	11,5	±9,5	851	2,0	375	×	
E 3 2	1702	25530	2	30	16	±14	851	0,05	375	×	
E 3 3	1144	15450	2	27	14,5	±12,5	572	0,33	375	×	
E 3 4	1144	14600	2	25,5	13,75	±11,75	572	0,43	375	×	
E 3 5	1144	12900	2	22,5	12,25	±10,25	572	0,48	375	×	

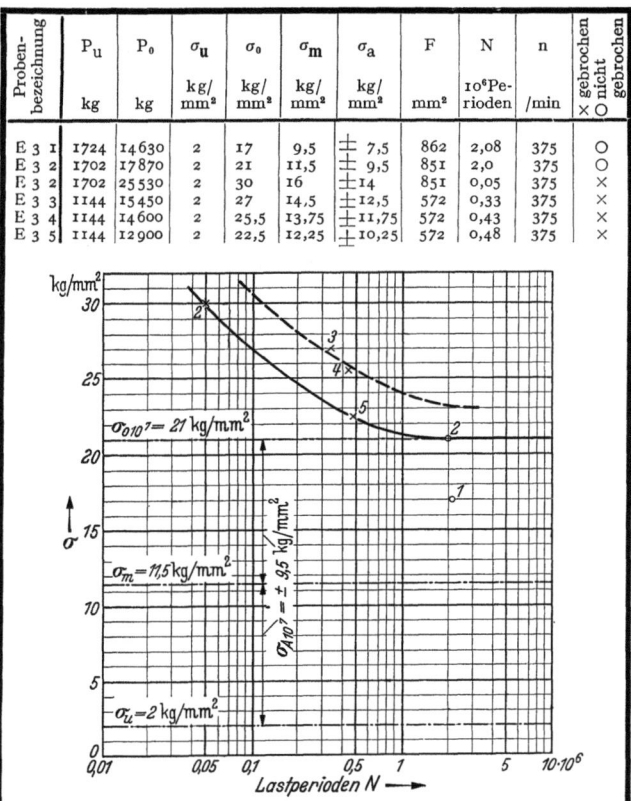

Bild 13. Reihe E 3.

Darin ist:
$$\sigma_m = \frac{\sigma_o + \sigma_u}{2} \text{ und } \sigma_A = \pm \frac{\sigma_o - \sigma_u}{2}.$$

Maßgebend für die Wahl dieser Schreibweise war vor allem die Tatsache, daß bei Kenntnis des Wertes von σ_A alle anderen Werte für die Dauerfestigkeit mit guter Annäherung leicht ermittelt werden können, da sich der Ausschlag der Dauerfestigkeit mit zu- oder abnehmender Mittelspannung in dem Gebiet $\sigma_o = \sigma_u$ bis $\sigma_o = \sigma_S$ nur verhältnismäßig wenig ändert.

Die Ursprungsfestigkeit (Schwellfestigkeit) ergibt sich bei Versuchen, die mit $\sigma_u = 2$ kg/mm² durchgeführt werden, aus dem Spannungsausschlag etwa zu

$$\sigma_U = 2\,\sigma_A.$$

Dieser Wert wurde bei den Ergebnissen der einzelnen Versuchsreihen mit aufgeführt.

Die Lastperiodenzahl, bis zu welcher der für die Dauerfestigkeit angegebene Wert gültig ist, ist als Indexzahl zu den Bezeichnungen hinzugesetzt. Es ist also $\sigma_{A\,10\cdot 10^6}$ der Spannungsausschlag der Dauerfestigkeit für eine Grenzperiodenzahl von 10 Millionen.

Als Verhältnis der Spannungsausschläge des ungeschweißten zum geschweißten Werkstoff ergibt sich die Kerbwirkungszahl:

$$\beta_k = \frac{\sigma_A \text{ ungeschweißt}}{\sigma_A \text{ geschweißt}},$$

die in der Zusammenfassung mit angegeben ist.

Versuchsergebnisse

Zur besseren Übersicht sind die Ergebnisse der Versuche in folgender Zahlentafel zusammengestellt (s. S. 64).

Der Vergleich der Ergebnisse zeigt, daß von den drei geprüften Nachbehandlungsverfahren, bei denen die Schweißnaht unbearbeitet bleibt, das Hämmern der warmen Naht als einzige Maßnahme bei den Versuchen eine eindeutige, beachtliche Verbesserung der Festigkeit zeigte.

Die Glühbehandlung bei 650° hatte bei den dicken Proben keine Steigerung der Festigkeit, bei den dünnen Proben sogar eine nicht unerhebliche Herabsetzung derselben zur Folge. Dabei ist, wie ein Blick auf Bild 11 lehrt, gerade die Kurve der Reihe C 3 durch fünf Punkte ohne jede Streuung einwandfrei belegt. Wollte man also annehmen, daß der schlechte Erfolg des Glühens

Reihe Nr.	Blech- stärke mm	Art der Schweißung	Art der Nach- behandlung	Spannungs- ausschlag der Dauer- festigkeit σ_A kg/mm²	Kerb- wirkungs- zahl β_k	Unterschied durch Nach- behandlung gegenüber den Reihen A 3 bzw. A 5
A 1	15	nicht ge- schweißt	nicht nach- behandelt	±11,5	—	—
A 2	15	V-Naht	do.	±5,5	2,1	—
A 3	15	V-Naht, Wurzel nach- geschweißt	do.	±6,7	rd. 1,7	—
A 4	30	nicht ge- schweißt	do.	±10,8	—	—
A 5	30	X-Naht mit Gv 3-Draht geschweißt	do.	±7,2	1,5	—
B 3	15	wie A 3	Naht warm gehämmert	±8,2	1,4	+22%
B 5	30	wie A 5	do.	±9,2	rd. 1,2	+28%
C 3	15	wie A 3	bei 650° ½ Std. lang geglüht und im Ofen ab- gekühlt	+5,5	2,1	—18%
C 5	30	wie A 5	do.	±7,0	rd. 1,5	—2%
D 3	15	wie A 3	bei 920° ½ Std. lang geglüht	±5,5	2,1	—18%
D 5	30	wie A 5	do.	±7,7	1,4	+7%
E 3	15	wie A 3	wie D 3; Schweißnaht in Stabachs- richtung über- schliffen	±9,5	rd. 1,2	+42%
E 5	30	wie A 5	do.	±8,4	rd. 1,3	+17%

bei 650° eine Folge von Schweißnahtunregelmäßigkeiten ist, dann müßte folgerichtig vermutet werden, daß alle Proben Fehlerstellen aufweisen, welche in genau gleicher Weise festigkeitsmindernd waren. Dies ist nicht sehr wahrscheinlich. Daß sich die dicken Proben als haltbarer erwiesen, ist eher dadurch zu erklären, daß unter Um- ständen bei diesen günstigere Abkühlungsverhältnisse vorlagen. Vielleicht ist der Unterschied auch auf nicht ganz gleiche Glühtemperaturen zurückzuführen.

Besonders mit Rücksicht darauf, daß die für der- artige Versuche bestimmten Proben bezüglich der Schwei- ßung üblicherweise mit großer Sorgfalt hergestellt werden, scheinen diese Ergebnisse für den praktischen Betrieb be- sonders bedeutungsvoll zu sein. Selbstverständlich wird durch die angewendete Glühbehandlung ein Teil der viel- leicht vorhandenen, inneren Spannungen ausgeglichen werden. Im übrigen zeigt jedoch das Ergebnis, daß bei dem geprüften Stahl und der vorliegenden Art der Schwei- ßung durch eine in der beschriebenen Art durchgeführte Glühbehandlung bei 650° eine Steigerung der Festigkeit an sich zum mindesten nicht immer stattfindet, weshalb diese Art der Wärmebehandlung nur bedingt zu empfehlen sein dürfte.

Die Glühbehandlung bei 920° zeigt auf den ersten Blick zunächst ein zwiespältiges Bild. Die dünnen Proben weisen den gleichen Festigkeitsabfall auf, wie die Proben der vorigen Reihe. Bei den 30 mm-Blechen jedoch brachte die Nachbehandlung eine Steigerung der Haltbarkeit von 7%. Im Gegensatz zur Reihe C 3 weist die Reihe D 3 der 15 mm-Bleche starke Streuungen auf, so daß die bei der Reihe C 3 nicht anzunehmenden Schweiß- unregelmäßigkeiten bei der Reihe D 3 zur Erklärung des sonderbaren Ergebnisses herangezogen werden können.

Vergleicht man ferner die Ergebnisse der Versuchs- gruppe E (Staboberfläche in Längsrichtung überschliffen) mit denen der Gruppe D, so fällt bei den 15 mm-Blechen der besonders hohe Festigkeitsgewinn auf. Müßte an- genommen werden, daß das schlechte Ergebnis der Reihe D 3 auf die bei beiden Versuchsgruppen gleichartige Glühbehandlung zurückzuführen ist, so wäre dieses be- sonders günstige Ergebnis nicht recht zu verstehen. Das Fehlergebnis der Reihe D 3 dürfte also wohl auf Schweiß- unregelmäßigkeiten zurückzuführen sein.

Die bei Gruppe E gefundenen Werte bestätigen die auch bei anderen Versuchen immer wieder gefundene Tatsache, daß sich durch entsprechende Bearbeitung die Festigkeit einer Schweißnaht wesentlich heraufsetzen läßt.

Zusammenfassend ergeben sich aus der Untersuchung folgende Feststellungen:

1. Neben dem Überschleifen verspricht das Hämmern der warmen Naht den besten Erfolg.
2. Auch eine entsprechende Glühbehandlung bei 920° läßt eine Erhöhung der Dauerfestigkeit erwarten.
3. Eine Glühbehandlung bei 650°, wenn sie in der gleichen Weise, wie bei den geprüften Stäben vorgenommen wird, braucht nicht immer erfolgreich zu sein.

Über die Abhängigkeit von Nahtbeschaffenheit und mechanischen Eigenschaften [1]

Von Professor Dr.-Ing. G. Bierett,
Fachabteilung Stahlbau des Staatlichen Materialprüfungsamts Berlin-Dahlem

Ehe die durch den zweiten Vierjahresplan gegebene Weisung der Rohstoffeinsparung auf eine besondere Förderung der Schweißtechnik drängte, waren alle wesentlichen Probleme der Schweißtechnik durch den Metallurgen, Physiker, Chemiker, Konstrukteur und Betriebsmann bereits in Angriff genommen und sogar wichtige Fragen bereits zu einem gewissen Abschluß gebracht worden. Zu nennen sind hier besonders die metallurgischen Erkenntnisse, die zu einer außerordentlichen Vervollkommnung in wenigen Jahren geführt haben, die Lösung konstruktiver Probleme und die recht weitgehenden Erkenntnisse über Schrumpfwirkungen.

Nahtbeschaffenheit und Dauerfestigkeit

Im Vordergrund der öffentlichen Beachtung hat die Frage der zweckmäßigen Durchbildung stark und häufig wechselnd beanspruchter Teile gestanden. Für den Fachmann können die Hauptfragen als geklärt angesehen werden; auch in der Praxis haben diese Erkenntnisse weitgehend Eingang gefunden. Es ist hierbei nicht zu verschweigen, daß einerseits sehr häufig noch Verstöße in wichtigen Punkten festzustellen sind, daß aber andererseits eine schematische, jedoch nicht technisch bedingte Anlehnung an Versuchsergebnisse zu unnötigen Verteuerungen und manchen Schwierigkeiten geführt hat.

[1] Nach einem Bericht auf der Vortragsveranstaltung der Deutschen Gesellschaft für Elektroschweißung am 21. Mai 1937 in Berlin. Elektroschweißung **8** (1937), S. 148—152.

Die Entwicklung der schweißgerechten Formgebung für die verschiedensten Anwendungsgebiete ist im einzelnen vielfach und ausführlich im Schrifttum erörtert. Gemeinsame Bedeutung für alle Anwendungsgebiete haben die Feststellungen über die Wichtigkeit der Formgebung im einzelnen, d. h. über Anordnung der Nähte, Nahtart und Ausführung. Auch hierüber ist ein ausführliches Schrifttum vorhanden, so daß ich mich auf einige grundsätzliche Festigkeitsbemerkungen zu einigen Punkten beschränken kann, über die noch Unklarheit zu herrschen scheint.

Im allgemeinen ist man gewöhnt, zwischen Stumpfnähten und Kehlnähten zu unterscheiden. Bei der Festigkeitsbeurteilung unterscheidet man besser nach der Beanspruchung:

1. Nähte quer durch Normalkräfte beansprucht,
2. Nähte längs durch Normalkräfte beansprucht,
3. Nähte auf Schub beansprucht,

wobei praktisch in der Regel zusammengesetzte Beanspruchungen auftreten, oft jedoch so, daß *eine* Beanspruchungsart von vornherein als ausschlaggebend anzusehen ist.

Eine solche Trennung erleichtert die Wahl der Nahtart, trägt in sich die hinsichtlich der Güte an die Naht zu stellenden Anforderungen und ermöglicht überhaupt erst eine Beurteilung der Bedeutung der praktischen Unzulänglichkeiten hinsichtlich Verschweißung, Einbrandkerben, Einschlüsse usw.

Die aus Versuchen gewonnene Erkenntnis, daß das Verhalten jeder Naht nicht allein durch die Größe der Beanspruchung, sondern durch die Beanspruchungsart gegeben ist, weist zwingend darauf hin, Unterschiede zu machen. Die Durchsetzung dieses Gedankens in der Praxis entspricht dem in der Technik allgemein befolgten Grundsatz, das absolut Vollkommene mit den unausbleiblichen Mehrkosten nur da anzuwenden, wo es wirklich notwendig ist und wo nur dadurch im ganzen eine technische Verbesserung und die notwendige Güte erreicht wird.

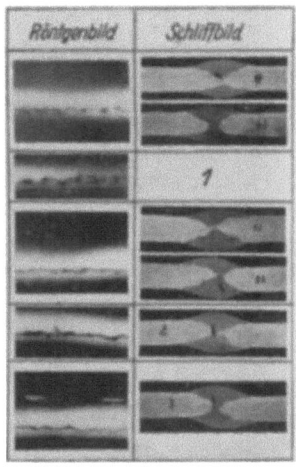

Abb. 1. Röntgenbilder und Schliffbilder fehlerhafter Schweißungen

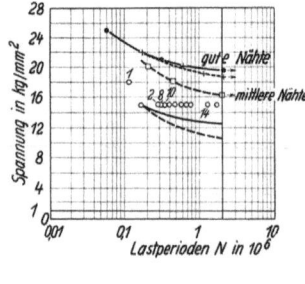

Abb. 2. Ergebnisse von Dauerzugversuchen mit fehlerhaft geschweißten Stäben

Eine besondere Beachtung ist der Beschaffenheit aller *querbeanspruchten Nähte* zu widmen. Hier sind hinsichtlich Verschweißung, Einschlüsse und Einbrandkerben scharfe Anforderungen zu stellen. Besonders fehlerempfindlich ist die Stumpfnaht und die reine Stirnkehlnaht. Abb. 1 und 2 zeigen die Auswirkung von groben Schweißfehlern in Stumpfnähten, wie Wurzelfehler, grobe Schlackeneinschlüsse usw., auf die Dauerfestigkeit, wobei in Abb. 2 die Wöhler-Linien für die mangelhaftesten Proben dem Verlauf nach auf Grund des Verlaufs der Linien für gute und mittlere Nähte geschätzt sind. Die Fehlerempfindlichkeit der Stumpfnaht ist die Ursache, daß diese Nahtform im Bauwesen für sich allein nicht so allgemein angewendet wird, wie man sonst erwarten könnte.

Die ausschlaggebende Bedeutung kerbenfreier Nahtansätze bei Querbeanspruchung ist durch zahlreiche Versuche erwiesen.

Durch *Normalkräfte längsbeanspruchte Nähte* sind gegen längsverlaufende Schweißfehler am weitesten unempfindlich; selbst die Anwesenheit offener Fugen zwischen verschweißten Teilen, wie z. B. bei T-förmigen Querschnitten, ist unbedenklich. Dagegen sind bei Längsnähten Rißbildungen quer zur Nahtrichtung besonders gefährlich, außerdem ist auf Vermeidung von starken Spannungsstörungen, die durch unvermittelte Elektroden-Ansatzstellen u. dgl. gegeben sind, zu achten.

Abb. 3 zeigt den häufig beobachteten Ausgang von Dauerbrüchen in Versuchsträgern an Elektrodenansatzstellen.

Stumpfnähte und Kehlnähte können bei Längsbeanspruchung als gleichwertig angesehen werden.

Schwieriger zu beurteilen sind die *auf Schub beanspruchten Nähte*. Bei kurzen Anschlußnähten wird man vor allem hinsichtlich der Verschweißung sicherheitshalber große Anforderungen stellen, obwohl tatsächlich in der Regel die Gefahren nicht in der Naht, sondern in den angeschlossenen Querschnitten an den Nahtenden liegen. Langdurchlaufende Schubnähte können als verhältnismäßig unempfindlich gegenüber Unterschieden der Nahtform, nicht zu groben Schweißfehlern und Einbrandkerben angesehen werden. Querrisse und besonders unvermittelte äußere oder innere Unregelmäßigkeiten dürfen jedoch nicht auftreten.

Der Ersatz von längsbeanspruchten Kehlnähten oder langen Schubkehlnähten durch Stumpfnähte ist nach heutigen Erkenntnissen nur mit Rücksicht auf das Dauerfestigkeitsverhalten allein im allgemeinen nicht geboten. Ersetzt man aus anderen Gründen, z. B. aus

Abb. 3. Dauerbrüche in den Halsnähten von Trägern an Elektrodenansatzstellen

Rücksicht auf die Schrumpfwirkungen, vorwiegend längsbeanspruchte Kehlnähte durch Stumpfnähte, so ist das Wesentliche für die Festigkeitsbeurteilung derartiger Stumpfnähte nach wie vor der Umstand, daß die Nähte hauptsächlich längsbeansprucht sind. Güteanforderungen und Prüfung müssen sich danach richten. Zum Beweis hierfür kann angeführt werden, daß Träger bei Verwendung von Breitflachstählen und von Nasenprofilen im Dauerbiegeversuch hohe Festigkeitswerte erreichen, die den zulässigen Beanspruchungen für St 37 bei weitem genügen. Die Frage, ob bei den höheren zulässigen Beanspruchungen für St 52 die Breitflachstähle hinsichtlich der Dauerfestigkeit nicht geringer zu bewerten sind als Sonderprofile, hat mehr akademischen Wert, da die Erkenntnisse über Schrumpfwirkungen und Aufhärtungen den von der Praxis zunächst aus anderen Erwägungen eingeschlagenen Weg bei der Schaffung von Sonderprofilen als richtig erwiesen hat.

Während hinsichtlich der Dauerfestigkeitsfrage jeder Fachmann, der sich der Mühe unterzieht, das deutsche Schrifttum zu studieren, genügend Aufschlüsse erhalten kann, sind die Ansichten und Erkenntnisse über Schrumpfwirkungen weit weniger abgeklärt. Dieses Problem überschneidet sich überdies bei der Schweißung festerer Stähle stark mit der metallurgischen Frage, woraus die größten Schwierigkeiten bei der Erfassung der Materie erwachsen.

Schweißnahtrißempfindlichkeit

Werkstofflich gesehen sehen wir hierbei als ein Haupterfordernis an, daß Grundwerkstoff, Schweißdraht und Schweißbedingungen so aufeinander abgestellt sind, daß keine Risse bei der Schweißung entstehen. Alle bekanntgewordenen Erscheinungen über Schweißnahtempfindlichkeit weisen darauf hin, daß man bei der Entwicklung den Festigkeits- und Formänderungseigenschaften der Naht bei hohen Temperaturen, den Vermischungsvorgängen zwischen geschmolzenem Schweißgut und Grundwerkstoff und den strukturellen Verhältnissen des Gefüges, wie Korngröße, Kristallausbildung und Kristallanordnung, große Aufmerksamkeit schenken muß. Nicht unerheblich sind m. E. außerdem auch mechanische Gesichtspunkte, wie z. B. die Nahtform. Als feststehend kann gelten, daß die Formänderungsfähigkeit bei Raumtemperatur keine Beziehung zur Nahtrißempfindlichkeit hat. Im übrigen ist zu dieser Frage recht wenig Exaktes bekanntgeworden, so daß bis zur weiteren Abklärung empirische Prüfungen auf Nahtrissigkeit, wie sie z. B. von der Reichsbahn und von Werken vorgenommen werden, genügen müssen.

Neben dieser Nahtrissigkeit verdient besondere Beachtung die

Rißgefahr infolge Bildung harter Übergangszonen

Diese steht ebenso wie die Nahtrissigkeit in unmittelbarem Zusammenhang mit den Schrumpfungen und Schrumpfspannungen.

Von besonderer Bedeutung ist hierbei die Breite der Erhitzungszone. Unmittelbar davon abhängig ist die Größe der Nahtlängsspannungen, und zwar haben schmale Erhitzungszonen hohe, breitere Erhitzungszonen geringere Spannungen zur Folge. (Im umgekehrten Verhältnis dazu stehen die Verwerfungen und im allgemeinen auch die Reaktionsdruckspannungen, die den Nahtzugspannungen gegenüberstehen.) Abb. 4 gibt eine schematische Darstellung des Zusammenhanges zwischen Erhitzungszone, dargestellt in den Temperaturkurven t, der Streckgrenze, der plastischen Stauchung und den sich ausbildenden Längsspannungen.

Rücksichten auf die Querspannungen geben grundsätzlich Veranlassung, die Schweißbedingungen bei der Lichtbogenschweißung — also Elektrodenart, Drahtdurchmesser, Lagenzahl, Lagenanordnung und Schweißfolge — so zu wählen, daß nur schmale Erhitzungszonen auftreten. Andererseits zeigen gelegentliche schlechte Erfahrungen bei zu schmalen Erhitzungszonen bei der Lichtbogenschweißung und gute Erfahrungen bei Anwendung der Gasschmelzschweißung, die mit wesentlich breiteren Erhitzungszonen arbeitet, daß man auch bei der Lichtbogenschweißung nicht schematisch vorgehen darf. Wir wissen heute, daß die Breite der Erhitzungs-

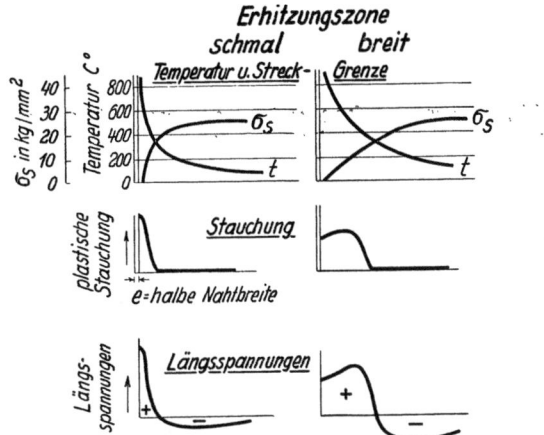

Abb. 4. Bedeutung der Breite der Erhitzungszone für die Ausbildung der Schweißspannungen in Nahtrichtung
Temperatur-, Stauchungs- und Spannungsverhältnisse

zone infolge jeder Lage in einem gesunden Verhältnis zur Dicke der verbundenen Teile stehen muß.

Besondere Bedeutung haben diese Wärmebedingungen bei der Schweißung festerer Stähle, d. h. höher gekohlter und legierter Stähle, die der Härtungsgefahr unterliegen. Bei der Wahl der zweckmäßigen Erwärmungszonen durch Anwendung entsprechender Schweißbedingungen müssen hierbei zunächst die Rücksichten auf Verwerfung, Querverspannung und sonstiges zurücktreten gegenüber den Erfordernissen zur Erzielung gesunder werkstofflicher Eigenschaften der Nahtzonen.

Die **mechanischen Eigenschaften der Nahtzonen** kommen besonders zur Auswirkung bei Beanspruchung etwa in Längsrichtung der Nähte. Da bei der Beanspruchung die Querschnitte eben oder annähernd eben bleiben, unterliegen derartige Teile der Bedingung eines gleichen oder eines linear verlaufenden Formänderungszustandes. Damit ist die Spannungsverteilung über den Querschnitt aus dem Spannungsformänderungsgesetz der einzelnen Zonen gegeben. Abb. 5 veranschaulicht diesen Zusammenhang auf Grund von angenommenen Spannungsformänderungslinien für Grundwerkstoff und Schweißgut und zweier Linien für ein sehr ungünstiges und ein verhältnismäßig günstiges Übergangsgefüge. Weder der Werkstoff, noch das Schweißgut bestimmt den Bruch, sondern die Zone mit geringster Formänderung; sie wird ausschlaggebend für die Ausnutzung des Werkstoffes hinsichtlich Festigkeit und Formänderungsvermögen.

Bei harten, spröden Übergangszonen besteht die Gefahr, daß der erste Anbruch bei größerer Bean-

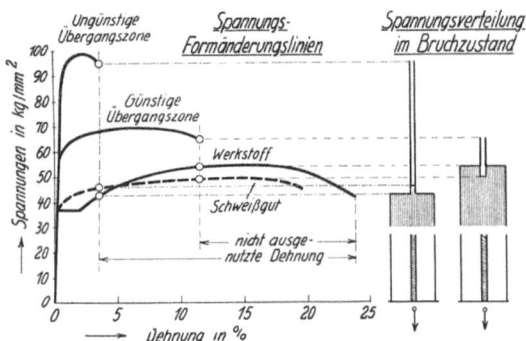

Abb. 5. Zusammenhang zwischen Beanspruchung und Formänderung in Schweißnahtzonen bei Beanspruchung in Nahtrichtung

spruchung zum vollen Durchbruch führt, jedenfalls sind solche Zonen infolge großer Kerbempfindlichkeit besonders gefährdet. Bei günstigeren mechanischen Eigenschaften der Übergangszonen braucht der erste Anbruch noch nicht den vollen Durchbruch zur Folge haben, die Kerbempfindlichkeit ist geringer. Für die Sicherheitsfrage ist dieser Umstand nicht unbedeutend. Es konnte z. B. beobachtet werden, daß bei statisch auf Zugfestigkeit untersuchten Verbindungen mit Längsnähten aus Schweißgut recht geringen Dehnungsvermögens grobe Risse wesentlich unterhalb der Höchstlast auftraten, ohne daß diese Anbrüche sofort zum Durchbruch führten (Abb. 6). Wahrscheinlich lagen hier recht günstige Bedingungen in den Übergangszonen vor.

Zur Prüfung der Eignung verschiedener Stahltypen werden für die Reichsbahn zur Zeit Untersuchungen

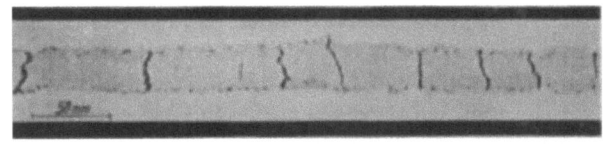

Abb. 6. Schweißnahtzone eines Stabes mit Längsnaht nach dem statischen Zugversuch
Stabquerschnitt 220 × 40 mm². Wenig dehnungsfähiges Schweißgut. Schliff parallel zur Nahtoberfläche

ausgeführt, bei denen die mechanischen Eigenschaften der Nahtzonen durch Zug- und Biegeversuche mit längsverlaufenden Schweißraupen untersucht werden (Abb. 7). Es handelt sich hier zunächst um einen Versuch, die maßgebenden Eigenschaften der Nahtzonen wie Gefügeausbildung, Härte und Formänderungsfähigkeit durch einen einfachen technologischen Versuch zu erfassen. Neben der Ausscheidung besonders ungeeigneter Werk-

stoffe befolgt diese Untersuchung den Zweck, auch den großen Einfluß der Schweißbedingungen auf die sich ergebenden werkstofflichen Eigenschaften der Nahtzonen klarzustellen. Die zunächst vorgesehenen Arbeitsbedingungen sind ungünstig besonders bei den dicken Proben insofern, als eine verhältnismäßig dünne Schweißlage eingeschweißt wird. Die praktischen Verhältnisse liegen in der Regel günstiger, immerhin trifft man auch praktisch bisweilen ähnlich ungünstige Verhältnisse an,

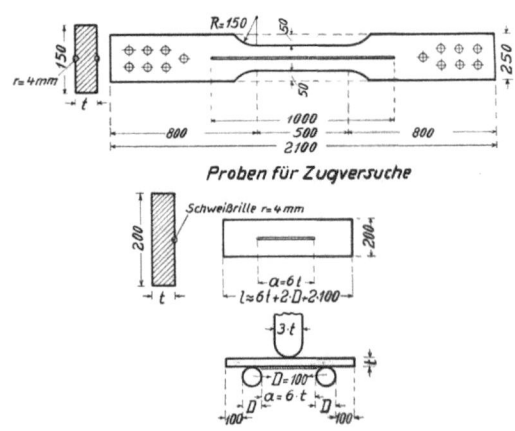

Abb. 7. Probekörper für Versuche zum Eignungsnachweis für St 52 für die Schweißung[1]

wenn dünne Nähte zum Anschluß leichterer Teile auf dickere Teile ohne besondere Wärmemaßnahmen aufgelegt oder Ausbesserungsschweißungen am kalten Teil vorgenommen werden. Der Versuch ist m. E. jedoch noch nicht reif zur allgemeinen Anwendung bei Abnahmen. Vielmehr wird man ihn für die dem Normalfall entsprechenden Schweißbedingungen entwickeln und dann aber auch die Schweißbedingungen entsprechend durch Vorschriften festlegen müssen.

Die Anbrüche gehen bei solchen Proben nicht vom Schweißgut aus, sondern, wie die Bruchstruktur unmittelbar und der Härteverlauf mittelbar erkennen lassen, von den Übergangszonen (Abb. 8). Man erkennt aus solchen Untersuchungen am klarsten, daß *beim ge-*

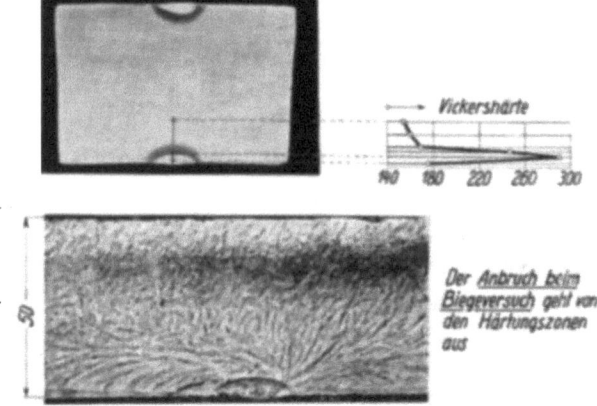

Abb. 8. Aufhärtung von St 52 größerer Dicke beim Einbringen dünner Schweißlagen

[1] Nicht endgültig.

schweißten Teil nie die Eigenschaften des Werkstoffes und des Schweißgutes für sich betrachtet werden dürfen, sondern die Schweißung als Mehrstoffverbindung zu behandeln ist. Man gelangt auch nur so zu einer technisch richtigen Bewertung der Schweißdrähte.

Die Aufhärtungsgefahr liegt vor allem beim Schweißen am kalten Teil vor, d. h. besonders bei den Wurzellagen. Die weiteren Lagen ermäßigen die Aufhärtung wieder

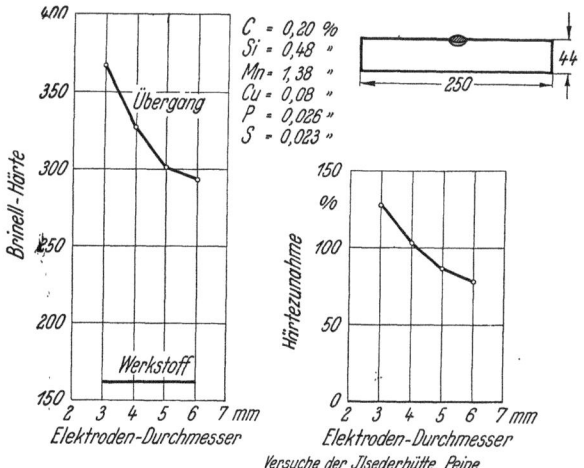

Abb. 9. Härte der Übergangszone bei verschiedenen Elektrodendurchmessern

stark, leider können dann aber bereits Schädigungen in Gestalt von Rissen eingetreten sein. Auch trifft man noch häufig an dickeren Teilen dünne Nähte an, die mit dünnen Drähten geschweißt worden sind. Deshalb muß jede Naht und jede Lage mit der geringstmöglichen Aufhärtung durch geeignete Grundwerkstoffe, Schweißdrähte und Schweißbedingungen eingebracht werden.

Die **Vermeidung der Härtungsgefahr** ist auf verschiedenen Wegen möglich. Welchen wir gehen, ist nicht allein eine technische Frage, sondern wird von der deutschen Rohstofflage mitbestimmt.

Die Deutsche Reichsbahn hat zunächst zur Herabsetzung der vorliegenden Gefahren den Kohlenstoff in St 52 auf 0,2% beschränkt und auch eine Grenze für die Legierungszusätze vorgeschrieben (Mn $\leq$ 1,2%; Si $\leq$ 0,5%; Cu $\leq$ 0,55%, dazu entweder 0,4% Cr oder weitere 0,3% Mn oder 0,2% Mo). Wir dürfen jedoch in den jetzt geltenden Bedingungen keinen Abschluß sehen, sondern müssen für die künftige Entwicklung im Auge behalten, daß auch höher gekohlte Stähle oder anders legierte Stähle mit geeigneten Schweißbedingungen gut schweißbar sind. Als wesentliche Hilfsmittel zur Schweißung derartiger Stähle sind geeignete Wärmebedingungen und geeignete Elektroden anzusehen.

Die Wärmebedingungen sind bereits stark durch die Größe des Drahtdurchmessers zu regeln; dünne Drähte mit entsprechend schmalen Erhitzungszonen können bei der zur Zeit gebräuchlichen Zusammensetzung bei massigen Teilen Aufhärtungen bis 400 (Brinell oder Vickers) verursachen, während größere auf die Materialdicke abgestellte Durchmesser nur wesentlich geringere Aufhärtungen hervorrufen. Abb. 9 zeigt das Ergebnis der Untersuchung über den Einfluß des Drahtdurchmessers auf die Aufhärtung für einen St 52 neuer Zusammensetzung, aus der die Bedeutung der Schweißbedingungen für die sich bildenden werkstofflichen Verhältnisse klar hervorgeht.

In gleicher Linie liegt die Anwendung von Vorwärmungen, im ganzen oder örtlich. Mit Vorwärmungen auf 100, 200° oder mehr wird man auch stark zu Härtung neigende Stähle schweißen können. Es müßte hierbei aber seitens der Werkstatt Gewähr dafür gegeben werden, daß diese Vorwärmung dann auch bei der Herstellung der *nebensächlichsten* Naht vorgenommen wird. Hierin liegt wohl ein Haupthindernis für die allgemeine praktische Durchsetzung. Immerhin muß die deutsche Praxis in dem Bestreben zur Einsparung von teuren Fremdstoffen auch diese Möglichkeit stark beachten und praktisch durchzusetzen versuchen.

Die nachträgliche Beseitigung der Härtung durch normalisierendes Glühen wie im Druckbehälterbau ist im allgemeinen nicht angängig. Jedoch bietet auch bereits die eher anwendbare Spannungsfreiglühung im Ganzen oder durch streifenweise Glühbehandlung anscheinend schon erhebliche Vorteile. Die Gefährdung bei Anwesenheit härterer Übergangszonen liegt ja nicht in den mechanischen Eigenschaften allein, sondern offenbar auch in der Anwesenheit recht erheblicher Schweißspannungen. Ein Abbau der Schweißspannungen in derartigen Zonen hoher Festigkeit kann nach allgemeinen Erkenntnissen kaum in Frage kommen, im Gegenteil, sie müßten eher *„spannungssammelnd"* bei Einsetzen der Plastizität der weicheren Teile wirken[1]).

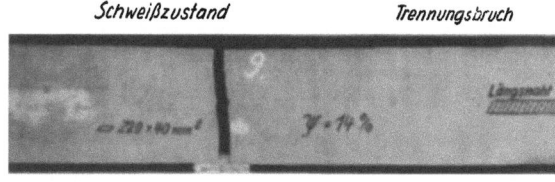

Abb. 10. Einfluß des Spannungsfreiglühens auf die Bruchform von Zugstäben aus St 52 mit Längsnähten

Die Längsnaht ist auf dem oberen Stab angedeutet. Die Querschnittsverminderung von $\psi = 14\%$ bei dem nicht spannungsfrei geglühten Stab ist vor allem eine gleichmäßige Kontraktion über die ganze Länge, während der spannungsfrei geglühte Stab eine starke örtliche Einschnürung zeigt

---

[1]) Der oft erörterten Erscheinung des „Eigenspannungsabbaues" wird man wohl auch einen „Eigenspannungsanstieg" gegenüberstellen müssen. Man veranschaulicht sich die mechanischen Verhältnisse am besten folgendermaßen: Eine weiche plastische Masse, etwa Blei, in die ein harter Faden, z. B. eine Stahlsaite, eingebettet ist, wird in der Richtung der Stahlseite gezogen und gereckt. Nach Entlastung bleiben in der Stahlsaite (Härtungszone) Zugeigenspannungen entsprechend dem vorausgegangenen Reckgrad zurück, während im Blei (weichere Teile der Nahtzonen) Druckspannungen bzw. Verminderung von anfänglichen Zugeigenspannungen auftreten.

Aus einer größeren Zahl durchgeführter Versuche glaube ich schließen zu können, daß bereits die Beseitigung der Schweißspannungen die größten, durch etwaige Härtung gegebenen Gefahren beseitigt. Bei Vergleichsversuchen mit Proben im Schweißzustand und im spannungsfrei geglühten Zustand konnte eine bemerkenswerte Änderung der Bruchform festgestellt werden (Abb. 10). Einmal verhältnismäßig spröde Brüche infolge von Trennungsbrüchen in den Nahtzonen bei teilweise stark ermäßigter Festigkeit, dagegen im spannungsfreien Zustand, also ohne Änderung des Werkstoffes an sich, gut ausgebildete Gleitbrüche mit bemerkenswertem Einschnürvermögen und voller Festigkeitsausnutzung. Die Beseitigung der Schweißspannungen allein, ohne nachweisbare Änderungen des Gefügezustandes, scheint somit bei festeren Stählen bereits recht erhebliche Auswirkungen zu haben.

Man erkennt aus all diesen Ausführungen die starke Abhängigkeit der Eigenschaften des fertigen Teiles sowohl von den Grundwerkstoffen wie auch von den Arbeitsbedingungen. Grundwerkstoffe, d. h. Walzstahl und Schweißdrähte, mit besonders guten Eigenschaften müssen auch mit entsprechend hochwertigen Arbeitsbedingungen verarbeitet werden, wenn ihre Anwendung nicht nutzlos werden soll. *Andererseits lassen sich durch Verbesserung der Arbeitsverfahren bei einfacheren Werkstoffen im geschweißten Teil im ganzen bessere Eigenschaften erreichen als bei Verwendung hochwertiger Werkstoffe und nicht zweckmäßiger Arbeitsbedingungen.* Gerade diesen Punkt sollte der deutsche Ingenieur heute besonders im Auge haben.

Der Güte der vom Werkstoff abhängigen mechanischen Eigenschaften muß die konstruktive Formgebung im Großen und die Beschaffenheit der Naht im Einzelnen entsprechen. Scharfe Anforderungen da, wo Beanspruchungsgröße und Beanspruchungsart es verlangen, sinngemäße Erleichterungen dort, wo es im Rahmen der Erkenntnisse statthaft ist. Freilich verlangt eine derartige Bewertung vertieftes Wissen und erhöhte Verantwortungsfreude. Jedoch sind das die für das Gesamtgebiet der Technik geltenden Voraussetzungen, mit denen allein die heutigen Aufgaben der deutschen Wirtschaft gelöst werden können.

Prüfung der Schweißempfindlichkeit des Baustahls St 52 an Biegeproben mit Längsraupen[1].

Von Prof. Dr.-Ing. G. Bierett und Dipl.-Ing. W. Stein,
Fachabteilung Stahlbau des Staatlichen Materialprüfungsamts Berlin-Dahlem.

Vereinzelte Schadensfälle und Schwierigkeiten beim Schweißen des Baustahls St 52 führten in der letzten Zeit zu einer Beschränkung des Gehaltes an Kohlenstoff und an Legierungselementen, bei deren Anwesenheit von gewissen Anteilen ab die Gefahr einer großen Aufhärtung oder sonstiger ungünstiger Eigenschaften vorliegt oder vermutet wurde. Die Zusammensetzung war nicht auf Grund genauer Versuche oder eindeutiger Erfahrungen begrenzt worden, sondern mehr oder weniger gefühlsmäßig. Daraus ergab sich die Notwendigkeit, zur Feststellung der tatsächlichen Eignung einen Versuch zu finden, durch den die für die Sicherheit maßgebenden mechanischen Eigenschaften erfaßt werden.

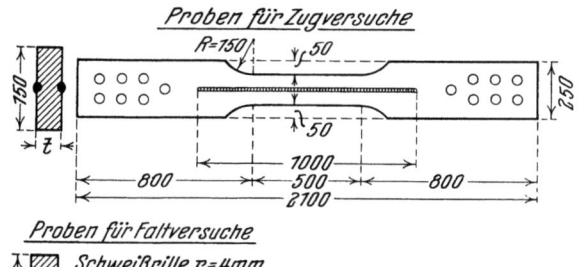
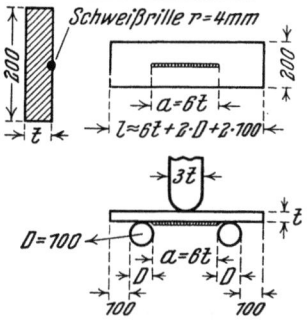

Abbildung 1. Zug- und Biegeprobe mit aufgeschweißter Längsraupe zur Untersuchung der Schweißempfindlichkeit des Stahles St 52.

Auf Anregung des Staatlichen Materialprüfungsamtes Berlin-Dahlem sah die Deutsche Reichsbahn zunächst Biegeversuche mit Proben vor, die in der Längszone auf der gezogenen Seite eine Schweißraupe trugen. In Ergänzung dazu wurden Zugversuche mit dickeren Stäben vorgeschlagen, die ebenfalls mit Längsschweißraupen versehen waren *(vgl. Abb. 1)*. Der Gedankengang, der zu dieser Probe führte, war folgender. Bei Mehrstoffverbindungen, zu denen auch jede Schweißung gehört, kann bei gewissen Beanspruchungen das Formänderungsvermögen der am wenigsten formänderungsfähigen Zonen das Festigkeitsverhalten des Körpers bestimmen. Ein solcher Zusammenhang besteht dann, wenn die Zonen geringen Formänderungsvermögens zwangsläufig infolge ihrer Anordnung die Formänderungen der formänderungsfähigen Zonen mitmachen müssen. Dieser Fall liegt praktisch sehr häufig vor, und zwar bei Nahtverbindungen, in denen die größten Kräfte oder wesentliche Kräfte in Richtung der Nähte wirken *(vgl. Abb. 2)*. Da die Querschnitte bei der Beanspruchung eben oder annähernd eben bleiben, unterliegen derartige Teile der Bedingung eines gleichen oder eines linear verlaufenden Formänderungszustandes. Damit ist die Spannungsverteilung über den Querschnitt aus dem Spannungsformänderungsgesetz der einzelnen Zonen gegeben. Weder der Werkstoff noch das Schweißgut bestimmen

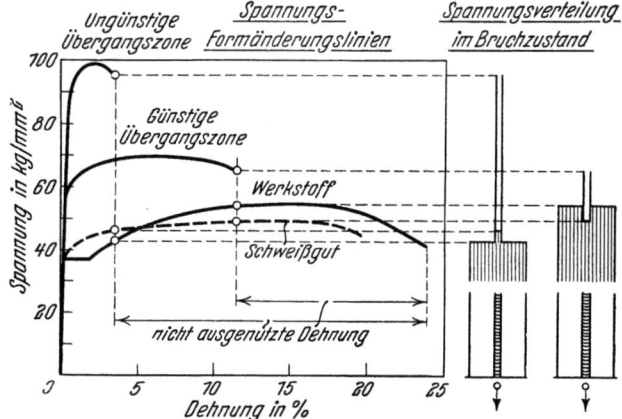

Abbildung 2. Uebersicht über die Spannungsverteilung in einer längsbeanspruchten Schweißnahtverbindung bei verschiedenem Formänderungsverhalten der Uebergangszone.

den Bruch, sondern die Zone mit der geringsten Formänderung; sie ist für die Ausnutzung von Festigkeit und Formänderungsvermögen des Werkstoffes ausschlaggebend.

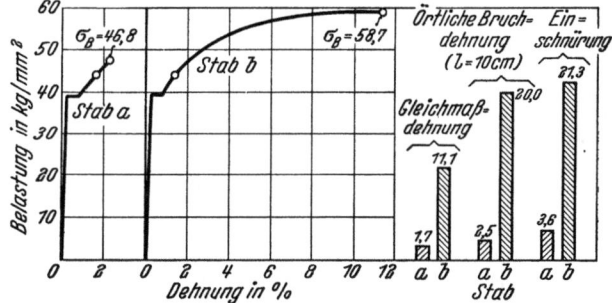

Abbildung 3. Spannungs-Dehnungs-Linien von Zerreißproben aus Stahl St 52 mit eingeschweißter Längsnaht. (Probendicke 40 mm.)

Bedeutung hat die Frage der Härtung und Formänderungsfähigkeit unmittelbar für große statische Beanspruchungen, bei denen es nicht ausgeschlossen ist, daß in Ausnahmefällen merkliche plastische Verformungen eintreten können. Die allgemeine Bedeutung liegt jedoch darin, daß übermäßige Härtungen auf jeden Fall unerwünscht sind, weil die Rißgefahr beim Schweißen und die Kerbempfindlichkeit mit der Härtung wachsen.

Verschiedentlich ist der Einwand erhoben worden, daß die vorgesehenen Versuche zu hart seien und den betrieblichen Beanspruchungen nicht entsprächen, weil nur eine dünne Schweißlage eingetragen werde und die Härtung dadurch zu stark sei. Es muß zugegeben werden, daß die Betriebsverhältnisse in der Regel günstiger sind. Man trifft jedoch zuweilen auch praktisch ähnliche Bedingungen an, wenn dünne Drähte zum Anschluß leichterer

---

[1] Bericht Nr. 417 des Werkstoffausschusses des Vereins Deutscher Eisenhüttenleute, erstattet auf der gemeinsamen Sitzung des Unterausschusses für Schweißbarkeit mit der Arbeitsgruppe „Schweißen hochfester Stähle" beim Verein deutscher Ingenieure am 10. September 1937. Stahl u. Eisen 58 (1938) Heft 16, S. 427/31.

Teile auf dicke Teile ohne besondere Wärmemaßnahmen aufgelegt oder Ausbesserungsschweißungen am kalten Teil vorgenommen werden. Bezeichnend hierfür ist das Ergebnis von zwei Parallelversuchen aus einer größeren Versuchsreihe, bei denen der eine längsgeschweißte Zugstab eine hohe Zugfestigkeit bei gutem Formänderungsvermögen, der zweite Stab praktisch gar keine Formänderungsfähigkeit bei stark verminderter Zugfestigkeit hatte (*Abb. 3*). Die Nachuntersuchung dieses Versagers ergab eine große Aufhärtung durch eine dünnlagige Ausbesserung der Walzoberfläche (*Abb. 4*), die äußerlich nicht erkennbar war. Wenn solche Dinge sogar bei Versuchsstäben vorkommen, muß man noch mehr im Betrieb damit rechnen. Es soll nicht behauptet werden, daß nur der Werkstoff allein alle Sicherheit gegen derartige Schädigungen geben muß; auch der Schweißausführung kommt eine erhebliche Bedeutung in dieser Hinsicht zu. Bei Versuchen zur Feststellung der Eignung eines Stahles wird man anderseits auch nicht zu leichte Bedingungen wählen, die praktisch vielleicht häufig erfüllt werden, im Versuch jedoch kein klares Bild geben und selbst das Ungeeignete noch als geeignet erscheinen lassen.

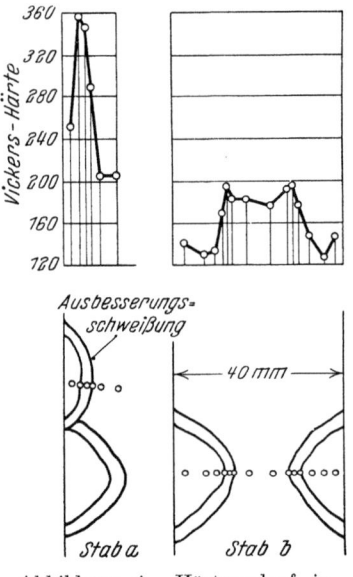

Abbildung 4. Härteverlauf in der Nahtzone bei den in Abb. 3 angegebenen Zerreißstäben.

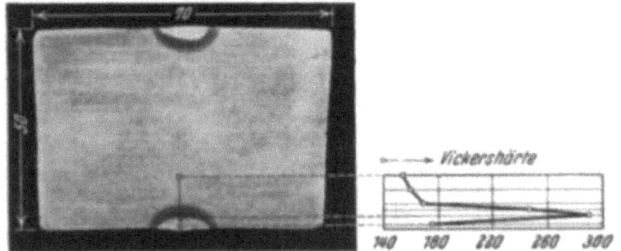

Abbildung 5. Härteaufnahme in der Uebergangszone beim Aufbringen dünner Schweißlagen auf St 52 größeren Querschnitts.

Zunächst war darum die einlagige Einschmelzung einer 5 mm dicken Elektrode in eine halbkreisförmige Rille vorgesehen, um den Schweißgutanteil in gewissen Grenzen festzulegen. Uebermäßig scharf ist die Bedingung nicht, wie die später aufgenommenen Härtebilder der Nahtzonen gegenüber solchen aus Bauschweißungen ergaben. Im allgemeinen kann man ja auch von besonders scharfen Prüfbedingungen nur reden, wenn man stillschweigend voraussetzt, daß die Beurteilung der Ergebnisse unsachgemäß erfolgen wird. Die größte Härte tritt in der Uebergangszone auf (*Abb. 5*). Hier erfolgen auch die Anbrüche (*Abb. 6*). Der Zustand der Nahtoberfläche muß also für das Verhalten unwesentlich sein. Auch der Festigkeit und Dehnung des Schweißgutes — für sich betrachtet — kann nicht die Bedeutung zukommen, die ihr häufig noch beigemessen wird. Härte und Formänderungsfähigkeit der Uebergangszone sind nicht Eigenschaften, die allein durch den Grundwerkstoff und den Schweißdraht bestimmt werden, sondern weitgehend durch die Wärmebedingungen. Schon die Größe des Drahtdurchmessers ist hierfür sehr wesentlich (*vgl. Abb. 7*). Ein 4 mm dicker Draht kann noch ungeeignete, ein 5 mm dicker dagegen bereits wesentlich günstigere Bedingungen ergeben.

Die Formänderungsfähigkeit von Baustahl St 52 nimmt mit steigender Härte schnell ab (*Abb. 8*). Die Untersuchung an einem verschieden stark abgeschreckten Baustahl der Mangan-Silizium-Art ergab bei einer Härte von 400 Brinelleinheiten fast keine Formänderungsfähigkeit mehr, bei einer Härte von 300 Einheiten dagegen eine Bruchdehnung von etwa 10%. Stellt man also die Forderung auf, daß mindestens eine Bruchdehnung von 10%

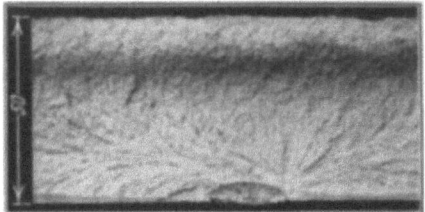

Der Anbruch geht von den Härtungszonen aus.

Abbildung 6. Bruchbild einer Biegeprobe aus Stahl St 52 mit aufgeschweißter Längsnaht.

vorhanden sein muß, so sind der Stahl und die Schweißbedingungen so zu wählen, daß auch im ungünstigsten Fall keine größere Härtung eintreten kann.

Mit 50 und 30 mm dicken Stäben aus verschiedenen Stählen, deren Zusammensetzung *Zahlentafel 1* angibt,

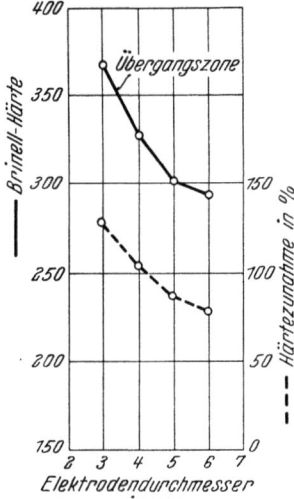

Abbildung 7. Härte der Uebergangszone an Proben aus Stahl St 52 mit aufgeschweißter Längsnaht beim Schweißen mit Elektroden verschiedenen Durchmessers.

Härte des Grundwerkstoffes 162 BE; Zusammensetzung des Grundwerkstoffes: 0,20% C, 0,48% Si, 1,38% Mn, 0,026% P, 0,023% S und 0,08% Cu; Probenquerschnitt 250 × 44 mm². Versuche der Ilseder Hütte, Peine.

wurden Biegeversuche durchgeführt, deren Einzelergebnisse — Biegewinkel beim ersten Anriß und Bruchdehnung auf 1 cm Meßlänge — aus *Abb. 9* ersichtlich sind. Die Proben mit unbearbeiteter Raupe und mit abgeschliffener Raupe ergaben keine kennzeichnenden Unterschiede, so daß die

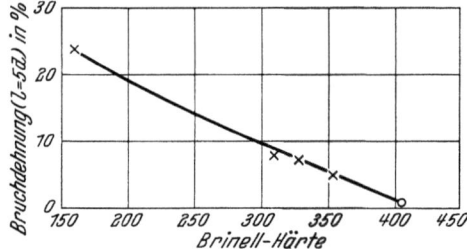

Abbildung 8. Zusammenhang zwischen Brinellhärte und Dehnung bei einem gehärteten Stahl St 52 (Mangan-Silizium-Stahl).

Ergebnisse gemeinsam verwendet worden sind. In allen Fällen wurden Manteldrähte von 5 mm Dmr. benutzt. Mit Ausnahme der Stähle A 1, A 2 und F, die zuviel Kohlenstoff enthalten, entsprach die Zusammensetzung des Grundwerkstoffes den heutigen Lieferbedingungen der Deutschen Reichsbahn[2]); die vorgeschriebenen Streckgrenzenwerte

---

[2]) Drucksache Nr. 918 156 (Jan. 1937) der Deutschen Reichsbahn.

Zahlentafel 1. Chemische Zusammensetzung und Festigkeitseigenschaften der geprüften Stähle. (Werksanalysen.)

Stahl Nr.	C %	Si %	Mn %	P %	S %	Cu %	Cr %	Mo %	Probe[1])	Streckgrenze kg/mm²	Zugfestigkeit kg/mm²	Dehnung (l = 5 d)	Einschnürung %	Biegewinkel[2]) Grad
H, 5 751	0,20	0,38	1,04	0,039	0,026	0,41	0,38	—	l	34,4	60,0	26,5	56,8	> 180
									q	34,4	59,4	26,0	49,6	≪ 180
L, 285	0,19	0,29	1,10	0,033	0,022	0,40	0,46	—	l	37,1	56,7	27,2	66,0	> 180 / ≪ 180
									q	35,0	55,0	19,0	22,2	127
N, 84 382	0,19	0,49	1,18	0,026	0,020	0,44	—	0,11	l	35,9	56,4	27,2	55,4	> 180
									q	36,8	57,8	27,2	52,6	> 180
E, 318	0,185	0,44	1,19	0,029	0,022	0,49	—	—	l	34,0	56,7	26,5	62,5	~ 180
									q	32,1	54,6	23,0	36,3	68
A₁, 9 086	0,21	0,31	1,18	0,044	0,029	0,30	—	—	l	31,5	54,9	29,5	58,6	< 180
A₂, 9 117	0,25	0,21	0,92	0,047	0,044	0,24	—	—	l	30,8	55,9	29,0	51,4	> 180
G, 725	0,18	0,46	1,41	0,031	0,019	0,10	—	—	l	35,6	55,8	27,0	49,5	> 180
									q	32,5	53,3	16,0	18,1	49
K, 229 490	0,19	0,44	1,40	0,018	0,015	0,32	—	—	l	35,3	55,6	31,0	62,0	> 180
									q	33,7	54,1	24,5	43,4	< 180
M, 61 834	0,16	0,58	0,94	0,022	0,032	0,21	—	—	l	32,1	51,2	32,0	56,2	> 180
									q	33,1	51,3	29,0	56,4	> 180
F, 131	0,23	0,47	1,32	0,035	0,046	0,28	—	—	l	35,3	59,7	28,0	52,2	> 180
									q	36,0	59,4	28,8	50,1	> 180
O	0,18	0,88	0,47	—	—	0,25	—	—	—	—	—	—	—	—
B, 53 511	0,20	0,49	1,20	0,025	0,034	0,42	—	—	l	34,6	57,6	26,3	49,6	> 180
									q	34,4	56,6	25,0	26,8	85
C, 1 053	0,20	0,50	1,37	0,012	0,029	—	—	—	l	33,6	55,7	29,5	47,4	> 180
									q	32,4	54,6	23,5	33,1	70

[1]) l = Längsprobe, q = Querprobe. — [2]) < = Anrisse, ≪ = gebrochen.

wurden allerdings bei einem größeren Teil der Proben nicht erreicht. Die Einzelwerte der Biegeversuche in jeder Reihe streuen ziemlich stark. Eine Beurteilung ist also nur aus einer größeren Zahl von Proben möglich. Die Biegewinkel bei einer Probendicke von 50 mm liegen in der Regel zwischen 10 und 20°, bei einer Probendicke von 30 mm zwischen 20 und 40°. Die örtlichen Bruchdehnungen zeigen größere Unterschiede der einzelnen Werkstoffe untereinander als die Biegewinkel. Ein ungünstigeres Verhalten der in der Zusammensetzung etwas abweichenden Schmelzen A 1, A 2 und F wurde nicht festgestellt. Besonders ungünstig war

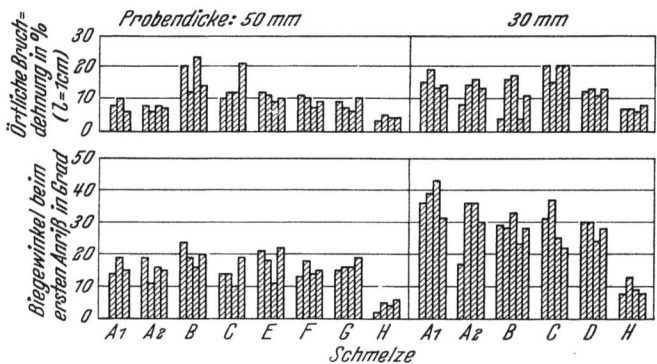

Abbildung 9. Ergebnisse von Biegeversuchen an Proben aus Stahl St 52 nach Abb. 1 mit aufgeschweißter Längsnaht.

das Verhalten der Stäbe der Schmelze H, die sich in den Einzelwerten und in den Mittelwerten ganz deutlich von allen anderen unterscheidet. Die Auftragung der Mittelwerte und der Grenzwerte in *Abb. 10* zeigt, daß man bei der heutigen Zusammensetzung für eine Probendicke von 50 mm einen Biegewinkel von 10°, ja sogar 15°, bei 30 mm Probendicke sogar von über 25° erwarten kann, wenn man von ausfallenden Einzelwerten absieht. Als ungeeignet hat sich die Schmelze H erwiesen, die vollkommen ausfällt; sie kann zumindest nicht unter den üblichen Schweißbedingungen verarbeitet werden. Die Härte der Uebergangszone

lag in der Regel bei 260 bis 290 Vickers-Einheiten. Bei den Stäben der Schmelze H wurden Härten bis zu 430 Einheiten festgestellt. Das Versagen wird somit ausreichend durch die zu große Härtung erklärt.

Die Versuche sind später durch weitere Biegeversuche mit 50 mm dicken Proben unter Verwendung einer größeren Stützweite von 700 mm ergänzt

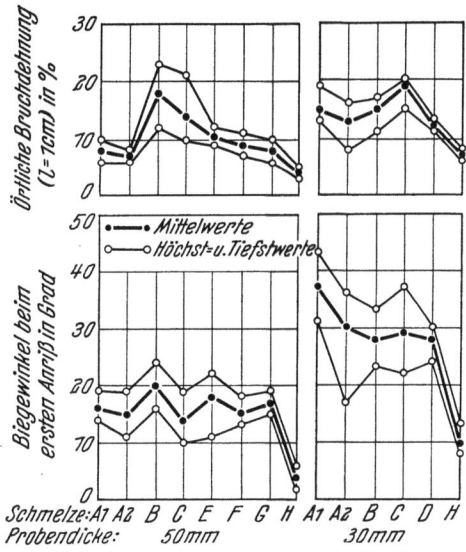

Abbildung 10. Streugrenzen und Mittelwerte der in Abb. 9 dargestellten Ergebnisse.

worden. Die Ergebnisse sind in *Abb. 11* und *Zahlentafel 1* zusammengefaßt. Bei der Bewertung der Befunde ist die unterschiedliche Probenform und Stützweite zu beachten. Die Proben von 150 × 50 mm² Querschnitt ergaben bei 700 mm Stützweite einen wesentlich größeren Biegewinkel als die Proben von 200 × 50 mm² Querschnitt bei 400 mm Stützweite, während bei den Bruchdehnungen Unterschiede gleicher Größe nicht festgestellt wurden. Es ist anzunehmen, daß die Vergrößerung der Biegewinkel teils durch die ge-

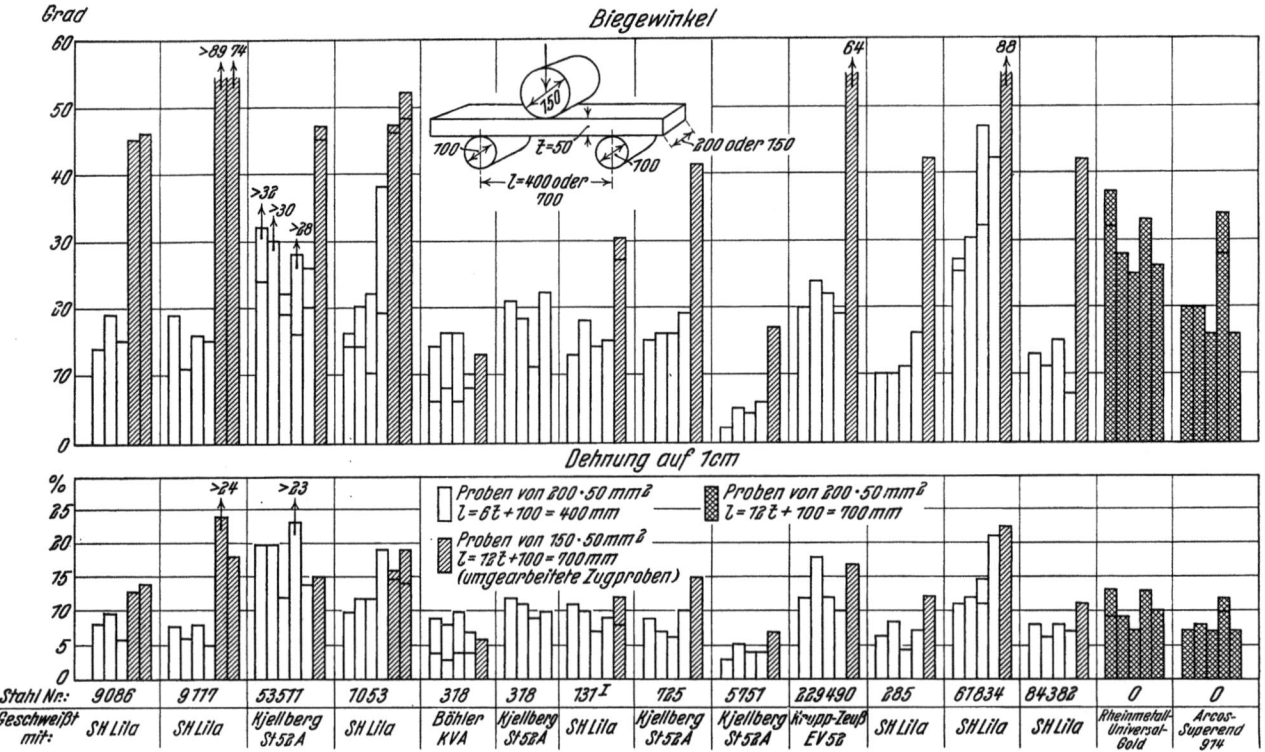

Abbildung 11. Ergebnisse der Biegeversuche mit längsgeschweißten Proben aus den Stählen nach Zahlentafel 1.
Untere Begrenzungslinien der Säulen = Biegewinkel bzw. Dehnung beim ersten Anriß, obere Begrenzungslinie der Säulen = Biegewinkel bzw. Dehnung beim Durchbruch. Bei den Säulen mit nur einer Begrenzungslinie trat der Durchbruch bei oder kurz nach dem ersten Anriß ein.

ringere Probenbreite, teils durch die Vergrößerung der Stützweite, d. h. geringere Schubspannungen, bedingt ist; eingehende Vergleichsversuche stehen allerdings noch aus. Die Versuche mit dem Stahl 0, der im Siliziumgehalt über die vorgeschriebene Grenze für St 52 hinausgeht, wurden bei 700 mm Stützweite mit 200 mm breiten Proben ausgeführt. Die Biegewinkel liegen bei beiden verwendeten Elektroden in der Größenordnung der besten mit gleicher Probenbreite bei 400 mm Stützweite erreichten Biegewinkel.

Bemerkenswert ist, daß bei einem Teil der Proben der volle Durchbruch gegenüber den ersten Anrissen in den Schweißraupen stark verzögert auftrat. Diese Erscheinung wurde auch bei Zugversuchen mit großen längsgeschweißten Stäben beobachtet. Hierfür dürften der Zustand der Uebergangszone, die größte Aufhärtung und vielleicht auch der Verlauf der Härtekurve sowie die Kerbempfindlichkeit des Stahles ausschlaggebend sein. Wieweit diese Bedingungen durch die verwendete Elektrode beeinflußt werden, läßt sich aus den vorliegenden Versuchsergebnissen noch nicht entnehmen. Auffallend ist der Unterschied im Biegewinkel zwischen dem ersten Anbruch und dem völligen Durchbruch bei den mit Seelendrähten geschweißten Proben des Stahles E, während die mit Manteldraht geschweißten Proben des gleichen Stahles und auch die Mehrzahl der anderen Manteldrahtschweißungen bei einem etwas größeren Biegewinkel ohne vorherigen Anbruch sofort durchschlagen. Für die praktische Beurteilung von Rißerscheinungen ist dieses unterschiedliche Verhalten nicht ohne Bedeutung.

Zusammenfassung.

Zur Prüfung der Schweißempfindlichkeit von Baustahl St 52 wird der Biegeversuch mit nutgeschweißten Proben vorgeschlagen, bei denen sich die Aufhärtung des Grundwerkstoffes durch das Schweißen in einer stark verringerten Formänderungsfähigkeit auswirken muß. Entsprechende Versuche zeigten, daß zur Beurteilung des Werkstoffes eine größere Probenzahl — wenigstens vier Proben — erforderlich ist. Eine Bearbeitung der Raupen ist nicht nötig. Es erscheint zweckmäßiger, die Beurteilung nach dem Biegewinkel beim ersten Anriß vorzunehmen als nach der örtlichen Bruchdehnung, deren Bestimmung sich immerhin empfiehlt. Auch der Unterschied zwischen dem Biegewinkel beim ersten Anriß und beim vollen Durchbruch sollte beachtet werden. Aufhärtung auf mehr als 300 Vickers-Einheiten beim Schweißen ist zu vermeiden. Bei 50 mm dicken Proben ist bei den Versuchen mit 400 mm Stützweite ein mittlerer Biegewinkel von 10°, sogar von 15° meistens erreicht worden, bei 30 mm dicken Proben ein solcher von mehr als 25°. Die Versuche an 50 mm dicken, jedoch schmäleren und auf größere Weite gestützten Proben ergaben wesentlich größere Biegewinkel. Grundsätzlich scheint der Biegeversuch mit nutgeschweißter Probe zur Kennzeichnung der Schweißempfindlichkeit des Stahles St 52 durchaus geeignet zu sein. Eine besonders feine Unterscheidung ist jedoch bei der untersuchten Probenform nicht zu erwarten. Die Ausführung weiterer Proben mit größeren Stützweiten in größerer Zahl und eine planmäßige Untersuchung des Breiteneinflusses muß abgewartet werden, ehe man Schlußfolgerungen für die Werkstoffabnahme zieht.

BEMERKUNGEN ZUR PRÜFUNG DER SCHWEISSRISSIGKEIT DÜNNER BLECHE IN DER EINSPANNVORRICHTUNG NACH FOCKE-WULF

Von Dr. O. Werner,
Fachabteilung Metallphysik des Staatlichen Materialprüfungsamts Berlin-Dahlem

Die bei der Azetylenschweißung dünner Bleche und Rohre zeitweilig in sehr störendem Maße aufgetretene Schweißrissigkeit kann heute praktisch als überwunden gelten.

Dieser Erfolg wurde nicht dadurch erzielt, daß man durch genaue Erforschung der Ursachen der Schweißrissigkeit in die Lage versetzt wurde, diese abzustellen, sondern vielmehr durch einige praktisch empirische Maßnahmen. Die Frage nach den eigentlichen Ursachen der Schweißrissigkeit ist in der letzten Zeit mehrfach Gegenstand eingehender Untersuchungen gewesen, ohne daß bisher eine allgemein anerkannte Erklärung für diese Erscheinung gegeben wurde [1-9].

Die erwähnten praktisch empirischen Maßnahmen bestanden erstens in einer genauen Kontrolle der Schmelzführung bei der Stahlherstellung, wobei sich die Verwendung besonders energisch wirkender Desoxydationsmittel [10] und eine tunlichst weitgehende Erhöhung der Schmelztemperatur als zweckmäßig erwiesen haben. Die zweite Maßnahme war die Einführung einer zur Feststellung der Schweißrißanfälligkeit der Stähle geeigneten Prüfeinrichtung, nicht nur auf der Verbraucherseite, d. h. bei den Flugzeugwerken, sondern vor allem auch auf der Erzeugerseite. Der Nutzen der Anwendung einer solchen Prüfeinrichtung auf der Erzeugerseite liegt darin, daß schlecht schweißbare Stähle gar nicht erst bis zum Verbraucher gelangen.

Die heute am weitesten verbreitete Vorrichtung zur Prüfung von dünnen Stahlblechen (0,5—2,5 mm) auf ihre Eignung für die Zwecke der autogenen Schweißung ist die von den Focke-Wulf-Werken entwickelte Einspannschweißvorrichtung. Das Aussehen einer solchen Vorrichtung und einer damit geschweißten Probe geht aus Bild 1 hervor. Bild 2 zeigt eine in der Einspannvorrichtung geschweißte Probe mit starker Rißbildung.

Gegen die Verwendung der Einspannvorrichtung nach Focke-Wulf sind mehrfach Einwände erhoben worden. Insbesondere beschäftigen sich F. Bollenrath und H. Cornelius (3, 4) eingehend mit der am besten geeigneten Art und Form der Einspannung. Die Verfasser weisen darauf hin, daß der bei dem verhältnismäßig ge-

Bild 1. Einspannschweißvorrichtung nach Focke-Wulf. (Nach F. Bollenrath u. H. Cornelius, Arch. f. Eisenhüttenwesen 10. (1936/37) 563—76.)

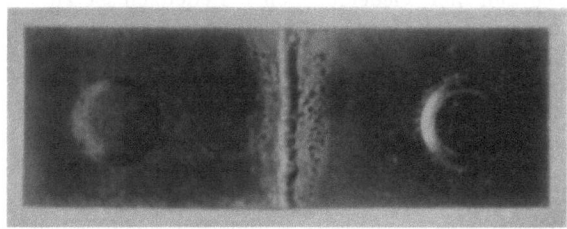

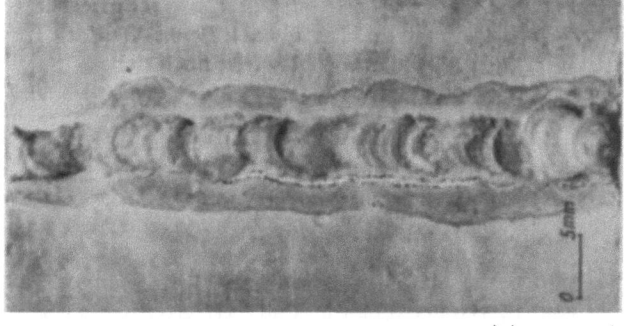

Bild 2. Schweißriß in einem Chrom-Molybdänblech.

ringen Abstand der kreisrunden Einspann-Näpfchen von der Nahtmitte (etwa 35 mm Abstand) eine über die Nahtlänge inhomogene Spannungsverteilung zu erwarten ist,

---

[1] J. Müller: Luftf.-Forschg. 11 (1934) S. 93.
[2] W. Hoffmann: Z. VDI 79 (1935) S. 1145.
[3] F. Bollenrath und H. Cornelius: Stahl u. Eisen 56 (1936) S. 565.
[4] F. Bollenrath und H. Cornelius: Arch. Eisenhüttenwes. 10 (1936/37) S. 563.
[5] O. Werner: Arch. Eisenhüttenwes. 10 (1936/37) S. 573.
[6] K. L. Zeyen: Techn. Mitt. Krupp, August 1936, S. 115.
[7] W. Eilender u. R. Pribyl: Arch. Eisenhüttenwes. 11 (1937/38) S. 443.
[8] P. Bardenhauer u. W. Bottenberg: Arch. Eisenhüttenwes. 11 (1937/38) S. 375.
[9] O. Werner: Erscheint demnächst.
[10] W. Eilender u. R. Pribyl (7): Kalzium-Silizium.

da bei der Kreisform des Näpfchens der eine Teil des Näpfchens näher zur Naht gelegen ist als die anderen Teile; daraus resultiert eine von Flächenelement zu Flächenelement sich ändernde Verteilung der Eigenspannungen.

Der inhomogene Verlauf der Eigenspannungen konnte von F. Bollenrath und H. Cornelius (4) in Modellversuchen auf spannungsoptischem Wege sichtbar gemacht werden, wobei Trolon-Platten als Modellkörper Verwendung fanden. In den folgenden Bildern 3—5 ist der Verlauf der von der Einspannvorrichtung herrührenden Eigenspannungen allein sowie mit

Bild 3.

Bild 4.

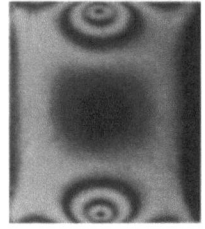

Bild 5.

Bild 3—5. Verteilung der Eigenspannungen bei der Einspannung von Trolon in der Einspannvorrichtung nach Focke-Wulf, mit überlagerten Druck- (Bild 4) und überlagerten Zugspannungen (Bild 5) (nach Bollenrath u. Cornelius. Arch. f. Eisenhüttenwesen, 10. (1936/37) 563—76).

überlagerten Zug- und Druckspannungen aus der Lage der Isochromaten zu erkennen. Auf Grund derartiger Überlegungen kamen die Verfasser zur Entwicklung einer etwas abgeänderten Einspannvorrichtung, bei der an die Stelle der runden Näpfchen geradlinige Stege getreten sind, die eine günstigere Spannungsverteilung gewährleisten sollen.

Zu den hier wiedergegebenen Bedenken ist zu sagen, daß erstens die durch die Einspannvorrichtung etwa in das Blech hineingebrachten inhomogenen Spannungen ihrer Größe nach voraussichtlich wesentlich zurücktreten werden hinter den inhomogenen Spannungen, die durch die Tatsache bedingt sind, daß die Naht über die ganze Probenbreite hinweg nicht gleichzeitig ausgefüllt wird, sondern, daß mit dem Fortschreiten der Naht von der einen Seite zur anderen eine schrittweise Wanderung der Erwärmungszone eintritt. Zweitens ist darauf hinzuweisen, daß die wesentliche Anforderung, die an eine solche Einspannvorrichtung zu stellen ist, in der Reproduzierbarkeit der damit durchgeführten Versuche liegt; diese Reproduzierbarkeit ist bei der Einspannvorrichtung nach Focke-Wulf im Rahmen der übrigen Fehlermöglichkeiten nach den bisherigen Erfahrungen durchaus gewährleistet.

Und endlich muß drittens hervorgehoben werden, daß die praktisch durchgeführten Schweißkonstruktionen, vor allem an Rohrknotenpunkten (vgl. Bild 6), unter allen Umständen eine wesentlich inhomogenere Spannungsverteilung aufweisen werden, als sie jemals in einer normalen Einspannvorrichtung auftreten können.

In Übereinstimmung mit diesen Überlegungen steht die von F. Bollenrath und H. Cornelius (4) selbst mitgeteilte Tatsache, daß praktische Schweißversuche in drei verschiedenen Einspannvorrichtungen (Focke-Wulf, Bollenrath, Gatzeck) praktisch die gleichen Ergebnisse geliefert haben.

Neben diesen qualitativen Überlegungen über die Verteilung der durch die Einspannvorrichtung und den Schweißvorgang hervorgerufenen Spannungen ist die Frage nach dem Vorzeichen und der Größe dieser Spannungen von Wichtigkeit.

Man muß unterscheiden zwischen den parallel zur Naht verlaufenden Spannungen und den senkrecht zur Naht verlaufenden Spannungen. Eine geeignete Methode zur Messung der Spannungen während der Schweißung und ihrer Verteilung parallel zur Naht ist bisher noch nicht gefunden

Bild 6. Geschweißter Rohrknotenpunkt.
(Nach W. Rethel, Luftwissen, 5. (1938) 337.)

worden. Vielleicht wird es möglich sein, mit Hilfe der Glockerschen Methode der röntgenographischen Spannungsmessung wenigstens nach vollzogener Schweißung, hierüber Aufschluß zu gewinnen.

Bild 7. Einspannrahmen von J. Müller zur Bestimmung der Längenänderungen beim Schweißen schmaler Blechstreifen.
(Nach J. Müller, Luftfahrtforsch., 11. (1934) 93.)

Der erste Versuch zur halb-quantitativen Erfassung, wenn auch nicht der Größe der Spannungen selbst, so doch der Formänderungen senkrecht zur Naht während des Schweißvorganges wurde von J. Müller (1) gemacht. Um praktisch möglichst lineare Spannungs- und Verformungsverhältnisse senkrecht zur Schweißnaht zu erhalten, arbeitete J. Müller mit sehr geringen Probenbreiten von 10 mm. Die Blechdicke betrug 1 mm.

Die Schweißungen wurden in der in Bild 7 wiedergegebenen Einspannvorrichtung vorgenommen. Die Längenänderungen wurden während und nach Beendigung des Schweißvorganges an der Meßuhr abgelesen, und zwar unter den folgenden Versuchsbedingungen:

1. wenn keinerlei äußere Kräfte auf den Stab einwirkten;
2. wenn die Ausdehnungen, nicht aber die Zusammenziehungen in der Längsrichtung des Stabes verhindert werden, die sich infolge der Wärmeeinwirkungen einstellen möchten;
3. wenn der Stab an seinen Enden, d. h. an den von der Schweißhitze nicht beeinflußten Zonen, während des Schweißens und Erkaltens möglichst fest eingespannt wird, so daß die beiden Enden sich praktisch einander nicht nähern, aber sich auch nicht voneinander entfernen können (wie dies auch in der praktischen Einspannprüfung der Fall ist). Erst nach Beendigung der Schweißung und nach dem Erkalten des Stabes wird die Einspannung gelöst und die Längenänderungen an der Meßuhr abgelesen.

Das Ergebnis der Messungen ist aus Bild 8 zu ersehen. Kurve A zeigt die Längenänderungen bei Schweißung nach 1. Die Kurve B gibt die Längenänderungen bei Schweißung nach 2. wieder, (behinderte Ausdehnung) und Kurve C zeigt

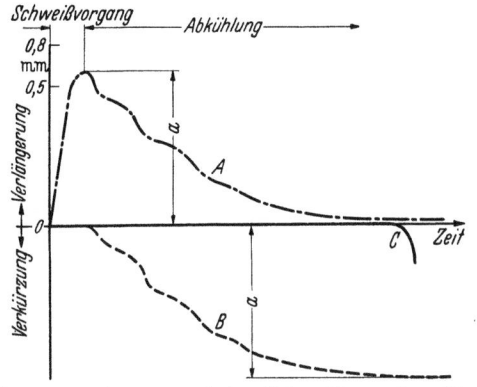

Bild 8. Längenänderungen beim Schweißen schmaler Blechstreifen, gemessen in dem Einspannrahmen nach Bild 7. (Nach J. Müller, Luftfahrtforsch., 11. (1934) 93.)

die Längenänderungen bei Schweißung nach 3. (behinderte Dehnung und Schrumpfung bis zur völligen Abkühlung). Von Bedeutung ist vor allem die Kurve B, die erkennen läßt, daß bei behinderter Dehnung während des Schweißvorganges eine Stauchung eintritt, die zu einer Verkürzung des Stabes um maximal 1 mm führen kann. Bei völliger Behinderung von Dehnung und Schrumpfung (Kurve C) wird beim Ausspannen des Stabes nach dem Erkalten noch eine Schrumpfung von 0,2 mm beobachtet, die auf die Rechnung der eben erwähnten Stauchung zu setzen ist, und während der Einspannung zunächst als elastische Spannung von dem Stabe aufgenommen wurde. Diese Verkürzung ist also ein Maß für die maximale Beanspruchung des Stabes durch die Schweißspannungen. Da Eichwerte fehlen ist eine Umrechnung der gemessenen Formänderungen im Spannungsmaß noch nicht möglich.

Die hier beobachteten Längenänderungen hängen nach den Angaben von J. Müller kaum von der besonderen Art des Werkstoffes ab (obgleich die Höhe des Kohlenstoffgehaltes zweifellos nicht ganz ohne einigen Einfluß darauf sein wird); wesentlich dagegen ist die Ausdehnung der der Wärmeeinwirkung ausgesetzten Zonen. In diesem Sinne wird sich ein Einfluß von Blechdicke, Schweißgeschwindigkeit und Flammengröße bemerkbar machen. Die Versuche lassen auch das von F. Bollenrath und H. Cornelius (4) mitgeteilte Ergebnis verständlich erscheinen, daß bei der Arcatom-Schweißung vielfach eine Verbesserung der Schweißbarkeit der Stähle beobachtet wird. Dies Ergebnis dürfte wesentlich auf die Tatsache zurückzuführen sein, daß bei der Arcatom-Schweißung eine Verringerung der Breite der Erwärmungszone um etwa 25 % gegenüber einer unter den gleichen Bedingungen ausgeführten Autogenschweißung eintritt.

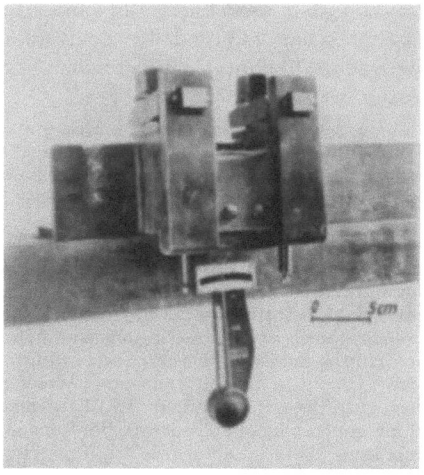

Bild 9. Messungen der Resultierenden der Querspannungen mit Huggenberger-Tensometer nach Vorschlag von G. Bierett.

Die bisher beschriebenen Versuche von F. Bollenrath-H. Cornelius und J. Müller ermöglichen wohl einen qualitativen oder auch halb quantitativen Einblick in den Mechanismus des Schweißvorganges in der Einspannvorrichtung, jedoch ist aus ihnen noch nichts zu entnehmen über die im Spannungsmaß ausgedrückte Höhe der dabei im Werkstoff auftretenden Beanspruchungen. Erst eine Kenntnis dieser Spannungen würde ein Urteil darüber ermöglichen, in welchem Zusammenhange die

Bild 10. Vorrichtung zur Eichung der in Bild 9 beschriebenen Anordnung.

Schweißbedingungen und die Schweißrissigkeit der Stähle miteinander stehen.

Es wurde daher der Versuch unternommen, durch eine geeignete Anordnung die in der Einspannvorrichtung während des Schweißvorganges und nach der Beendigung der Schweißung auftretenden Verspannungen durch Messung der Wirkung der Resultierenden der Querspannungen auf den Rahmen zu erfassen. Zu diesem Zwecke wurde nach einem Vorschlage von G. Bierett unterhalb der Einspannvorrichtung auf der Rückseite des U-förmigen Rahmens in der Mitte der Längsachse ein Huggenberger Tensometer von 50 mm Meßlänge angebracht, das die in dem Einspannrahmen während der Schweißung und der darauf folgenden Abkühlung auftretenden Formänderungen zu messen gestattete.

Die nähere Anordnung ist aus dem Bild 9 zu entnehmen. Um eine Umrechnung der von dem Huggenberger-Tensometer angezeigten Formänderungen in Spannungsmaß zu ermöglichen, wurde eine Eichung der Einrichtung in der in Bild 10 gezeigten Weise vorgenommen. In die beiden Einspannbacken wurde je ein Blechstreifen von 40 mm Breite und 4 mm Dicke so eingesetzt, daß sie etwa 2 mm über die äußeren Seitenflächen des Rahmens überstanden. Der so vorbereitete Rahmen wurde in einer Brinell-Presse belastet, wobei die Kraft, genau wie beim Schweißversuch, durch die Bleche in den Rahmen übergeleitet wurde. Die Prüfung der Tensometeranzeige erfolgte bis zu einer Prüflast von 1500 kg in Stufen von 100 zu 100 kg. Die Meßreihen zeigten gute Übereinstimmung. Im Mittel entsprach einer Kraftzunahme von 100 kg eine Zunahme der Tensometeranzeige von 4,7 Einheiten. Als Einheit wurde $1/10$ Teilstrich des Tenso-

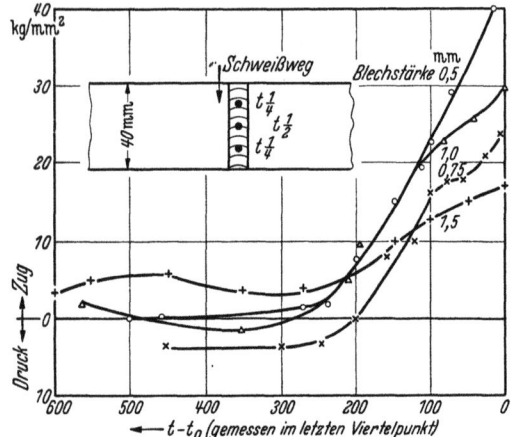

Bild 11. Änderung der Resultierenden der Querspannungen während der Abkühlung der geschweißten Probe, Einfluß der Blechstärke.

meters gewählt. Während der Schweißung wurde, um eine Verfälschung der Tensometeranzeige durch direkte Wärmestrahlung zu verhindern, der Einspannrahmen unterhalb der zu verschweißenden Bleche sowie das Tensometer selbst durch einen dicken Asbestmantel geschützt. Die Ablesung der Tensometeranzeige erfolgte durch ein in den Asbestmantel geschnittenes Fenster. Eine Abschätzung des Einflusses der Temperaturerhöhung des Rahmens auf die Tensometeranzeige, die durch die Ableitung der Schweißhitze der Bleche über die Einspannbacken in den Rahmen zustande kam, ergab, daß dieser Temperatureinfluß nur zu Anfang der Schweißarbeit, wenn der Rahmen noch kalt war, einigermaßen bemerkbar war; später, d. h. bei längerem Schweißen stellte sich ein Temperaturgleichgewicht ein. Die durch die geringe Temperaturerhöhung des Rahmens bewirkten Fehler sind nur klein und für das Gesamtergebnis unerheblich.

Die Schweißungen wurden von einem gut ausgebildeten Schweißer der Focke-Wulf-Werke vorgenommen. Während der Schweißung wurde der Azetylendruck und die Azetylenmenge mit Hilfe einer besonderen Meßvorrichtung genau einreguliert und konstant gehalten. Die Temperaturmessung erfolgte durch Aufsetzen der Lötstelle eines Thermoelementes sehr kleiner Wärmekapazität im letzten Viertelpunkt der Schweißraupe unmittelbar nach Beendigung der Schweißung. Die so gemessenen Temperaturen liegen höher als die mittleren Temperaturen der Schweißraupe, da sich ja der zu Anfang geschweißte Teil der Raupe bereits merklich abgekühlt hatte. Diese Tatsache ist bei der Beurteilung des folgenden Schaubildes zu berücksichtigen.

Das Bild 11 gibt die Höhe und die Änderung der Schrumpfspannungen während der Abkühlung der Schweißraupe in der Einspannvorrichtung wieder. Das Bild enthält nur einige wenige Ergebnisse aus einer großen Anzahl durchgeführter Messungen. Es läßt zunächst erkennen, daß ein merklicher Anstieg der Schrumpfspannungen erst nach Abkühlung der Raupe auf etwa 300° eintritt, wobei man die wahre Temperatur im Hinblick auf die eben über die Temperaturmessung gemachten Ausführungen noch merklich niedriger ansetzen kann.

Wenn man bei diesem Ergebnis sich der Tatsache erinnert, daß der Eintritt der Rißbildungen bei ausgesprochen schweißrissigen Werkstoffen bereits bei Temperaturen von 600—700° beobachtet wird (vgl. P. Bardenheuer und W. Bottenberg 8), so ist daraus der Schluß zu ziehen, daß die Einspannvorrichtung, soweit die Zugspannungen senkrecht zur Naht in Frage kommen, keinen nennenswerten Anteil an der Rißbildung haben kann, da ja die Risse bereits vorhanden sind, bevor die Schrumpfspannungen meßbar werden.

Hierbei ist freilich zu beachten, daß in vielen Fällen Werkstoffe, die an sich zur Schweißrißbildung neigen, sich rißfrei verschweißen lassen, wenn man sie ohne Einspannung verschweißt. Dies deutet zweifellos doch auf eine Mitwirkung der Einspannvorrichtung bei der Rißentstehung hin und zwar in dem Sinne, daß durch die nacheinander erfolgende Einschmelzung über die Nahtlänge mit ungleichmäßigen Querspannungen zu rechnen ist, deren Ausgleich, etwa durch eine Drehbewegung, durch die Einspannvorrichtung behindert wird. Die vorgenommene Messung sagt ja über diese Ungleichmäßigkeiten nichts aus, sondern nur etwas über deren mittlere resultierende Wirkung. Außerdem können noch parallel zur Naht verlaufende Spannungen auftreten, die sich bei der gewählten Anordnung ebenfalls der Messung entziehen. Alle diese Momente werden zweifellos dazu beitragen, bei einem zur Schweißrissigkeit neigenden Werkstoff die Rißbildung zu verstärken.

Von Belang ist ferner der aus einigen in Bild 11 wiedergegebenen Kurven erkennbare Verlauf der Spannungen bei höheren Temperaturen. Einem leichten Ansteigen der Schrumpfspannungen im Temperaturgebiet in der Nähe von 500° folgt vielfach zunächst ein Abfall der Spannungen bis auf Null (u. U. führt der Abfall sogar bis zu Druckspannungen), worauf der Spannungsanstieg erst in dem erwähnten Intervall von 300—200° eintritt. Die Ursache für diese Unregelmäßigkeit im Kurvenverlauf ist in dem den Schrumpfungen entgegenlaufenden Ausdehnungsbestreben der Bleche zu suchen, wobei je nach der Wärmeeinwirkung und den übrigen Schweißbedingungen die eine oder die andere Tendenz überwiegen kann oder beide Tendenzen sich gerade gegenseitig aufheben können. Diese Beobachtung steht in Übereinstimmung mit den eingangs besprochenen Versuchen von J. Müller, und bedeutet zweifellos, daß die Prüfung in der Einspannvorrichtung als eine verhältnismäßig milde Prüfung anzusehen ist.

Die Versuche geben ferner noch Aufschluß über den Einfluß der Blechstärke und der Schweißbedingungen auf die Höhe der entstehenden Schrumpfspannungen. Die folgende Zahlentafel 1 sowie das danach konstruierte Bild 12 sind das Ergebnis einer größeren Zahl von Schweißversuchen. Die Versuche wurden an nichtschweißrissigen Blechen durchgeführt.

Die Versuche lassen erkennen, daß die sich ausbildenden Schrumpfspannungen bei den dünnsten Blechen am größten sind. Wenn es gestattet ist, dieses Ergeb-

Zahlentafel 1. Abhängigkeit der Restspannungen von der Blechdicke.

Dicke d mm	Breite b mm	Zahl der Versuche n	Drahtverbrauch G in g	Spannung kg/mm²	G/db g/mm²
0,50	35	16	0,78	35,6	0,046
0,78	34	4	0,88	26,6	0,037
1,00	40	2	1,25	22,9	0,031
1,50	50	11	1,85	21,5	0,025

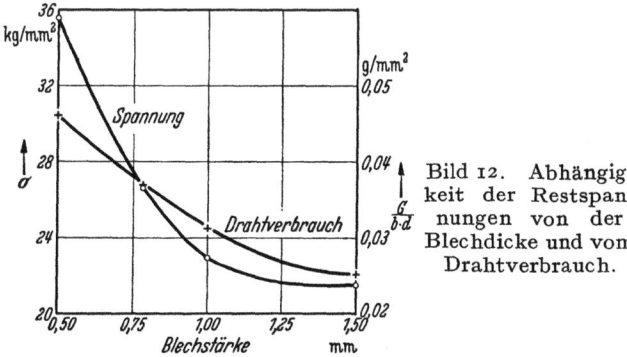

Bild 12. Abhängigkeit der Restspannungen von der Blechdicke und vom Drahtverbrauch.

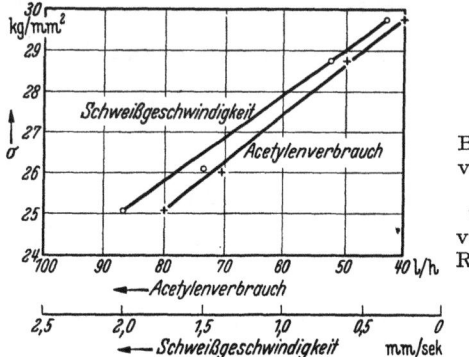

Bild 13. Einfluß von Schweißgeschwindigkeit und Azetylenverbrauch auf die Restspannungen.

nis auch auf die sich der Messung bisher entziehenden Spannungen parallel zur Naht zu übertragen, so würde es eine Bestätigung für die praktische Erfahrung darstellen, daß die Schweißrißneigung eines Werkstoffes bei geringeren Blechstärken größer ist als bei größeren Blechstärken. Bild 13 endlich zeigt den Zusammenhang zwischen Schweißgeschwindigkeit bzw. Azetylenverbrauch und Spannungen. Es würde aus den Versuchen zu folgern sein, daß eine Erhöhung der Schweißgeschwindigkeit zu einer Verminderung der Schrumpfspannungen führt. Die Versuche wurden an 1 mm-Blechen ausgeführt. Bei einem ausgesprochen schweißrißsicheren Material gelang es, selbst durch extrem langsame Schweißgeschwindigkeit nicht, Rißbildung zu erzeugen. Diese Beobachtung deutet augenscheinlich auf einen maßgebenden Einfluß des Werkstoffes selbst auf die Schweißrissigkeit.

Zusammenfassung

Faßt man die vorstehenden Betrachtungen zusammen, so ergibt sich aus ihnen, daß die Schweißversuche in der Einspannvorrichtung (beispielsweise von Focke-Wulf) geeignet sind, die an den Werkstoff im praktischen Fall zu stellenden Anforderungen nachzuahmen. Die dabei in der Einspannvorrichtung und damit auch in dem geschweißten Blech auftretenden Verspannungen konnten mit Hilfe einer geeigneten Anordnung nach Vorzeichen und Größe gemessen und in Spannungsmaß übertragen werden. Der Versuch ergab, daß die Spannungen erst bei Temperaturen zwischen 300—200° meßbar werden, d. h. in einem Temperaturbereich, in dem nach anderen Beobachtungen die Risse bereits vorhanden sind, und in denen der Werkstoff bereits eine Festigkeit besitzt, die weit höher liegt, als die auftretenden Schrumpfspannungen. Die Ursache für dies verhältnismäßig späte Sichtbarwerden der Schrumpfspannungen liegt darin begründet, daß dem an sich bei verhältnismäßig hohen Temperaturen einsetzenden Schrumpfungsbestreben der Schweißnaht ein Ausdehnungsbestreben des Werkstoffes unter der Wärmewirkung der Schweißhitze entgegenläuft, derart, daß sich diese beiden entgegengesetzten Tendenzen in den meisten Fällen gerade kompensieren, bis erst bei relativ tiefen Temperaturen das Schrumpfungsbestreben die Oberhand gewinnt. Die Verspannungen parallel zur Nahtlänge konnten bisher in keiner der vorhandenen Einspannvorrichtungen gemessen werden. Sie treten jedoch auch im praktischen Bauwerk in gleichen oder noch erhöhtem Maße auf. Die Einspannvorrichtung ist also geeignet, verschiedene Werkstoffe hinsichtlich ihrer voraussichtlichen praktischen Bewährung mit einander zu vergleichen.

Die beschriebenen Versuche ermöglichen zwar einen Vergleich der schweißtechnischen Eigenschaften verschiedener Stähle, sie geben jedoch noch keine Auskunft über die Ursachen des unterschiedlichen Verhaltens der verschiedenen Stahlsorten. Eine an anderer Stelle zu veröffentlichende metallurgische Betrachtungsweise des Problems hat ergeben, daß voraussichtlich geringe, in den Stählen je nach der Erschmelzungsart mehr oder weniger vorhandene Gehalte an Eisenoxydul und Manganoxydul oder ähnlichen leicht reduzierbaren Sauerstoffverbindungen die Ursache der besonderen Rißneigung mancher Stahlsorten sind. Schon ganz geringe Mengen an den genannten leicht reduzierbaren Oxyden (größenordnungsmäßig 0,005—0,01 % Sauerstoff) vermögen unter Wasserdampfbildung mit dem Wasserstoff zu reagieren, der durch Umsetzung des Azetylens mit dem Eisen frei wird. Der Wasserdampf ist im Stahl unlöslich und treibt das Gefüge auseinander, in ähnlicher Weise, wie dies von der Wasserstoffkrankheit des Kupfers bekannt ist, deren Ursache bekanntlich in dem Oxydulgehalt des Kupfers gesucht wird. Die Schweißrissigkeit wäre demnach als Wasserstoffkrankheit des Stahles zu bezeichnen.

Diese hier nur kurz angedeutete Anschauung von den Ursachen der Schweißrissigkeit steht in guter Übereinstimmung mit dem Ergebnis der auf S. 1 angedeuteten praktisch empirischen Maßnahmen zur Vermeidung der Schweißrissigkeit. Alle dort genannten Maßnahmen, hohe Fertigungstemperatur und energische Desoxydation, führen auch gleichzeitig zu einer Verminderung oder völligen Beseitigung der genannten gefährlichen Oxyde aus dem Stahl.

C. DIE ÜBERWACHUNG DER SCHWEISSVERBINDUNGEN DURCH VERFAHREN DER ZERSTÖRUNGSFREIEN WERKSTOFFPRÜFUNG

BEDEUTUNG UND UMFANG DER ZERSTÖRUNGSFREIEN PRÜFUNG VON SCHWEISSVERBINDUNGEN

Von Dr.-Ing. **R. Berthold**,

Reichs-Röntgenstelle beim Staatlichen Materialprüfungsamt Berlin-Dahlem

Die Prüfung von Schweißverbindungen ist heute das umfangreichste Anwendungsgebiet der Röntgendurchstrahlung. Ihr folgerichtig geleiteter und großzügiger Einsatz in der Praxis hat nicht nur die durchschnittliche Leistung des Schweißers in ungeahntem Maße verbessert (Bild 1), sondern auch zu neuen Erkenntnissen und Verbesserungen in der Schweißtechnik (Vorbereiten der Nahtflanken, Elektroden-Eignung, Meißelform) und im Entwurf schweißgerechter Konstruktionen (Form und Anbringung von Verstärkerlamellen, Zusammenlaufen von Schweißnähten, Abstand von Schweißnähten) geführt.

So ist es verständlich, daß etwa die Hälfte aller in Deutschland arbeitenden technischen Röntgen-Anlagen der Prüfung von Schweißverbindungen dient. Dazu kommt eine große Zahl transportabler Geräte für die Magnetpulverprüfung an Schweißungen, die eingesetzt wurden, um die Röntgendurchstrahlung aus Gründen der

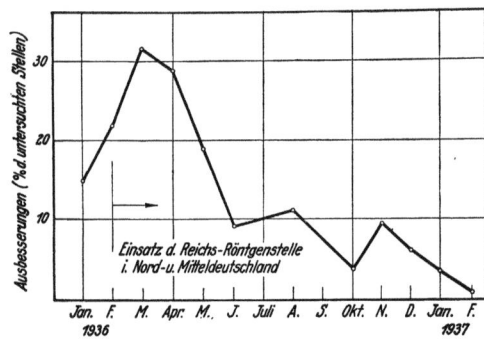

Bild 1. Die Auswirkung der Röntgen- und Magnet-Prüfung an Stahl-Überbauten auf die Güte der Schweißung (Brücken der DR und der Ges. RAB in Nieder- und Mitteldeutschland).

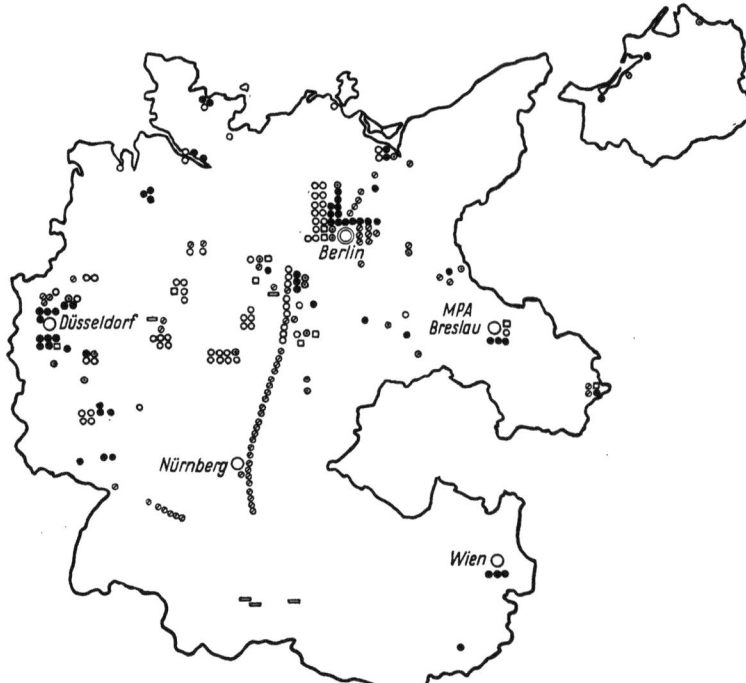

Bild 2. Außentätigkeit der Reichs-Röntgenstelle beim Staatlichen Materialprüfungsamt Berlin-Dahlem und ihrer Zweigstellen.
Untersuchungen: ⌀ an Brücken. ▫ an Hochbauten. ⊙ in Kesselhäusern. ● in Werkstätten. ▭ Seilprüfungen. ○ Begutachtungen.

schnittes führen; vielmehr ist man auf eine mehr oder weniger subjektive Beurteilung des zerstörungsfrei gewonnenen Befundes angewiesen. Die Richtigkeit dieser Beurteilung ist abhängig vom Umfang der Erfahrungen, die der Gutachter aus praktischen Beobachtungen oder aus Vergleichen mit technologischen Untersuchungen sammeln konnte. Unter diesem Gesichtspunkt ist eine der wichtigsten Aufgaben der Reichs-Röntgenstelle beim StMPA.,

Fehlererkennbarkeit (Nachweis feinster Risse) oder der Wirtschaftlichkeit (dünne Bleche) zu ergänzen bzw. zu ersetzen.

Ein neues mit der Einführung zerstörungsfreier Prüfungen aufgetauchtes Problem ist die Frage der Beurteilung zerstörungsfrei gewonnener Befunde. Denn ein Röntgen- oder ein Magnetpulverbild kann nicht — wie etwa ein Zerreißversuch — zu einer eindeutigen, quantitativen Aussage über die zulässige Belastung eines Werkstück-Querschnittes führen; vielmehr ist man auf eine mehr oder

Berlin-Dahlem die Sammlung solcher Erfahrungen und die Nutzbarmachung für die Technik geworden.

Im Rahmen dieser Aufgabe wurden zunächst durch die DIN 1914 die bekannten Testkörper für die Röntgenprüfung eingeführt, um zunächst alle in Deutschland angefertigten Schweißnahtfilme hinsichtlich ihrer Güte gleichartig und ohne Kenntnis der jeweiligen Aufnahmebedingungen beurteilbar zu machen; dem gleichen Zweck sollen magnetische Testkörper dienen, die neuerdings bei der Reichs-Röntgenstelle entwickelt und der Praxis zugänglich gemacht wurden.

Der zweite Schritt war der mit befriedigendem Erfolg unternommene Versuch, eine gewisse Einheitlichkeit in der Beurteilung zerstörungsfrei gewonnener Befunde zunächst auf Teilgebieten durchzuführen. Dies geschah in der Weise, daß in zahlreichen Fällen vor oder nach der Entscheidung durch die zuständigen Abnahmestellen von Herstellern oder Behörden die Ergebnisse der Reichs-Röntgenstelle ... zur 2. Beurteilung zugeleitet wurden. Die Vorentscheidungen konnten dadurch im Laufe der Zeit auf eine einheitliche Linie gebracht werden. Die notwendigen praktischen Erfahrungen für eine solche Nachbeurteilung erhält die Reichs-Röntgenstelle ... aus der Zusammenarbeit mit den zuständigen Abteilungen des Staatlichen Material-Prüfungsamtes, Berlin-Dahlem und aus ihren eigenen praktischen Prüfungen, deren Umfang aus Bild 2 zum Teil ersichtlich ist. Auf die beschriebene Weise konnten die zerstörungsfreien Prüfverfahren bisher ohne wesentliche Rückschläge der technischen Entwicklung in Deutschland nutzbar gemacht werden in einem Umfang, dessen Stand am 1. Januar 1938 aus Bild 3 ersichtlich ist. Demgegenüber waren in England einschließlich Dominions zum gleichen Zeitpunkt etwa 100, in USA. etwa 50 Röntgenapparate in den technischen Betrieben aufgestellt.

Die folgenden Veröffentlichungen sind Zweitdrucke früherer Arbeiten, deren Ergebnisse heute noch in vollem Umfang Gültigkeit haben. Neuere Entwicklungen, die im übrigen nur wenig über den Stand dieser Arbeiten hinausgehen, sind zwar im Gange, aber noch nicht abgeschlossen.

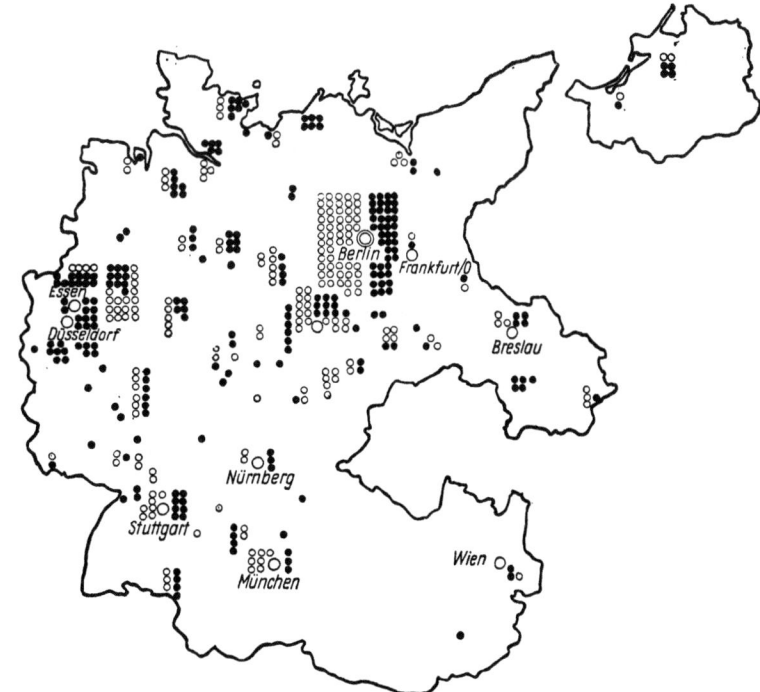

Bild 3. Verteilung der Röntgengeräte für Grobstruktur und der Magnetpulver-Geräte in Deutschland.
○ Amtliche ortsbewegliche Prüfstellen, Stand vom 1. Januar 1938.
● 259 Röntgengeräte für Grobstruktur.
○ 199 Geräte für Magnetpulver-Prüfung.

DIE PRÜFUNG VON SCHWEISSNÄHTEN[1]
Von Dr.-Ing. R. Berthold

Kein technisches Arbeitsgebiet ist in seiner Entwicklung so eng mit der Möglichkeit der Werkstoffprüfung verknüpft wie die Schweißtechnik; denn die Festigkeitseigenschaften einer Schweißnaht hängen ja nicht nur von einer Reihe technisch beherrschter Maßnahmen ab, sondern in stärkstem Maße auch von der Geschicklichkeit und dem Verantwortungsgefühl des ausführenden Schweißers. Dies aber ist ein Einfluß, den auch der beste Betriebsleiter nur unvollkommen in der Hand hat, ganz abgesehen davon, daß selbst im Rahmen der scheinbar beherrschten technischen Maßnahmen immer wieder Überraschungen auch für den erfahrensten Schweißfachmann auftreten.

Die bekannten technisch-mechanischen Prüfverfahren (Zerreißprobe, Dauer-Zug-Druck-Probe, Biegeprobe usw.) lassen zwar wertvolle quantitative Aussagen über das untersuchte Prüfstück zu; aber eine sichere Schlußfolgerung aus einigen unter besonders günstigen Bedingungen geschweißten Proben auf einige Kilometer Nahtlänge zu ziehen ist natürlich unzulässig. Eine weit umfassendere Prüfung lassen die zerstörungsfreien Verfahren zu; es bedeutet z. B. bei einer Brücke keinen ins Gewicht fallenden Aufwand, 50 m Schweißnahtlänge zu röntgen.

Dies ist der große Vorzug der zerstörungsfreien Prüfverfahren gegenüber den technisch-mechanischen Untersuchungen; ihr Nachteil ist, daß unmittelbare Rückschlüsse aus dem zerstörungsfrei gewonnenen Befund auf die Festigkeitseigenschaften der Naht unmöglich sind. Deshalb gibt es nur eine Möglichkeit befriedigender Schweißnahtprüfung: das ist die Kombination der zerstörungsfreien mit den technisch-mechanischen Verfahren derart, daß zunächst in jedem Einzelfall die Beziehung zwischen zerstörungsfrei gewonnenem Befund und den Festigkeitseigenschaften von Probeschweißungen hergestellt wird und dann erst die zerstörungsfreie Prüfung des entsprechenden Bauwerkes erfolgt. Im einzelnen führt dies zu folgendem Vorgehen: Zunächst werden Probeschweißungen ausgeführt, die hinsichtlich des Werkstoffes, der Elektroden, der Art der Schweißverbindung, der Lage der Verbindung während des Schweißens und hinsichtlich der ausführenden Schweißer mit den Verhältnisse bei der endgültigen Ausführung übereinstimmen. Diese Probeschweißungen werden geröntgt und dann technisch-mechanischen Prüfungen unterworfen. Die Prüfung erstreckt sich auch auf Probeschweißungen, die sich im Röntgenbild als fehlerhaft erweisen, um den Einfluß dieser Fehler für die betreffende Schweißverbindung zu ermitteln. Damit hat man den Schlüssel für die Beurteilung der Röntgenbilder, die späterhin am fertigen Bauwerk aufgenommen werden.

[1] Der Stahlbau 1936, Heft 4, S. 25.

In vielen Fällen wird man von diesem Vorgehen dies oder jenes abstreichen können, insbesondere, wenn schon Erfahrungen hinsichtlich der Baustoffe oder der Elektroden oder der Schweißer u. dgl. vorliegen. Trotzdem bleibt der gekennzeichnete Weg immer der erstrebenswerteste und ist auf die Dauer allein geeignet, die zerstörungsfreien Prüfverfahren zu einem Hilfsmittel der Schweißtechnik, nicht zu einem Schreckgespenst der Hersteller und zu einem Drohmittel der Abnehmer zu machen.

Die folgenden Ausführungen sollen in diesem Sinne wirken, indem versucht wird, das Verständnis für den unzweifelhaften Wert der Röntgenverfahren in den Kreisen der Stahlbaufachleute zu wecken und gleichzeitig mit aller Deutlichkeit die Grenzen des Verfahrens aufzuzeigen.

1. Allgemeine Grundlagen [2]

Die Röntgenstrahlen sind elektromagnetische Wellen, wie z. B. das sichtbare Licht, nur von außerordentlich kleiner Wellenlänge (Größenordnung 10^{-8} cm). Die kleine Wellenlänge befähigt die Röntgenstrahlen, alle Körper mehr oder weniger zu durchdringen. Die Durchdringungsfähigkeit ist um so größer, je kleiner die Werkstoffdicke, das spezifische Gewicht des Prüfkörpers und je kürzer die Wellenlänge der benutzten Röntgenstrahlung sind und umgekehrt. Die Wellenlänge kann man durch Verändern der an der Röntgenröhre angelegten Hochspannung ändern, derart, daß mit Steigerung der Röhrenspannung die Wellenlänge kürzer und damit die Strahlung durchdringungsfähiger wird.

Die Abhängigkeit der Durchdringungsfähigkeit vom pezifischen Gewicht des durchstrahlten Stoffes bewirkt, daß die einen Körper mit Hohlstellen durchsetzende Röntgenstrahlung hinter den Hohlstellen größere Intensität aufweist als hinter dem vollen Querschnitt des Prüfkörpers.

Diese Intensitätsunterschiede erzeugen entsprechende Schwärzungsunterschiede auf einem photographischen Film oder Helligkeitsunterschiede auf einem Leuchtschirm.

2. Die Leuchtschirmprüfung

Der neuzeitliche Leuchtschirm [3] besteht aus einer dünnen Zinksulfid-Schicht, die unter der Einwirkung der Röntgenstrahlen gelbgrün aufleuchtet in einer von der Intensität der auffallenden Röntgenstrahlen abhängigen Helligkeit. Eine Luftblase in einer Schweißverbindung erzeugt also im Röntgen-Leuchtschirmbild einen hellen Fleck, Risse erzeugen helle Linien usw. Der dadurch gegebenen Untersuchungsmöglichkeit mit dem Leuchtschirm sind jedoch frühzeitig Grenzen gesetzt, vor allem, weil die erreichbaren Leuchthelligkeiten für das Auge zu gering sind, um kleine Helligkeitsunterschiede zu erkennen. In einer Stumpfschweiße von 10 mm Blechdicke müssen die Gasporen beispielsweise mindestens 0,6 mm ⌀ aufweisen, um eben noch erkennbar zu sein. Vollends unsicher ist die Erfassung von Bindefehlern, so daß die Leuchtschirmprüfung nur geeignet ist, um beim Anlernen von Schweißern die ausgeführten Arbeiten rasch und billig zu überprüfen und dem Lernenden grobe Fehler gleich nach der Herstellung der Schweiße sichtbar zu machen.

3. Röntgenaufnahmen auf Röntgenfilm mit und ohne Verstärkerschirm

Unser Hauptinteresse wendet sich deshalb nach wie vor den Untersuchungsmöglichkeiten zu, die durch Anwendung doppelt begossener Röntgenfilme mit oder ohne Verstärkerschirm [4] gegeben sind. Die Anwendung von Ver-

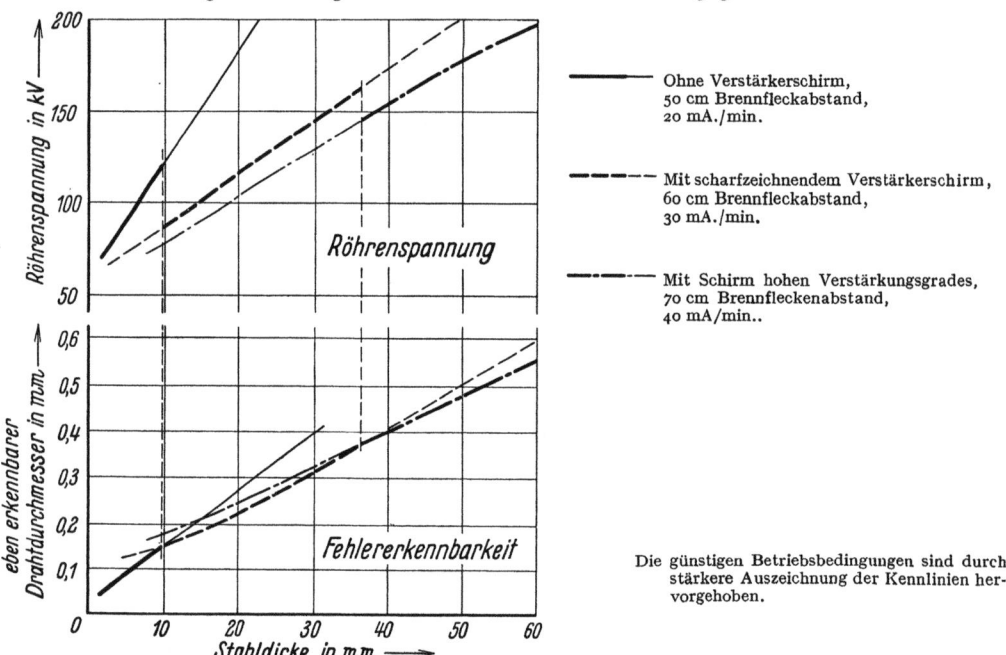

Bild 1. Betriebsdaten von Röntgenröhren in Abhängigkeit von der Stahldicke.

stärkerfolien erlaubt, die Belichtungszeiten um 1—2 Größenordnungen herabzusetzen im Verhältnis zu Aufnahmen ohne Verstärkerschirm; doch tritt zugleich eine Verschlechterung der Bildschärfe ein, die bei kleinen Werkstoffdicken (unter 8 mm Stahl) die Bildgüte spürbar herabsetzt. Darüber hinaus ist ihre Anwendung in jeder Hinsicht vorteilhaft; man verwendet bis etwa 40 mm Stahldicke scharf zeichnende, wenig verstärkende, darüber hinaus hoch verstärkende Schirme geringerer Zeichenschärfe. Bild 1 zeigt die zum Erzielen einer geeigneten Filmschwärzung notwendigen Betriebsdaten in Abhängigkeit von der Blechdicke einer Schweißverbindung. Die Betriebsdaten sind so gewählt, daß sich unter Zugrundelegung der heute auf

---

[2] Ausführlich dargestellt in Berthold, R.: Grundlagen der technischen Röntgendurchstrahlung. Leipzig 1930.

[3] Berthold, R., N. Riehl und O. Vaupel: Z. f. Metallkd. 1935, S. 63.

[4] An den Röntgenfilm beiderseits angepreßte Kalzium-Wolframat-Schichten, die unter der Einwirkung der Röntgenstrahlen aufleuchten und dadurch den Röntgenfilm schwärzen.

dem Markt befindlichen Filme und Verstärkerfolien ein brauchbarer Kompromiß zwischen Wirtschaftlichkeit und Leistungsfähigkeit des Verfahrens ergibt. Die damit erreichbaren Fehlererkennbarkeiten, gemessen an der Erkennbarkeit mitphotographierter, röhrennah aufgelegter Drähte verschiedenen Durchmesser, sind ebenfalls in Bild 1 eingetragen.

Die große Leistungsfähigkeit des Verfahrens beim Nachweis von Poren und Schlackeneinflüssen wird beim Nachweis von Rißbildungen nicht erreicht. Da der Brennfleck der Röntgenröhre eine räumliche Ausdehnung hat, so treten bei der Durchstrahlung feiner Risse Halbschattengebiete auf dem Röntgenfilm auf, die dazu führen, daß die Risse unscharf oder gar nicht auf dem Film in Erscheinung treten. Vor allem wird der Nachweis feiner Rißbildungen (Bindefehler) ganz in Frage gestellt, wenn die Röntgenstrahlen den Riß nicht in Richtung seiner Tiefenausdehnung treffen. Tafel 1 zeigt den Einfluß der eben erkennbaren Rißbreite in Abhängigkeit vom Winkel zwischen Röntgenstrahlen-Richtung und Riß-Richtung an.

Tafel 1
Kleinste röntgenographisch nachweisbare Rißbreite in Abhängigkeit vom Winkel zwischen Riß- und Strahlenrichtung. (40 mm Strahl; 6 mm Rißhöhe.)

Winkel-° . . .	5	8	10	15	20	30	60	90
Rißbreite mm.	0,03	0,06	0,09	0,13	0,16	0,21	0,32	0,40

Man muß also darauf bedacht sein, die Strahlenrichtung in die Richtung vermutlicher Bindefehler zu bringen.

Ferner treten Verschlechterungen der Bildgüte auf, wenn der Abstand zwischen der Fehlstelle und dem Röntgenfilm groß ist im Verhältnis zum Abstand Brennfleck–Fehlstelle. Auch dies ist eine Folge der Halbschattenwirkung des räumlichen Brennflecks. Das Verhältnis Abstand Brennfleck–Werkstückoberfläche zu Abstand Werkstückoberfläche–Film soll deshalb keinesfalls den Wert 6 : 1 unterschreiten.

Die Fehlererkennbarkeit wird außerdem herabgesetzt, wenn die Röntgenstrahlen sehr schräg auf den Film auffallen. Man muß deshalb bestrebt sein, den Film möglichst senkrecht zur einfallenden Strahlenrichtung anzubringen.

4. Normung

Die Einführung der Röntgenprüfung in das Abnahmewesen war die Ursache der Aufstellung von Richtlinien für die Durchführung des Röntgenverfahrens. Die Richtlinien entstanden aus der Zusammenarbeit zwischen dem Fachausschuß für Schweißtechnik und dem Ausschuß 60 beim DVM (DIN 1914)[5].

Bei der Aufstellung dieser Richtlinien ging man von der Überlegung aus, daß man ja aus keinem Röntgenfilm ohne weiteres entnehmen kann, ob die Schweißnaht gut oder der Röntgenfilm schlecht ist, weil jegliche Vergleichsmöglichkeit fehlt. In der Tat hat das Nichtbeachten dieses Umstandes dazu geführt, daß häufig ganz unberechtigte Folgerungen aus schlechten Röntgenaufnahmen gezogen werden. In den Richtlinien, die seit August 1935 Gültigkeit haben, wird deshalb vorgeschrieben, Drähte verschiedenen Durchmessers auf die zu prüfende Schweißnaht röhrenseitig aufzulegen und mit zu photographieren. Auf dem Film muß dann ein Draht eben noch erkennbar sein, dessen Durchmesser in bestimmter Weise von der Dicke der verbundenen Bleche abhängig ist. So erhält man auf jedem Film gewissermaßen die Kontrollmarke über seine Güte, ohne irgendwie die Wahl der Aufnahmebedingungen zu beengen. Es bestände noch die Möglichkeit, daß ein Hersteller versehentlich falsches Drahtmaterial benutzt; um auch dieser Möglichkeit vorzubeugen, hat der Fachausschuß für Schweißtechnik mit der Abgabe genormter Drahtstege ausschließlich die Röntgenstelle beim Staatlichen Materialprüfungsamt, Berlin-Dahlem, beauftragt. Die Drahtstege sind durch Bleikugeln nach Art und Durchmesser des Drahtmaterials gekennzeichnet (s. Tafel 2 mit Bild).

Tafel 2
Die Drahtstege nach DIN 1914 zur Überwachung der Bildgüte von Röntgen- und Gamma-Aufnahmen
(Die einzelnen Drahtstege aus je sieben Drähten sind zwischen Gummi gepreßt.)

Werkstoff des Prüfkörpers	Dicke des Prüfkörpers in mm	Werkstoff und Bezeichnung des Drahtsteges	Durchmesser der Drähte in mm	Kennzeichnung der Stege: Bleikugeln unter den Drähten	Farbe der Gummihülle
Leichtmetalle	0 bis 50	Al I	0,1/0,2/0,3..0,7	● ●	grau
	50 ,, 100	Al II	0,8/1,0/1,2..2,0	● ●●	
	100 ,, 150	Al III	1,5/2,0/2,5..4,5	● ●●●	
Eisenlegierungen	0 bis 50	Fe I	0,1/0,2/0,3..0,7	●● ●	schwarz oder blau
	50 ,, 100	Fe II	0,8/1,0/1,2..2,0	●● ●●	
	100 ,, 150	Fe III	1,5/2,0/2,5..4,5	●● ●●●	
Kupferlegierungen	0 bis 50	Cu I	0,1/0,2/0,3..0,7	●●● ●	rot
	50 ,, 100	Cu II	0,8/1,0/1,2..2,0	●●● ●●	
	100 ,, 150	Cu III	1,5/2,0/2,5..4,5	●●● ●●●	

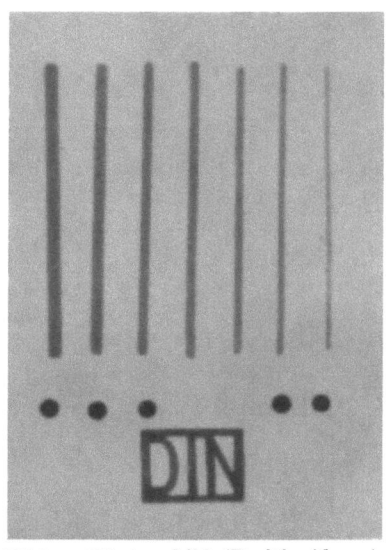

Bild 2. Röntgenbild (Positiv-Abzug) des Drahtsteges Cu II.

Die übrigen Bestimmungen der Richtlinien sind in Abschnitt 5 ausführlich behandelt.

Da sich ferner herausgestellt hat, daß die bisher üblichen Filmformate für eine wirtschaftliche Röntgenuntersuchung von Schweißnähten ungeeignet sind, wurden außerdem neue Abmessungen für Röntgenfilm, Verstärkerfolien und Kassetten genormt. Filme der neuen Abmessungen sind bereits im Handel; die genormten Abmessungen selbst sind in Tafel 3 zusammengestellt.

---
[5] Normblatt, zu beziehen durch Beuth-Verlag G. m. b. H., Berlin SW 19.

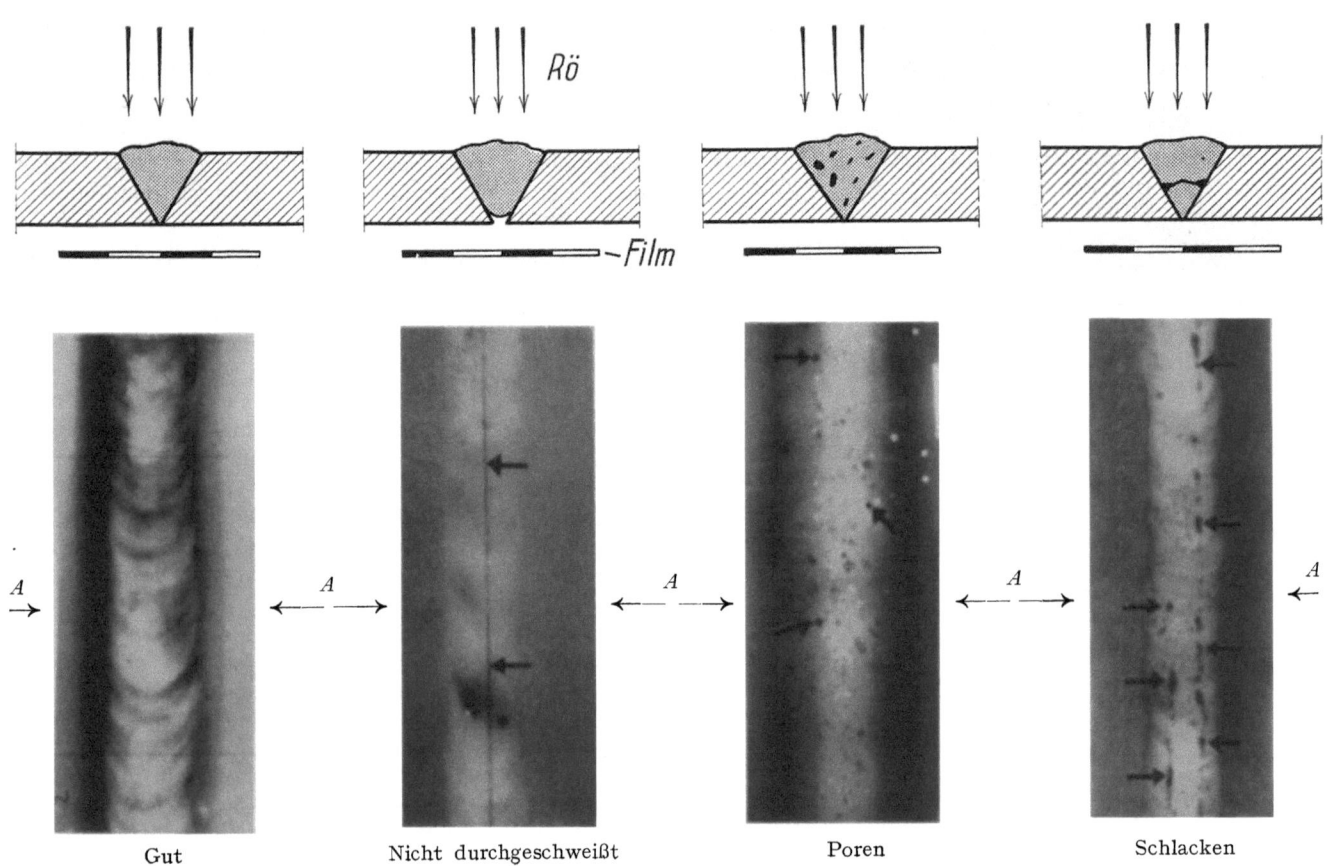

Bildtafel I

Röntgenbilder von V-Nähten mit verschiedenartigen Fehlern

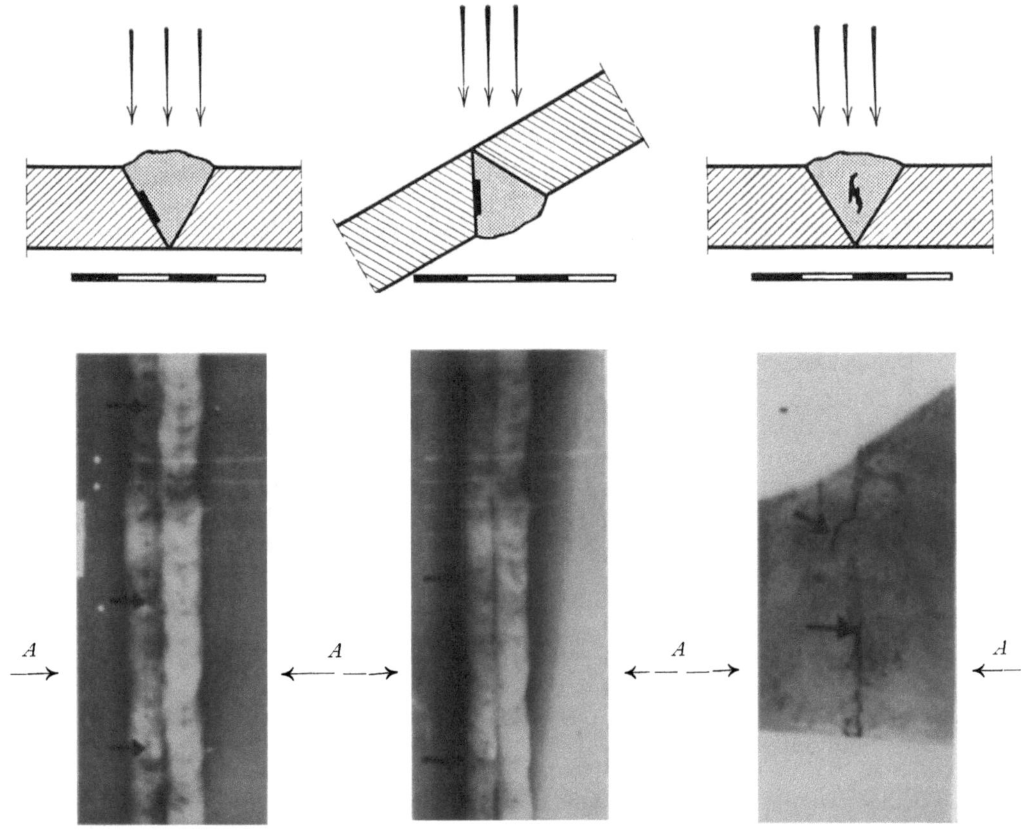

Gut — Nicht durchgeschweißt — Poren — Schlacken

Bindefehler
⊥ Platte durchstrahlt | ∥ Bindefehler durchstrahlt

Riß (Raupe abgewulstet)

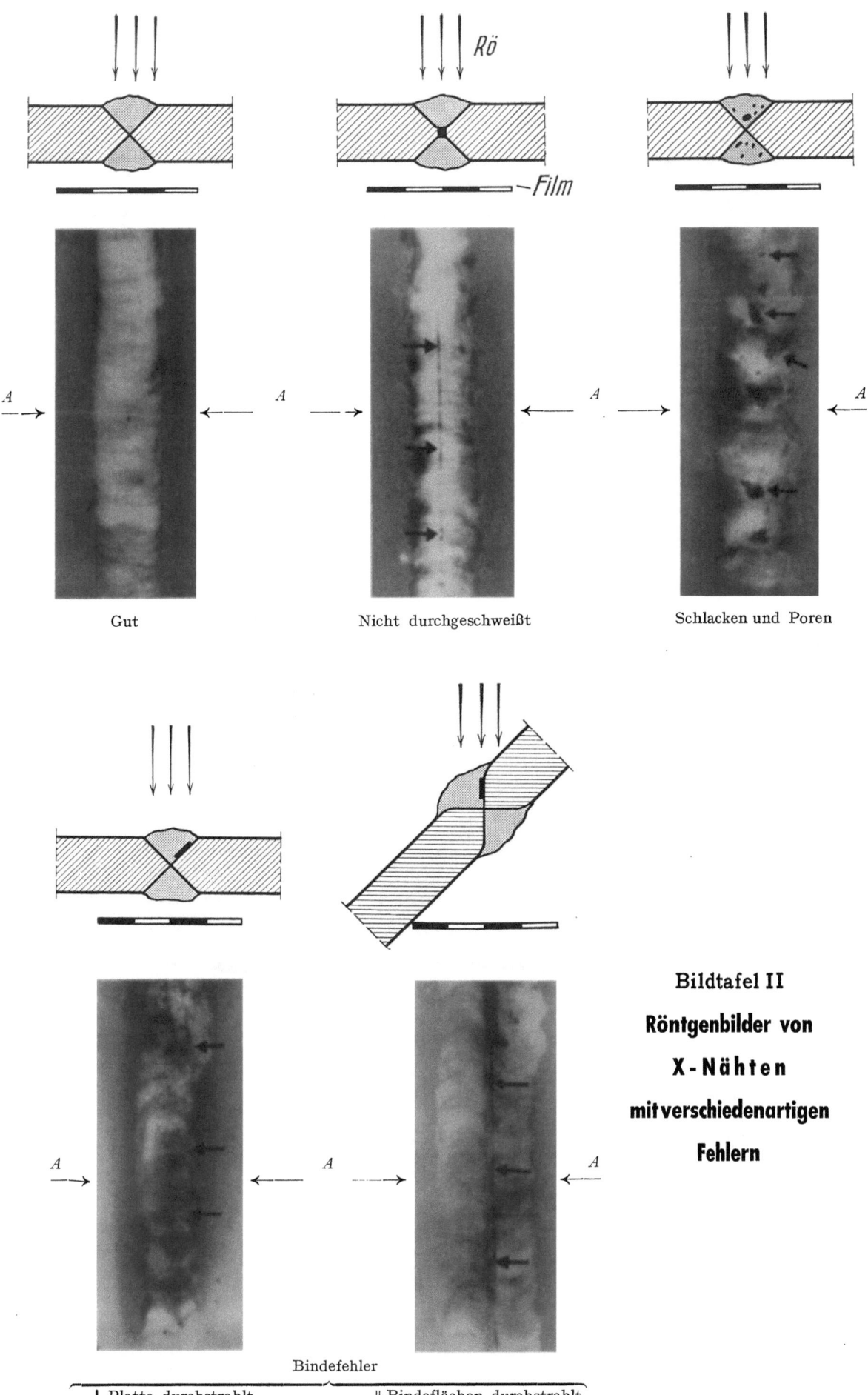

Bildtafel II
Röntgenbilder von
X-Nähten
mit verschiedenartigen
Fehlern

Bindefehler — Wurzelfehler — Riß

ohne Ausgleichkeil — mit Ausgleichkeil

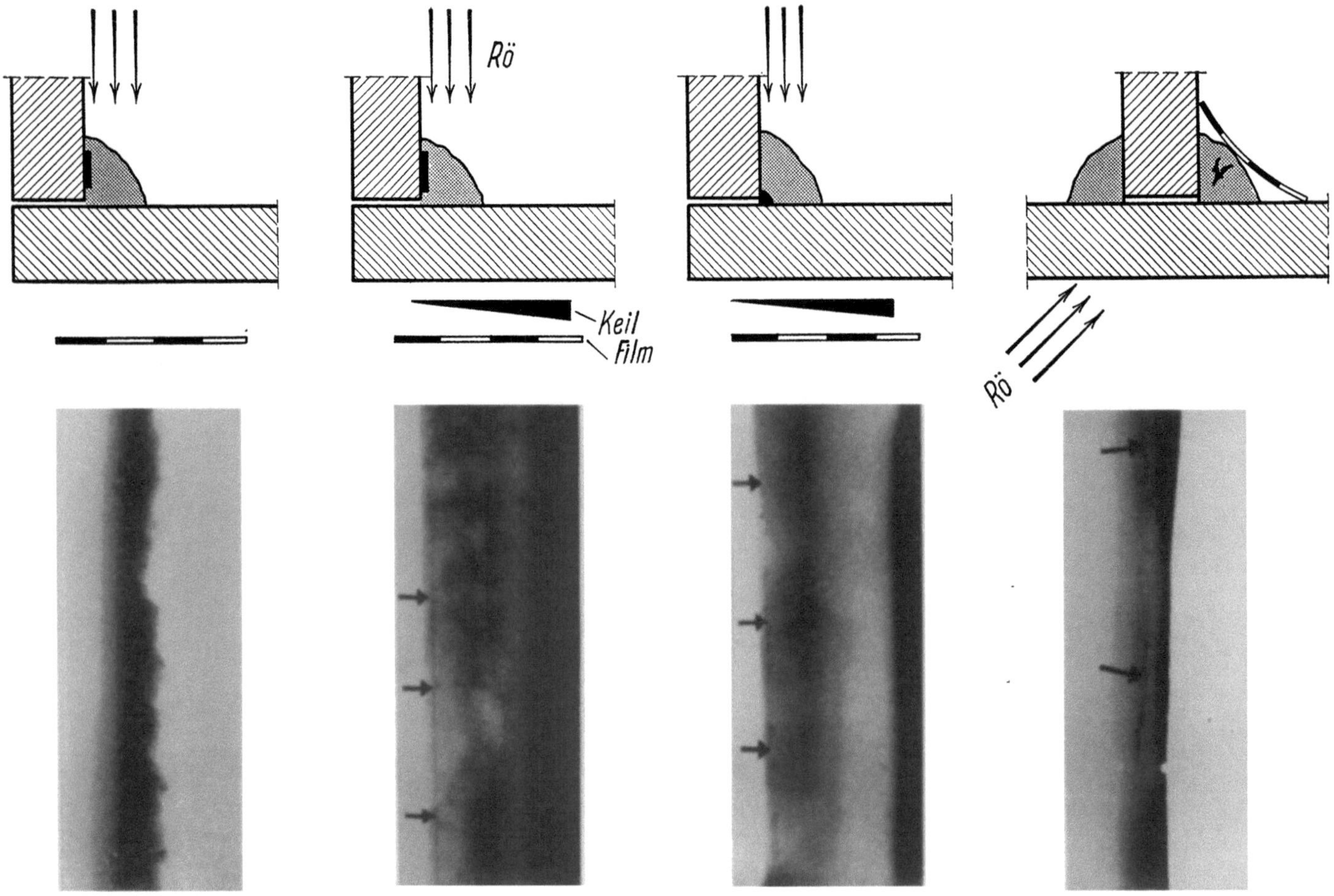

Kehl-Naht an Überlappungsverbindungen

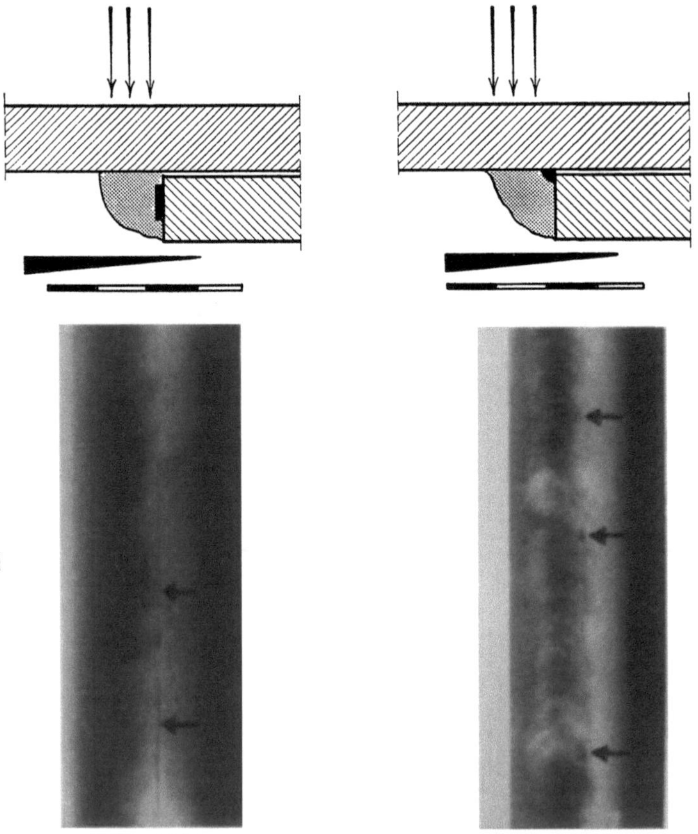

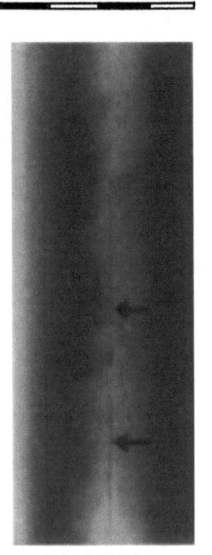

Bindefehler — Wurzelfehler

Bildtafel III

Röntgenbilder von Kehlnähten mit verschiedenartigen Fehlern

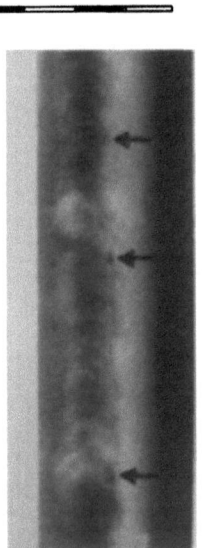

Tafel 3
Die neuen genormten Filmabmessungen für Schweißnahtaufnahmen (Nennmaße in cm)

6 × 24   6 × 48   6 × 72
10 × 24 10 × 48 10 × 72

Vorschriften für die Ausführung und den Betrieb von Röntgenanlagen zur Vermeidung von Strahlen- und Hochspannungsschäden wurden schon in den Jahren 1931 und 1933 in Zusammenarbeit der Deutschen Röntgengesellschaft mit dem DVM-Ausschuß 60 aufgestellt und haben das Aussehen moderner Röntgeneinrichtungen und Röntgenröhren in stärkstem Maße gewandelt. Es erübrigt sich, hier auf diese Vorschriften einzugehen, die im Handel erhältlich sind [6].

5. Besondere Grundlagen der Röntgenprüfung von Schweißnähten

Röntgenbilder von Schweißnähten lassen bestenfalls folgende Fehler erkennen: Poren, Schlacken, Einbrandkerben, Wurzelfehler (ungenügende Durchschweißung), Bindefehler und Nahtrisse. Für die Durchführung der Röntgenuntersuchung ist es belanglos, ob die zu prüfende Naht autogen, elektrisch oder widerstandsgeschweißt ist. Dagegen ist die geometrische Form der Schweißverbindung sowie die Lage der verbundenen Blechkanten zur Blechoberfläche ausschlaggebend für Aufnahmeanordnung und Erkennbarkeit von Schweißfehlern. Denn der Nachweis von Bindefehlern setzt nach den Ausführungen in Abschnitt 3 voraus, daß die Strahlenrichtung mit der Richtung der verbundenen Blechkanten zusammenfällt, wenn man feine Bindefehler mit genügender Sicherheit auffinden will. Diese Maßnahme ist aber durchaus nicht immer durchführbar, so z. B. bei vielen Kehlnahtverbindungen, deren Röntgenprüfung immer nur fragwürdige Ergebnisse liefern kann. Bindungsfehler zwischen den Lagen der Schweißverbindung können nicht sicher nachgewiesen werden; Warmrisse in oder neben der Schweiße treten ebenso wie Bindungsfehler nur dann in Erscheinung, wenn sie ganz oder teilweise parallel zur Strahlenrichtung verlaufen.

Für eine zweckmäßige Röntgenprüfung der verschiedenen Profile sind im folgenden Anleitungen aufgestellt, die sich eng an die Richtlinien gemäß DIN 1914 anlehnen.

Zu beachten ist hierbei, daß nach den neuen „Vorläufigen Vorschriften für geschweißte, vollwandige Eisenbahnbrücken" der Deutschen Reichsbahn-Gesellschaft vom 20. November 1935 eine Schweißnahtprüfung mittels Röntgenstrahlen für Kehlnähte nicht vorgeschrieben ist, sondern nur für Stumpfnähte gemäß Linie II der Schaubilder der zulässigen Spannungen $\sigma_{D\,zul}$ (Bild 1 und 2 der Vorschriften). Mithin fallen hierunter im allgemeinen nur die Gurt- und Stegblechstumpfstöße, sofern es sich um Nähte erster Güte handelt.

a) **I- bzw. U-Nähte**, wie sie bei Widerstandsschweißungen bzw. bei sehr dickwandigen Elektroschweißungen auftreten, sollen senkrecht zur Blechoberfläche durchstrahlt werden. Etwaige Bindefehler oder Risse liegen dann vorzugsweise in der Strahlenrichtung. Die Röntgenprüfung dieser Verbindungen gibt deshalb sehr zuverlässige Ergebnisse. Schwierigkeiten können nur bei der Röntgenprüfung

[6]) Beuth-Verlag, DIN Rönt 5 u. 6.

von Widerstandsschweißungen vorkommen, wenn eine übermäßige Raupen- oder Tropfenbildung beim Schweißvorgang eintrat und ihre Entfernung vor der Prüfung aus irgend welchen Gründen unmöglich ist.

b) **V- und X-Nähte** sollen aus Gründen der Wirtschaftlichkeit und des leichteren Ausdeutens der Aufnahmen zunächst senkrecht zur Blechoberfläche durchstrahlt werden; da aber dadurch keine Gewähr für das Auffinden von Bindefehlern gegeben ist, müssen nachträglich Schrägaufnahmen parallel der einen oder anderen Bindefläche an all den Stellen vorgenommen werden, die auf Grund des äußeren Befundes oder der Senkrechtaufnahmen verdächtig sind. Kleine Abweichungen von der Parallelität zur Bindefläche und Strahlenrichtung bis zu etwa ± 8° erscheinen zulässig. Gelegentliche Kontrollaufnahmen in Richtung der Bindeflächen sind auch ohne Verdachtsmomente zu empfehlen. Poren, Schlacken und Wurzelfehler treten am klarsten in der Senkrechtaufnahme in Erscheinung, auch Warmrisse in und neben der Naht haben bei der Senkrechtaufnahme die größte Nachweiswahrscheinlichkeit (vgl. Bildtafeln 1 u. 2).

c) **Kehlnähte bei Überlappungsverbindungen** sollen zweckmäßig längs der einen röntgenographisch allein zugänglichen Bindefläche durchstrahlt werden. Kleine Ungenauigkeiten der Winkeleinstellung beeinträchtigen auch hier den Nachweis von Bindefehlern nicht merklich. Der Film soll auf der Seite der Schweißverbindung liegen, weil die Abbildungsschärfe um so größer ist, je kleiner der Abstand der Fehlstelle vom Film ist.

Die bei dieser Untersuchung auftretenden Wanddickenunterschiede verursachen meist untragbar große Schwärzungsunterschiede auf dem Röntgenfilm, so daß über- oder unterbelichtete Stellen zwangsläufig auftreten. Dies ist durchweg der Fall, wenn das Verhältnis der durchstrahlten Blechdicken nicht kleiner als 1,5 ist (bei der Verbindung von zwei gleich dicken Blechen durch eine Kehlnaht ist das Verhältnis 2,0). Um einen Ausgleich der Schwärzungen zu erzielen, ist die Verwendung eines Zinnkeiles in der Anordnung gemäß Bildtafel 3 zu empfehlen. Ist das zu durchstrahlende Grundblech der Kehlnahtverbindung mehr als etwa dreimal so dick wie die Höhe der Schweißnaht, so erübrigt sich die Röntgenprüfung, weil die erreichbare Fehlererkennbarkeit zu gering ist.

d) **Kehlnähte von T-Verbindungen** können nach den Richtlinien DIN 1914 unter beliebigem Winkel zur Schweißraupenfläche durchstrahlt werden; man muß sich aber dabei klar sein, daß eventuelle Bindefehler auf diese Art nicht aufgefunden werden können. Deshalb wird die Durchstrahlung längs einer Bindefläche in den Richtlinien empfohlen. Hierbei ist nach den Erfahrungen des Verfassers die Durchstrahlung unter einem Winkel von etwa 10° vorteilhaft, weil Wurzel- und Bindefehler im Röntgenbild leichter getrennt werden können. Häufig sind jedoch Durchstrahlungen längs einer Bindefläche bei T-Verbindungen unmöglich, weil das Anbringen des Films in der Nähe der Schweiße oder die passende Röhreneinstellung nicht erreichbar sind. In diesen Fällen kann häufig die Güte der Naht einigermaßen befriedigend aus Aufnahmen unter etwa 30 oder 45° zur Schweißraupenfläche beurteilt werden. Insbesondere treten bei diesen Aufnahmen Poren, Schlacken, Wurzelfehler und gelegentliche Schweißrisse (an Heftstellen) deutlich in Erscheinung. Die Durchstrahlung von z. B. T-Verbindungen in Richtung der Blechfuge ist zwecklos, weil die Blechfuge auf alle Fälle als Bindefehler in Erscheinung tritt.

Die Prüfung von Kehlnähten zwischen dickwandigen

Gurtplatten und Stegblechen hat nur dann Aussicht auf Erfolg, wenn die Dicke der Gurtplatte das Dreifache der Schweißnahthöhe nicht überschreitet. In allen Fällen der Kehlnahtprüfung, in denen das Verhältnis in der Durchstrahlungsrichtung das Verhältnis 1,5 übersteigt, ist ein Dickenausgleich durch einen Zinnkeil zu empfehlen (vgl. Bildtafel 3).

e) Überlappte Preßschweißungen (Wassergasnähte) sollen senkrecht zur Blechoberfläche durchstrahlt werden. Man hat dann zwar nur die Möglichkeit, unverbundene Stellen an den Ausläufen der Überlappung und Warmrisse zu finden, wenn diese als Folge der Herstellung in oder neben der Schweißnaht auftreten. Bindefehler im mittleren Verlauf der Schweißung aufzufinden, ist meist unmöglich; leider gelingt es auch nur in wenig Fällen, die Strahlenrichtung so schräg zu legen, daß sie ungefähr mit den schlecht definierten Bindeflächen zusammenfällt. Zur Erhöhung der Fehlererkennbarkeit wird empfohlen, die Schweißverbindung vor der Prüfung mit dem Sandstrahlgebläse zu reinigen.

Ein weiterer Bericht über technische Hilfsmittel und praktische Anwendungen folgt.

EIN NEUES HILFSMITTEL FÜR SCWEISSNAHTPRÜFUNGEN [1]
Von Dr.-Ing. R. Berthold und F. Gottfeld

Die zerstörungsfreie Prüfung von Schweißnähten war bisher fast ausschließlich der Röntgendurchstrahlung vorbehalten. Dieses Verfahren hat der Schweißtechnik weit mehr genützt, als man ursprünglich zu hoffen wagte; heute ist der Röntgenapparat der unentbehrliche Helfer der Brückenbauanstalten geworden. In zwei Richtungen bewegen sich die Vorteile, die das Röntgenverfahren für die Sicherheit der Schweißverbindungen bietet:

Erstens vermittelt das Röntgenbild sinnfällige Erkenntnisse sowohl über die Eignung von Elektroden und den zu verschweißenden Werkstoff, als auch über die Zweckmäßigkeit des Schweißvorganges, insbesondere der Schweißfolge. Zweitens ist die Röntgenprüfung als Mittel zur Erziehung und Überwachung der ausführenden Schweißer von unschätzbarem Wert.

Leider gibt es einige Fälle, in denen die Röntgendurchstrahlung grundsätzlich versagen muß: das ist die Prüfung solcher Schweißverbindungen, in denen stark wechselnde oder sehr große Wanddicken auftreten (z. B. Kehlnähte an Verstärkungsplatten), und die Prüfung von Schweißnähten auf feinste Rißbildungen unbekannter Richtung.

Hier kann nun ein neues Verfahren zweckmäßig benutzt werden, das den Vorzug großer Billigkeit in seiner Anwendung hat, das sog. Magnetpulververfahren.

Das Verfahren

Beim Magnetpulververfahren wird ein Magnetfeld in dem zu prüfenden Werkstück erzeugt. Wo die magnetischen Kraftlinien auf einen Riß, einen Bindefehler od. dgl. stoßen, entstehen Nord-Süd-Pole, an denen sich aufgestreutes oder in Petroleum aufgeschlämmtes Eisenpulver ansammelt und so das Vorhandensein des äußerlich unsichtbaren Fehlers anzeigt. Allerdings ist die Tiefenwirkung des Verfahrens nicht groß; der Fehler muß vielmehr in oder nahe der Oberfläche liegen, um sicher angezeigt zu werden. Auch ist das Verfahren nicht empfindlich beim Nachweis von Poren, Schlackeneinschlüssen und derartigen allmählich einsetzenden Querschnittsänderungen. Dafür ist es eben außerordentlich empfindlich auch gegenüber den feinsten Rißbildungen, selbst wenn sie zu klein sind, um mit der Lupe gesehen zu werden, oder wenn sie sich durch darüber gelagerte Oxyd- oder Farbschichten der unmittelbaren Betrachtung entziehen.

Voraussetzung für die Polbildung und damit für den Fehlernachweis ist, daß die rißartigen Fehlstellen nicht genau parallel zur Kraftlinienrichtung verlaufen. Liegt also über die Richtung der Fehler keine begründete Vermutung vor, so muß eine Magnetisierung in zwei zueinander senkrechten Richtungen im Werkstück erfolgen.

Die Dicke des zu untersuchenden Prüfkörpers spielt keine große Rolle, da die Fehlererkennbarkeit vor allem von der Art und Tiefenlage des Fehlers und — wenn auch weniger — von der Oberfläche des Prüfkörpers abhängt.

Man hat früher zur Erzeugung des notwendigen Magnetfeldes ausschließlich Elektromagnete benutzt, zwischen deren Polschuhe das Werkstück, also in diesem Fall die Schweißverbindung, gelegt wurde. Es hat sich jedoch vielfach als einfacher und zweckmäßiger erwiesen, die notwendige Feldstärke zur Magnetisierung des Prüflings dadurch zu erzeugen, daß man einen kräftigen elektrischen Strom durch ihn hindurchschickt. Dieser Strom erzeugt zwangläufig eine sog. Ringmagnetisierung, da ja jede Strombahn mit einem Ringmagnetfeld verknüpft ist. Als vorteilhaft hat sich die Benutzung von Wechselstrom erwiesen; als Folge der bei Wechselstrom auftretenden Stromverdrängung entstehen dann kräftige Magnetfelder, insbesondere an der Oberfläche des Prüfkörpers.

Bild 1.

[1] Der Stahlbau 1937, Heft 4, S. 31.

Die technischen Hilfsmittel

Zur Durchführung des Verfahrens genügt ein kleines Gerät mit einem Gesamtgewicht von etwa 16 kg, das Anzapfungen für verschiedene Zweitspannungen aufweist, um die Stromstärke grob regulieren zu können. Ein solches Gerät ist in Bild 1 zu sehen. Bewegliche Kupferkabel führen die Tiefspannung zu Elektroden, die auf die Schweißnaht aufgesetzt werden. Nach Einschalten der Wechselspannung fließt ein in einem Amperemeter angezeigter Kurzschlußstrom durch die Naht und erzeugt das notwendige Ringmagnetfeld. Die Entfernung zwischen den Elektroden soll im allgemeinen 15 cm nicht überschreiten. Auf die Naht wird ein feinkörniges Eisenpulver aufgeschüttet, das zur Verringerung der Reibungswiderstände in Öl aufgeschlämmt ist. Man kann damit Untersuchungen auch an Stehnähten oder überkopf vornehmen; im letzten Falle

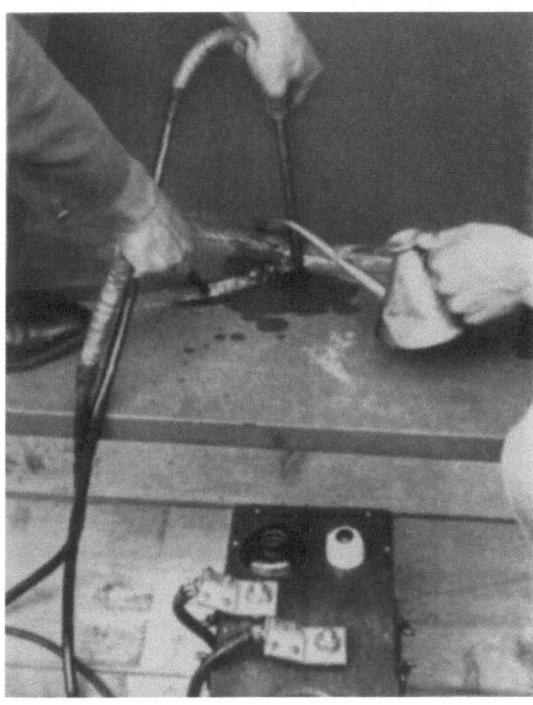

Bild 2.

wird nach Einschalten des Stromes das Metallöl gegen die Untersuchungsstelle gespritzt.

Wenn die Schweißraupe nicht mit einem Sandstrahlgebläse oder einer Schleifmaschine blank gemacht wurde, so verwendet man nicht schwarzes, sondern beispielsweise grün gefärbtes Eisenpulver.

Die Anzeige von eventuell vorhandenen Rissen wird durch Unebenheiten der Schweißwulste nicht beeinträchtigt. Es ist auch nicht unbedingt notwendig, die Naht blank zu machen; dagegen müssen allerdings die Kontaktstellen mindestens von Farbe frei sein.

Die Anwendung

Die Anwendung des Verfahrens erstreckt sich vor allem auf:

1. Schweißnahtabschnitte, die ihrer Lage nach Rißbildungen erwarten lassen (z. B. Stellen, an denen verschiedene Nähte zusammentreffen),

2. Schweißnahtabschnitte, die wegen ihrer Lage, der großen oder sehr wechselnden Materialdicke röntgenographisch nicht erfaßbar sind (z. B. Kehlnähte an Verstärkungsplatten),

3. Auskreuzungen an Schweißnahtabschnitten, in denen röntgenographisch Risse oder Bindefehler erkannt wurden,

4. Ursprungsmaterial (Stehbleche, Gurtplatten, insbesondere Nasenprofile), in denen Spannungsrisse oder Ziehfehler vermutet werden.

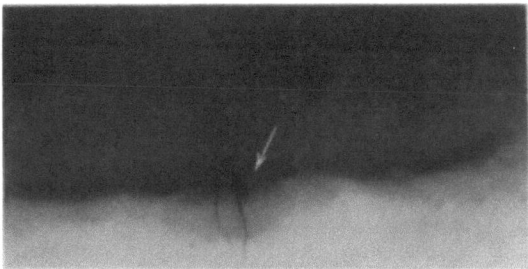

Bild 3.

Zu 1. Bild 2 zeigt die Durchflutungsprüfung eines Nahtabschnittes, an dem die Kehlnaht der Verstärkungsplatte in die Halsnaht des Dörnenprofils einmündet. Schon die Röntgenuntersuchung des betreffenden Bauwerks hatte gelegentlich an dieser Stelle Querrisse gezeigt, die sich bis ins Stehblech hinein fortsetzen (s. Bild 3). Nun ist gerade an dieser Stelle die Röntgenprüfung in Richtung der Gurtplatte oder in Richtung der Kehlnaht praktisch undurchführbar; um sich Sicherheit über Umfang und Ausdehnung solcher Rißbildungen zu verschaffen, mußte das Durchflutungsverfahren herangezogen werden. Die Magnetprüfung ergab, daß sich ein großer Teil der Risse bis zu 18 cm Länge in der Kehlnaht der Verstärkungsplatte weiterzogen (vgl. Bild 4). Glücklicherweise konnte festgestellt werden, daß die Risse nicht in die Gurtplatten gehen. Die Risse im Stehblech wurden abgebohrt; die Sicherheit, ob die Rißbildung nicht über das Bohrloch hinausgeht, verschaffte man sich wiederum durch magnetische Prüfung. Dabei wurde, wie bei der entsprechenden Nietlochprüfung an Hochdrucktrommeln, durch das Bohrloch eine Elektrode hindurchgesteckt, mit dem Gegenpol verbunden und nach Einschalten des Stromes die Wände des Bohrloches mit Metallöl bespült.

In ähnlicher Weise wurden Untersuchungen auch an einem anderen Bauwerk stichprobenweise durchgeführt, an dem sehr schwierige Ausbesserungen der Schweißnaht vor-

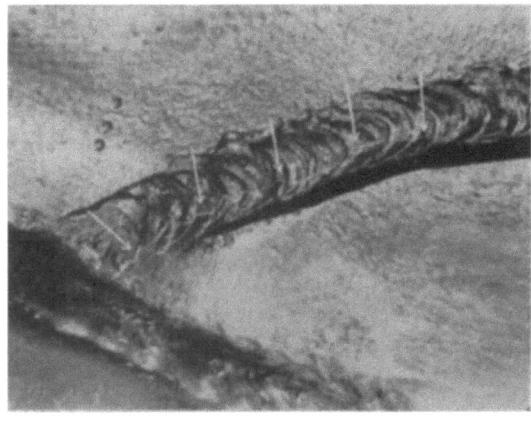

Bild 4.

genommen worden waren. Auch in diesem Falle konnte leicht festgestellt werden, daß an einer Stelle eine weit verzweigte Rißbildung als Folge der Schweißnahtausbesserung aufgetreten war.

Zu 2. Dieser Fall wurde schon unter 1. mitbehandelt.

Zu 3. Stellen, die auf Grund des Röntgenbefundes Risse oder Bindefehler zeigen, werden zweckmäßigerweise während des Ausschleifens oder Auskreuzens durch wiederholte magnetische Nachprüfung überwacht. Es hat sich nämlich gezeigt, daß die Ursache für das wiederholte Auftreten von Rissen bei Ausbesserungen häufig darin liegt, daß die Risse nicht in vollem Umfang ausgekreuzt oder ausgeschliffen waren. Bild 5 zeigt eine ausgeschliffene Stelle in einer Halsnaht. Der Querriß, der im Röntgenbild erkannt wurde, ist nach dem Entfernen des Schweißgutes immer noch vorhanden; er geht tief in die Profilnase hinein. Dieser Riß war ebensowenig wie die meisten anderen Risse weder mit dem Auge noch mit der Lupe zu erkennen, da durch das Ausschleifen das Material oberflächlich verschmiert worden war. Beim Ausstemmen von Fehlstellen können solche Risse häufig auch trotz langem Ätzen nicht festgestellt werden, wenn nämlich die Risse durch das verstemmte Material überdeckt werden. Auch beim Ausschleifen waren bisher Ätzungen notwendig, die unter Umständen recht lange dauern und, wie die Erfahrungen an genie-

Bild 5.

teten Kesseltrommeln gezeigt haben, nicht immer die Risse einwandfrei erkennbar machen.

Zu 4. Einen Fall, in dem die Magnetprüfung sehr nützlich war, zeigen Bild 6a und 6b. Hier wurde röntgenographisch ein Riß in der Stehblechnaht festgestellt. Er wurde hierauf angebohrt; die Magnetprüfung zeigte jedoch, daß der Riß weiterging, und zwar über die Halsnaht bis in die Gurtplatte. Der Riß wurde dann in der Gurtplatte vorläufig abgebohrt.

Derartige Feststellungen, daß nämlich Risse, ausgehend von Schweißungen, sich überraschend tief ins Ursprungsmaterial erstrecken, wurden in der letzten Zeit fast ausschließlich mit dem Durchflutungsverfahren gemacht, weil eben hier das Röntgenbild im allgemeinen versagen muß.

Dabei fand man mitunter in Halsnähten eine überraschende Anhäufung feiner Querrisse im Röntgenbild. Ob diese Risse lediglich in der Schweißnaht liegen oder sich in das Material erstrecken, ließ sich auf Grund des Röntgenbildes nicht angeben. Hier mußte die Naht entfernt werden,

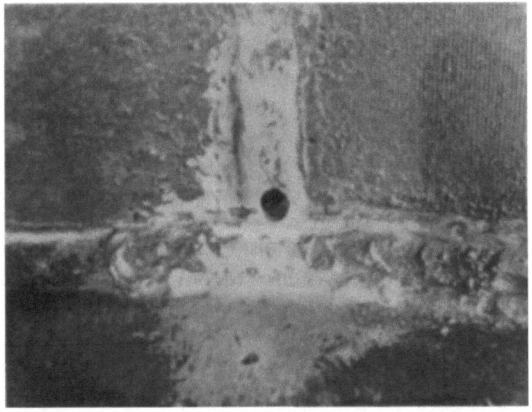

Bild 6a.

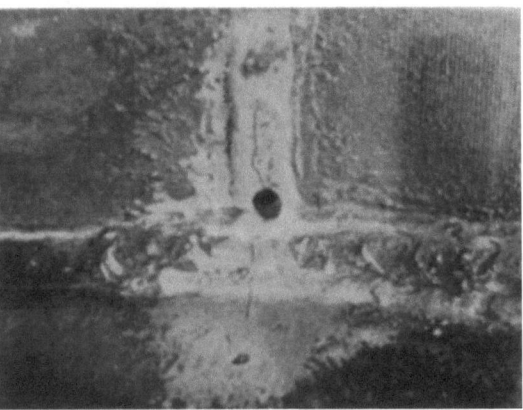

Bild 6b.

und zwar bis zum Ursprungsmaterial. Dabei konnte magnetisch festgestellt werden, daß im Ursprungsmaterial stellenweise zahlreiche feinste Querrisse von höchstens 10 mm Länge, jedoch in Häufungen bis zu 20 Rissen auf einer Strecke von 50 mm auftreten. Die Beseitigung derartiger Risse kann nur durch Abschleifen der Profilnasen erfolgen, in denen solche Fehlstellen, wenn auch glücklicherweise selten, sitzen. Derartige Querrisse verursachen große Schwierigkeiten beim Verschweißen von Halsnähten, und es erscheint daher wünschenswert, Nasenprofile, die bei der Herstellung großen Verformungen ausgesetzt waren und aus hochwertigem Material bestehen, mindestens stichprobenweise auf Längs- und Querrisse magnetisch zu untersuchen.

WURZELFEHLER BEI STUMPFNÄHTEN AN GESCHWEISSTEN STAHLÜBERBAUTEN[1]

Von Dipl.-Ing. W. Kolb,

Zweigstelle Nürnberg der Reichs-Röntgenstelle beim Staatlichen Materialprüfungsamt Berlin-Dahlem

In einer früheren Veröffentlichung[2] wurden grundlegende Mitteilungen über die Röntgenprüfung von Schweißnähten, insbesondere im Stahlbau, gemacht. Unterdessen haben die Reichs-Röntgenstelle beim Staatlichen Materialprüfungsamt Berlin-Dahlem und ihre Zweigstellen im Reich in Gemeinschaft mit den Obersten Bauleitungen der Kraftfahrbahnen die Röntgen-Werkstoffprüfung in umfassendem Maße zur Überwachung der Montage geschweißter Stahlüberbauten eingesetzt. Dabei wurde eine Reihe wertvoller Erkenntnisse gewonnen, die gelegentlich mitgeteilt werden sollen, um einerseits an der Vorbereitung verfahrensmäßiger Verbesserungen mitzuhelfen, andererseits die ausführenden Firmen zu eigenen weiteren Beobachtungen anzuregen.

Im folgenden wird über eine in verschiedenen Spielarten auch bei angeblich sorgfältigster Ausführung zur Überraschung der Hersteller immer wieder auftretende Fehlererscheinung, den sog. Wurzelfehler bei Stumpfnähten und seine Ursachen, berichtet. Es kann sich dabei sowohl um Hohlräume handeln als auch um Schlackeneinschlüsse oder Kaltschweißstellen (Bindungsfehler). Gemeinsam ist diesen Fehlern, daß sie in der Nahtwurzel, dem Ausgangspunkt der Schweißung, oder wenigstens in deren unmittelbarer Nähe zu suchen sind.

A. Stumpfnähte ohne Abschrägung der Nahtflanken

Von untergeordneter Bedeutung sind im allgemeinen Schweißverbindungen nach Bild 1, die nur für kleine Blechdicken bei geringer Beanspruchung in Frage kommen. Die Nahtflanken werden nicht abgeschrägt. Der Vollständigkeit halber sei diese Verbindungsart hier erwähnt, zumal Gelegenheit gegeben war, an einem Bauwerk hochbeanspruchte Zugstäbe (Flachstäbe St 37; 70 mm breit, durchschnittlich 10 mm dick) zu untersuchen, die in fehlerhafter Weise nach Bild 1 anstatt als X-Nähte nach Bild 3 geschweißt waren.

Die Schweißung wurde senkrecht mit Schmelzmantelelektroden ausgeführt, der Abstand der Stoßenden betrug durchschnittlich 3 bis 4 mm, war allerdings in einzelnen Fällen auch wesentlich größer.

Der Röntgenbefund ergab fast bei allen so geschweißten Zugstäben erhebliche Schlackeneinschlüsse zwischen den Stoßenden (Bild 6)[3]. Die Einschlüsse hätten immerhin teilweise vermieden werden können, wenn nach Fertigstellung der einen Nahtseite wenigstens von der anderen Nahtseite her ausgekreuzt worden wäre. Die größtenteils von der Elektrodenumhüllung herrührende geschmolzene Schlacke setzte sich vor allem bei den Stößen mit ab-

normal großer Fugenbreite zwischen den Nahtflanken fest und wurde vom Elektrodenwerkstoff einfach überdeckt. Die Schwächung der Naht war dadurch teilweise so erheblich, daß infolge von Schrumpfspannungen (die durch unzweckmäßige Schweißfolge hervorgerufen waren) an einzelnen Schweißungen durchgehende Rißbildungen eintraten (R in Bild 7), noch ehe die Zugstäbe belastet wurden. Bild 8 gibt zum Vergleich die Röntgenaufnahme einer der ausgebesserten, nachträglich als X-Naht ausgeführten einwandfreien Zugstabschweißungen wieder.

B. V-Nähte, wurzelseitig nicht nachgeschweißt

Bei Blechdicken von höchstens 5 mm, die nur geringer Beanspruchung unterworfen sind, kommt im allgemeinen die wurzelseitig nicht nachgeschweißte V-Naht (Bild 2) zur Anwendung. Diese Nähte brauchen an sich nach den „Vorläufigen Vorschriften für geschweißte, vollwandige Eisenbahnbrücken" und den „Vorschriften für geschweißte, vollwandige, stählerne Straßenbrücken DIN-Entwurf 1. E 4101"[4] als Stumpfnähte II. Güte nicht geröntgt zu werden. Immerhin ist in den Ausführungsbestimmungen der „Vorschriften" darauf hingewiesen, daß die Bindung zwischen Schweißwerkstoff und Mutterwerkstoff bei allen Schweißnähten auch im Scheitel der Naht einwandfrei sein soll, d. h. also, daß die Naht gut durchgeschweißt werden muß, ohne daß allerdings eine Nachschweißung der Wurzel bei Nähten II. Güte verlangt wird.

Als schlecht sind demnach Verbindungen nach Bild 9 anzusprechen, bei denen die Wurzel völlig unverschweißt geblieben ist. Nicht selten findet man, daß ein solcher Wur-

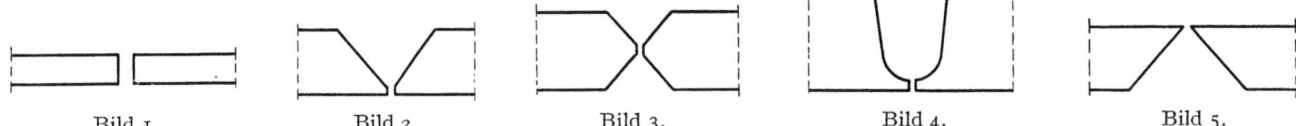

Bild 1. Bild 2. Bild 3. Bild 4. Bild 5.

zelfehler sich in der Röntgenaufnahme nicht in der bekannten Weise als scharfe Linie, sondern im Gegenteil als Aufhellung abzeichnet. Bei solchen Nähten wurde die unverschweißte Wurzel beim ersten Anstrich der Brücke mit Bleimennige[5] ausgefüllt, so daß der Fehler bei einer rein äußerlichen Besichtigung nicht entdeckt werden konnte.

C. V-Nähte, wurzelseitig nachgeschweißt, X- und U-Nähte als Schweißverbindungen I. Güte

Wurzelfehler müssen im allgemeinen sorgfältig ausgebessert werden, sobald es sich um Schweißnähte I. Güte handelt, denn die durch Wurzelfehler hervorgerufene innere Kerbwirkung vermag vor allem die Dauerfestigkeit der Schweißverbindung erheblich herabzusetzen[6]. Die drei Nahtformen (Bild 2 bis 4) können hinsichtlich des Auftretens von Wurzelfehlern gemeinsam behandelt werden, da der Arbeitsvorgang in der Nahtwurzel fast immer der-

---

[1] Der Stahlbau 1937, Heft 13, S. 100.
[2] S. 81—88 dieses Heftes.
[3] In den Bildern bedeuten: W = Wurzelfehler mit Schlacke, R = Rißbildung, E = Einbrandkerb, B = Bindefehler, S = Schlacke.
[4] Elektroschweißung, 1936, S. 128.
[5] Schwermetalle und Schwermetallverbindungen schwächen die Röntgenstrahlung mehr als z. B. gleiche Schichtdicken von Stahl.
[6] Graf, Stahlbau (6) 1933 S. 81.

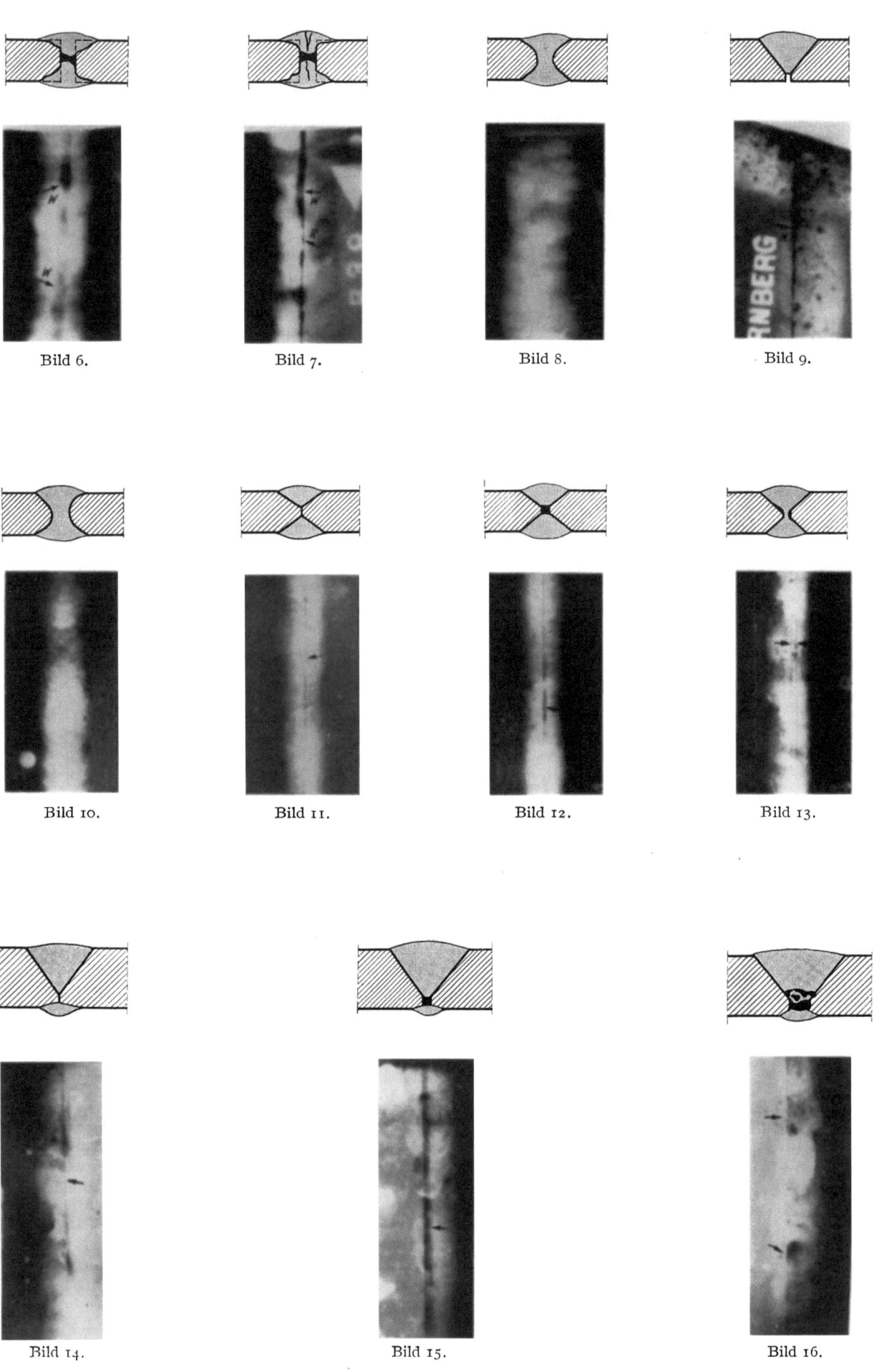

Bild 6. Bild 7. Bild 8. Bild 9.

Bild 10. Bild 11. Bild 12. Bild 13.

Bild 14. Bild 15. Bild 16.

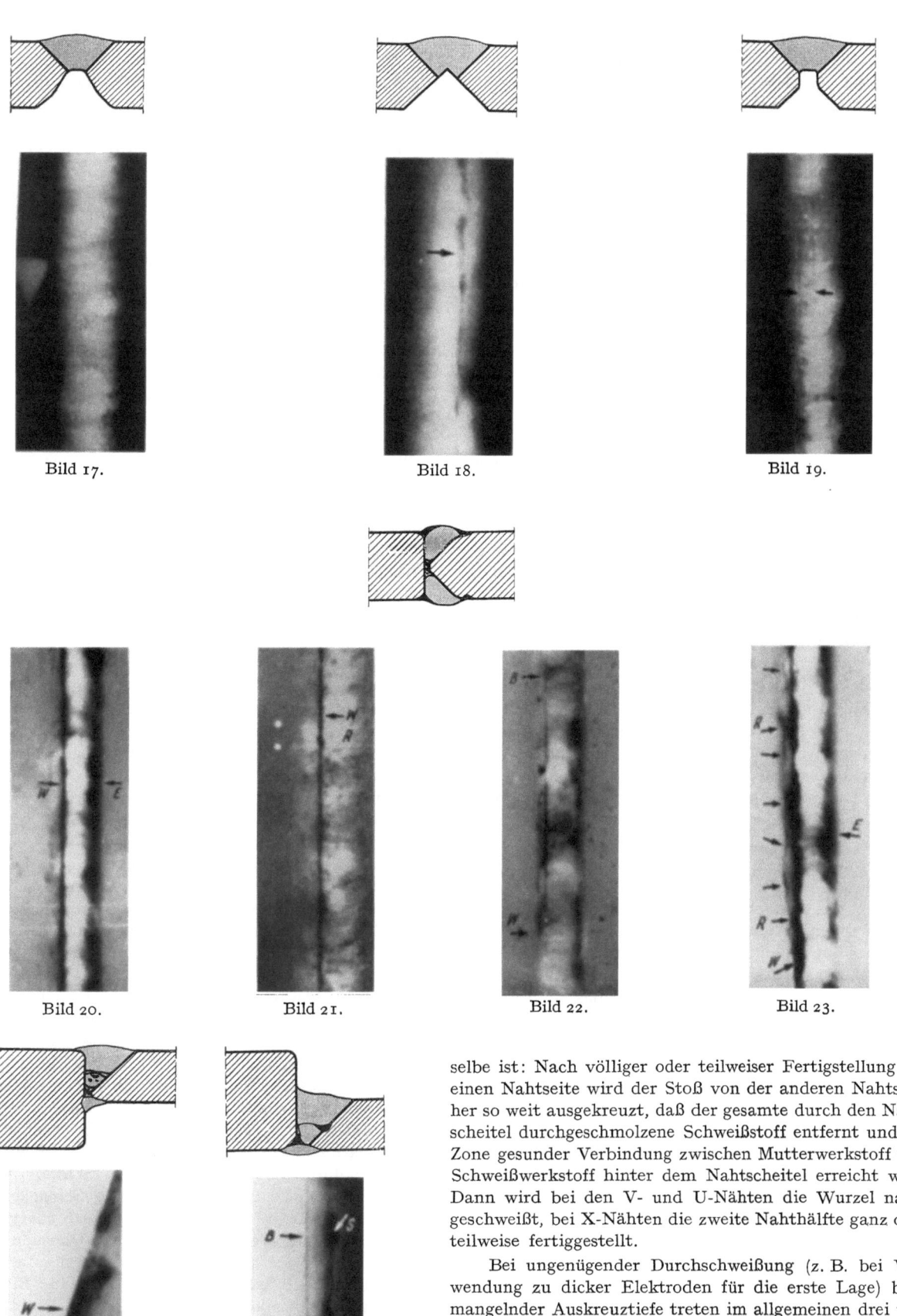

Bild 17. Bild 18. Bild 19.

Bild 20. Bild 21. Bild 22. Bild 23.

Bild 24. Bild 25.

selbe ist: Nach völliger oder teilweiser Fertigstellung der einen Nahtseite wird der Stoß von der anderen Nahtseite her so weit ausgekreuzt, daß der gesamte durch den Nahtscheitel durchgeschmolzene Schweißstoff entfernt und die Zone gesunder Verbindung zwischen Mutterwerkstoff und Schweißwerkstoff hinter dem Nahtscheitel erreicht wird. Dann wird bei den V- und U-Nähten die Wurzel nachgeschweißt, bei X-Nähten die zweite Nahthälfte ganz oder teilweise fertiggestellt.

Bei ungenügender Durchschweißung (z. B. bei Verwendung zu dicker Elektroden für die erste Lage) bzw. mangelnder Auskreuztiefe treten im allgemeinen drei verschiedene Arten von Wurzelfehlern auf, die in den Bildern 11 bis 13 schematisch dargestellt und in den Röntgenbildern wiedergegeben sind (Werkstoff: St 37; Walzblech, 14 mm dick).

Bei zusammengepreßten, im Nahtscheitel nicht bis zur Spitze abgeschrägten Stoßenden bleibt in der Wurzel ein schmaler, unverschweißter Spalt bestehen, der sich im

Röntgenbild als gerade, scharfe Linie unterschiedlicher Schwärzung kennzeichnet (Bild 11).

Bei größerem Abstand der Stoßenden füllt sich die im Nahtscheitel entstehende Fuge mehr oder weniger mit Schlacke, im Röntgenbild als dunkles, unregelmäßig geschwärztes Band erkenntlich (Bild 12).

Es kann ferner vorkommen, daß der Schweißwerkstoff die Scheitelfuge zwar völlig durchdringt, diese aber nur ungenügend aufgeschmolzen wird. Dann kommt dort eine homogene Verbindung zwischen Schweißwerkstoff und Mutterwerkstoff nicht mehr zustande. Es entstehen zwei parallel nebeneinander herlaufende feine Bindungsfehler, deren Abstand ungefähr gleich der Fugenbreite ist (Bild 13).

In Bild 10 ist zum Vergleich wiederum die Röntgenaufnahme einer einwandfreien X-Naht wiedergegeben. Die Bilder 14 u. 15 zeigen entsprechende Fehlererscheinungen bei V-Nähten (Gurtblechschweißungen, St 37; Walzblech, 24 mm dick).

Die günstigste Stoßentfernung beträgt erfahrungsgemäß etwa 3 bis 4 mm. Bei größeren Stoßentfernungen (in manchen Fällen schlechter Zurichtung mußten Spalte bis zu 12 mm Breite durch die ersten Lagen überbrückt werden) sollte die erste Lage nicht mit den im Brückenbau im allgemeinen verwendeten Schmelzmantelelektroden geschweißt werden, da das Schmelzbad wegen seiner Dünnflüssigkeit leicht durchsackt und der Spalt sich wegen des gleichzeitigen Aufschmelzens und Abtropfens der Nahtflanken noch verbreitern würde. Das nicht immer durchführbare Unterlegen einer Kupferplatte ermöglicht zwar bei geschickter Elektrodenführung auch ein Schließen größerer Fugen mit Schmelzmantelelektroden, es entsteht aber dabei ein sehr breites, dünnflüssiges Schmelzbad mit großer Querschrumpfung.

Es ist in diesem Falle zu empfehlen, zur Schweißung der ersten Lagen bis zur Schließung der übermäßig großen Nahtfuge blanke oder leicht getauchte, abgenommene Elektroden zu verwenden. Diese ergeben ein dickerflüssiges und rascher erstarrendes Schmelzbad. Nicht selten benutzt der Schweißer dazu blanke, nicht abgenommene Elektroden, im guten Glauben, diesen geringwertigeren Werkstoff beim rückwärtigen Auskreuzen wieder entfernen zu können und damit doch den „Vorschriften" zu genügen, die zur gesamten Bauausführung nur geprüfte und abgenommene Schweißdrahtsorten zulassen. Daß dies nicht ohne weiteres gelingt, zeigt Bild 16, eine einzige von vielen ähnlich aussehenden Röntgenaufnahmen gleichartiger Schweißungen. Die erste Lage ist schlecht durchgeschweißt und vor allem von starken Schlackeneinschlüssen durchsetzt, die durch das Auskreuzen nur zu einem ganz geringen Teil entfernt worden waren.

Es ist zweckmäßig, für alle Montagearbeiten, bei denen sonst Schmelzmantelelektroden verwendet werden, immer eine Anzahl abgenommener, nicht umhüllter Elektroden (z. B. Seelenelektroden) bereitzuhalten. Wichtig ist vor allem, daß die Schweißer in der Lage sind, beide Elektrodensorten einwandfrei zu verarbeiten.

Es wird gelegentlich vorgeschlagen, auf das Brechen der Kanten im Nahtscheitel ganz zu verzichten und die Bleche an der Abschrägung scharf auszuhobeln (Bild 5). Bei Verwendung von Schmelzmantelelektroden besteht aber die Gefahr zu starken Durchschmelzens und Durchsackens des Schmelzbades. Dadurch wird der auch im Interesse der Vermeidung allzu großer Schrumpfungserscheinungen erstrebenswerte gleichmäßige Fortgang der Schweißung erschwert. Wenn grundsätzlich auf genügend tiefes Auskreuzen geachtet wird, verliert diese Frage an Bedeutung.

Noch ein Wort zur Praxis des Auskreuzens, dessen richtige Ausführung auf der Baustelle häufig dem Ermessen des Schweißers allein überlassen bleibt. Das Grundrezept des Schweißers lautet: Es muß so lange ausgemeißelt werden, bis der Span sich nicht mehr teilt (bei einer Nahtform nach Bild 11 oder 13) oder bis die ausgekreuzte Stelle nicht mehr „staubt". Der „Staub" rührt bei einer Schweißverbindung nach Bild 12 von der durch die Meißelhiebe zertrümmerten Schlacke her. Dies richtig zu beurteilen, setzt natürlich große Übung voraus. Selbst erfahrene Schweißer sind vor Täuschungen und Irrtümern nicht sicher, sobald z. B. Schlackeneinschlüsse, Hohlräume und Kaltschweißstellen in der Nahtwurzel bei Verwendung stumpfer Werkzeuge zugestemmt oder beim Ausschleifen mit ungeeigneten Schleifscheiben zugeschmiert werden. Obwohl der Fehler noch in der Nahtwurzel vorhanden ist, hat der Schweißer doch den Eindruck, daß die Wurzel einwandfrei gesäubert sei. Es überrascht, des öfteren feststellen zu müssen, daß die Schweißer auf den Baustellen oft nur recht mangelhaft mit Werkzeugen ausgerüstet sind und nicht selten gar keine Möglichkeit besteht, die Meißel einwandfrei nachzuschleifen und nachzuhärten.

Um die Gefahr ungewollten Zustemmens von Fehlern in der Nahtwurzel möglichst einzuschränken, ist eine Firma dazu übergegangen, diese zunächst im Groben auszukreuzen, den letzten Span mit einem aber tragbaren Fräsgerät mit biegsamer Welle und Formfräser wegzunehmen. Der etwas größere Arbeitsaufwand machte sich durch Erzielung sehr sauberer, fehlerfreier Schweißungen und Vermeidung von Nacharbeiten bezahlt. Andere Firmen teilen mit, daß sie mit dem Nachschleifen der ausgekreuzten Stellen, vor allem auch bei Ausbesserungen, ausgezeichnete Ergebnisse erzielt haben. Ob nun nachgefräst oder nachgeschliffen wird, in beiden Fällen hängt der Enderfolg der Arbeit in erster Linie von der einwandfreien Beschaffenheit der verwendeten Werkzeuge ab.

Das Nachfräsen oder Nachschleifen hat aber noch einen weiteren Vorzug. Die Form der zum Auskreuzen verwendeten Meißel und damit die Form der entstandenen Mulde in der Nahtwurzel ist nämlich nicht ohne Bedeutung für die Güte der Wurzelverschweißung. Gelegentlich wird versucht, mit einem Spitzmeißel oder mit einem Nutenmeißel die Nahtwurzel möglichst schnell herauszunehmen. Im ersteren Fall ergibt sich eine Spitzkerbe oder es entstehen bei breiterem Auskreuzen einzelne nebeneinanderliegende mehr oder weniger tiefe Riefen. Bei Verarbeitung von Schmelzmantelelektroden, vor allem von solchen mit ungleichmäßiger Umhüllung, kann es vorkommen, daß diese Riefen oder Kerben durch den vorfließenden Schlackenfluß ausgefüllt und bei ungenügendem Aufschmelzen durch den Lichtbogen vom Schweißwerkstoff überdeckt werden. Es entstehen dann Schlackenzeilen, wie sie Bild 18 zeigt. Ähnlich zeichnen sich zugestemmte Schlackeneinschlüsse im Röntgenbild ab. Die nach Bild 19 ausgestemmte Nute gibt ähnlich wie bei der in Bild 13 dargestellten Schweißverbindung leicht zu Bindungsfehlern an einer oder beiden senkrechten Nahtflanken Anlaß.

Eine nach Bild 17 ausgekreuzte Naht, eine leicht ausgerundete, nach außen sich öffnende Mulde ohne Kerben und Riefen ist erfahrungsgemäß am günstigsten. Das läßt sich aber gerade bei Entfernung des letzten Spans mit geeigneten Formfräsern oder Schleifscheiben verhältnismäßig leicht erreichen.

D. Sonderformen von Stumpfnahtverbindungen

Zu den Stumpfnahtschweißungen können noch einige Sondernahtformen gezählt werden, wie sie gelegentlich z. B. zum Einschweißen von Querträgern, Konsolen u. a. bei Stahlüberbauten zur Anwendung kommen. Für Stegblechschweißungen ist eine Nahtform nach Bild 20, die sogenannte K-Naht, bekannt, zum Anschluß von Querträgergurtblechen an die meist dickeren Hauptträgergurtbleche Nahtformen nach Bild 24 u. 25. Gemeinsam ist diesen Ausführungsarten, daß eine der beiden Nahtflanken nicht abgeschrägt wird. Sofern eine lastverteilende Wirkung der Querträger bei der Berechnung des Bauwerks berücksichtigt ist, wird im allgemeinen neben sonstiger einwandfreier Ausführung der Naht eine sorgfältige Verschweißung der Nahtwurzel verlangt.

Eine Reihe von Röntgenuntersuchungen an K-Nähten an einem größeren Bauwerk (Werkstoff: St 37; Walzblech, 14 mm dick) ergab, daß neben schlechter Wurzelverschweißung und starken Einbrandkerben in zahlreichen Fällen an der senkrechten Nahtflanke Bindungsfehler nachzuweisen waren, die, wie bei der Öffnung dieser Nähte festgestellt wurde, fast alle in Wurzelnähe lagen und in den Wurzelfehler direkt übergingen. Die Nähte waren auch hier so sehr durch die Schweißfehler geschwächt, daß starke Rißbildungen, insbesondere in der Zugzone der Schweißnähte, auftraten, deren Verlauf meistens durch die als Kerbe wirkenden Wurzel- und Bindungsfehler erzwungen war, was zu einem geradlinigen Durchreißen der Nähte in der Ebene der senkrechten Nahtflanke führte (Bild 21). Nur in wenigen Fällen ging der Rißverlauf aus dieser Ebene heraus und folgte dann der am Übergang von Schweißnaht zum Mutterwerkstoff entstandenen Einbrandkerbe (Bild 23). Alle diese Schweißungen wurden durch X-Nähte ersetzt.

Bemerkenswert ist an der in Bild 22 wiedergegebenen Röntgenaufnahme, daß in der Nahtwurzel plötzlich helle Stellen auftreten. Dort sind zurückgebliebene Mennigereste eingeschlossen worden, obwohl der Schweißer versucht hatte, den Bleimennigeanstrich an den Nahtflanken mit dem Autogenbrenner „abzubrennen". Nach dem Abbrennen hätten die Nahtflanken noch abgeschliffen oder sorgfältig abgekratzt werden müssen.

Ein grober, an gleichartigen Schweißungen verschiedentlich festgestellter Wurzelfehler ist in Bild 24 wiedergegeben. Neben der äußerst schlecht verschweißten Nahtwurzel sind weitere breite Schlackeneinschlüsse zu erkennen, die wegen ihrer Wurzelnähe zwischen der ersten und zweiten Lage zu suchen sind (Werkstoff: St 37; Walzblech, 16/30 mm dick).

Eine Verbindungsart nach Bild 25 ist gegenüber der in Bild 24 gezeigten Nahtform insofern günstiger, als die Wurzel leichter ausgekreuzt und nachgeschweißt werden kann. Immerhin zeigt die in Bild 25 wiedergegebene Röntgenaufnahme einer solchen Naht, daß schwere Fehler auftraten, die selbst bei tieferem Auskreuzen nicht vollständig hätten entfernt werden können (Werkstoff: St 37; Walzblech, 16/33 mm dick). Die ganze Naht wird von einem starken Bindungsfehler durchzogen, der in einen breiten Wurzelfehler ausläuft. Neben dem Bindungsfehler zieht sich eine breite und tiefe Schlackenrinne hin. Die Öffnung dieser Naht ergab, daß die ganze erste Lage an der senkrechten Flanke nur „angeklebt" war und in der Wurzel Schlacken eingeschlossen waren. Der Bindefehler hatte eine Tiefenausdehnung von 4 bis 5 mm, das waren rd. 30 % der Querträger-Gurtblechstärke. Die breite, parallel zum Bindefehler verlaufende Schlackenrinne wurde als mit Schlacke gefüllte und nachher überschweißte Einbrandkerbe der ersten Lage erkannt. Es fiel auf, daß diese Fehler reihenweise auftraten, während entsprechende Nähte an anderen Querträgerreihen vollkommen fehlerfrei waren. Offenbar wurde die fehlerhaften Nähte von einem Schweißer hergestellt, der nicht in der Lage war, die gerade bei der Schweißung der ersten Lage und bei Verwendung von Schmelzmantelelektroden verhältnismäßig starke magnetische Blaswirkung der Gleichstrom-Lichtbogenschweißung zu meistern. Es ist deshalb anzustreben, daß vor der Ausführung eines geschweißten Stahlüberbaues die Schweißer nicht nur die in den „Vorschriften" verlangten Probeformen einwandfrei herzustellen vermögen, sondern darüber hinaus Probeschweißungen entsprechend den schwierigeren, bei der Ausführung des Bauwerks vorkommenden Nahtformen ausführen. Es empfiehlt sich ferner, auch dort, wo solche Sonderformen von Stumpfnahtverbindungen als Schweißnähte II. Güte zur Anwendung kommen, mindestens stichprobenweise Röntgenuntersuchungen durchzuführen, nachdem die Erfahrung eine verhältnismäßig große Häufigkeit von Wurzelfehlern und wurzelnahen Bindefehlern ergab. Eine Schweißnaht nach Bild 25 ist selbst als Schweißnaht II. Güte nicht mehr brauchbar, da über die mangelnde Wurzelverschweißung hinaus durch den Bindefehler fast ein Drittel des Nahtquerschnitts für die Kraftübertragung unbrauchbar gemacht wurde, ganz abgesehen von den örtlichen Spannungserhöhungen infolge der Kerbwirkung solcher Fehler.

E. Zusammenfassung

Zur Vermeidung von Wurzelfehlern bei Stumpfnähten muß auf einwandfreie Durchschweißung des Nahtscheitels bzw. genügend tiefes Auskreuzen mit guten Werkzeugen geachtet werden. Es wird empfohlen, den letzten Span nach dem Auskreuzen mit einem Formfräser oder einer geeigneten Schleifscheibe zu entfernen, um eine nach außen geöffnete, gut ausgerundete Mulde nach Bild 17 ohne Meißelkerben und Riefen zu bekommen. Dadurch wird ein gleichmäßig gutes Aufschmelzen des Nahtgrundes und der Nahtflanken erleichtert und das Auftreten von Schlackeneinschlüssen vermindert. Wo aus baulichen Gründen Sondernahtformen nach den Bildern 20, 24 und 25 unvermeidlich sind, ist vor allem auf einwandfreie Beschaffenheit der ersten eingeschweißten Lage zu achten. Die Wurzel muß sorgfältig ausgekreuzt werden. Die Nahtform nach Bild 25 ist für eine saubere Wurzelverschweißung günstiger als die Nahtform nach Bild 24. Die mit der Ausführung beauftragten Schweißer sollen vorher gleichartige Probeschweißungen herstellen, die einer genauen Prüfung zu unterziehen sind. Es erscheint im Hinblick auf die bisher an solchen Schweißnähten gemachten Erfahrungen angebracht, stichprobenweise Röntgenuntersuchungen auch dann vorzunehmen, wenn die Verbindungen zur Gruppe von Schweißnähten II. Güte gerechnet werden können.

SIEMENS MESSTECHNIK

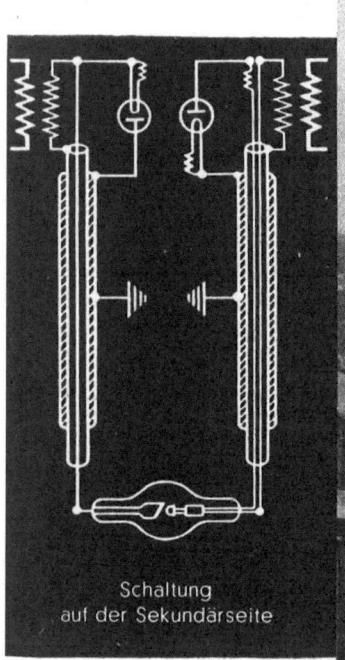

Schaltung auf der Sekundärseite

Transportable **Grobstruktur-Röntgeneinrichtungen** für den Stahlbau

zum Untersuchen von Schweißungen und Nietverbindungen an Trägern, Schienen, Bauteilen aller Art. Hochspannungsanlage zerlegbar in mehrere Einzelteile von geringen Abmessungen und niedrigem Gewicht. Leichte Handhabung, vollkommener Hochspannungs- und Strahlenschutz, widerstandsfähige, betriebssichere Bauart.

Untersuchung von Schweißnähten am Obergurt einer Brücke

SIEMENS & HALSKE AG · WERNERWERK · BERLIN-SIEMENSSTADT

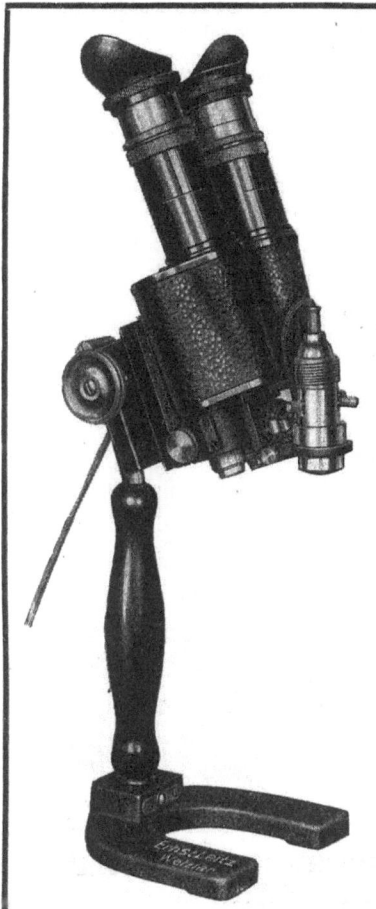

Binokulare Prismenlupe

für Schweißnaht-Untersuchungen auf Einbrand, Porigkeit und Rißbildung an der Baustelle

Ausnutzung der Sehqualitäten beider Augen

Keine Überanstrengung und Ermüdung der Augen, selbst bei Arbeiten von langer Dauer

Größere Lebendigkeit des Bildeindruckes

Volle Erhaltung der natürlichen Plastik des beobachteten Objektes

Ausgedehntes Sehfeld und großer Arbeitsabstand von ca. 20 cm

Vergrößerungen 15 × und 20 ×

Fordern Sie unverbindliches Angebot!

ERNST LEITZ · WETZLAR

Röntgenstrahlen

bei der

Materialprüfung

helfen

Werkstoffe sparen

Röntgenanlage zur Untersuchung von Schweißnähten an Kesseln und Hochdruckbehältern sowie an Brückenkonstruktionen

Rich. Seifert & Co.

Hamburg 13

 Prüfe die Leistungen des Winterhilfswerkes und vergleiche Deine Leistungen für das WHW! — Hast Du Deine Pflicht erfüllt?

Original Rockwell-Härteprüfer
Zum Prüfen aller Werkstoffe

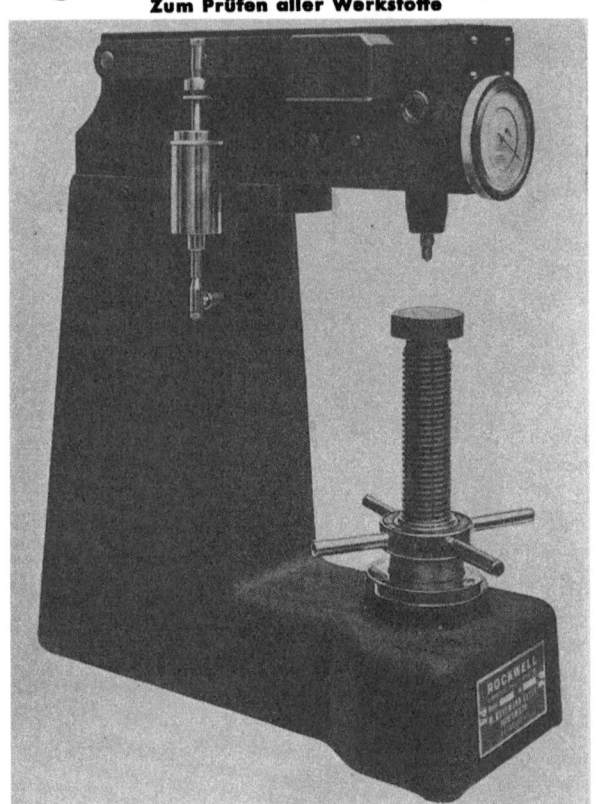

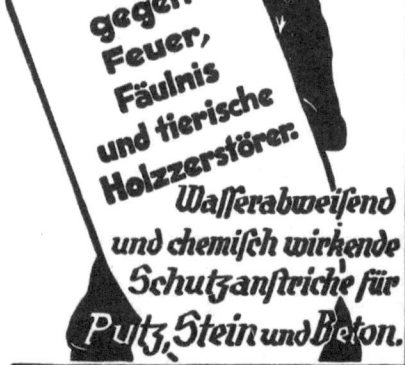

M. KOYEMANN NACHF. PUCHSTEIN & CO., DÜSSELDORF

Grundzüge der Schweißtechnik

Kurzgefaßter Leitfaden

von

Dipl.-Ing. **Theodor Ricken** VDI

Studienrat an der Höheren Technischen Staatslehranstalt für Maschinenwesen und Elektrotechnik in Frankfurt a. M.
Mit 97 Abbildungen im Text. 64 Seiten. 1938. RM 3.90

Die neuen „Grundzüge" vermitteln dem angehenden Ingenieur einen Überblick über den gegenwärtigen Stand der gesamten Schweißtechnik und ihre Anwendungsmöglichkeiten. Sie sind in erster Linie für die Schulung des technischen Nachwuchses gedacht und sollen zur Vertiefung des Vortrages und als Ersatz für ein zeitraubendes Diktat dienen. Der beschränkte Umfang des Buches verlangte eine knappe Ausdrucksweise und gestattete nicht die Behandlung von Einzelheiten. Auf eine klare, übersichtliche und leichtverständliche Darstellungsart in Wort und Bild wurde besonderer Wert gelegt. Die Grundbegriffe der Chemie und Elektrotechnik werden vorausgesetzt.

Inhaltsübersicht:

Vorwort. — **Einleitung:** Das Wesen der Schweißung. Einteilung der Schweißverfahren. Bedingungen für die Schweißbarkeit der Metalle. — **Die Preßschweißverfahren:** Die Hammerschweißung. Die elektrische Widerstandsschweißung. Die Thermitschweißung. — **Die Schmelzschweißverfahren:** Die Gasschmelzschweißung. Die Lichtbogenschweißung. Die gaselektrische Schweißung. — **Entwurf, Berechnung und Ausführung geschweißter Bauteile:** Beurteilung der Schweißnähte. — Schrumpfungen und Verwerfungen. Allgemeine Berechnung von Schweißnähten. Bezeichnung der Schweißnähte. Anwendung der Schweißung im Stahlbau. Die Schweißung im Kessel-, Behälter- und Rohrleitungsbau. Anwendung der Schweißung im Maschinen- und Fahrzeugbau. — **Sondergebiete der Schweißtechnik:** Ausbesserungsschweißungen. Dünnblechschweißung. Auftragsschweißungen. Die Schweißung von Stahlguß und Temperguß. Die Gußeisenschweißung. Die Schweißung von Nichteisenmetallen. — **Die Prüfung der Schweißnähte:** Prüfungen ohne Zerstörung der Schweißnaht. Prüfungen mit Zerstörung der Schweißnaht. — **Kostenangaben für Schweißnähte.**

VERLAG VON JULIUS SPRINGER IN BERLIN

Praktisches Handbuch der gesamten Schweißtechnik

Von

Professor Dr.-Ing. **Paul Schimpke** und Oberingenieur **Hans A. Horn**
Direktor der Staatlichen Akademie der Technik Chemnitz
Direktor der Schweißtechnischen Lehr- und Versuchsanstalt Charlottenburg

Erster Band

Gasschweiß- und Schneidtechnik

Dritte, neubearbeitete und vermehrte Auflage

Mit 347 Textabbildungen und 22 Tabellen. VIII, 300 Seiten. 1938. Gebunden RM 18.—

Inhaltsübersicht:

Einleitung: Allgemeines über Schweißen und Gasschmelzschweißung (autogene Schweißung). Die sonstigen neueren Schweißverfahren. Überblick über die Einrichtungen von Gasschweißanlagen. Die wichtigsten Eigenschaften der schweißbaren Metalle. — **Die Einzeleinrichtungen für die Gasschweißung:** Die Schweißgase. Acetylenanlagen, Schweißgeräte und deren Behandlung. Das Schweißzubehör. — **Die Technik der Gasschweißung:** Allgemeines über die Technik des Schweißens. Die wichtigsten Anwendungsgebiete der Stahlschweißung. Die Schweißung von Stahlguß. Die Schweißung von Temperguß. Die Schweißung von Sonderstählen. Die Schweißung plattierter Bleche. Die Schweißung von Gußeisen. Die Schweißung der Nichteisenmetalle. — **Das Löten mit dem Schweißbrenner:** Weichlötung, Hartlötung. — **Das Brennschneiden (autogenes Schneiden):** Grundsätzliches über das Brennschneiden. Die Schneideinrichtungen. Die Technik des Brennschneidens. Schnittleistungen. — **Die Güte der Schweißnaht und ihre Prüfung:** Allgemeiner Überblick. Prüfungen ohne Zerstörung der Schweißnaht. Prüfungen mit Zerstörung der Schweißnaht. Untersuchung von Schweißspannungen. — **Leistungen und Kosten der Gasschweißverfahren.** — **Die Förderung der Schweißtechnik.** — Sachverzeichnis.

Zweiter Band

Elektrische Schweißtechnik

Zweite, neubearbeitete und vermehrte Auflage

Mit 375 Textabbildungen und 27 Tabellen. VIII, 274 Seiten. 1935. Gebunden RM 15.—

VERLAG VON JULIUS SPRINGER IN BERLIN

Wir bauen und liefern

Prüfmaschinen und Prüfgeräte

nach den
Deutschen Normen für Portlandzement, Eisenportlandzement und Hochofenzement (DIN 1164)
Bestimmungen des Deutschen Ausschusses für Eisenbeton
Vorschriften für die Prüfung und Lieferung von Asphalt und Teer (DIN 1995/96)
Anweisungen für Mörtel und Beton (AMB) und
Anweisungen für die Abdichtung von Ingenieurbauwerken (AIB) der Deutschen Reichsbahngesellschaft
Richtlinien für Fahrbahndecken der Reichsautobahnen und anderen in- und ausländischen Vorschriften

CHEMISCHES LABORATORIUM FÜR
TONINDUSTRIE
PROF. DR. H. SEGER & E. CRAMER KOM.-GES.

**ABT. PRÜFMASCHINENBAU
BERLIN NW 21, DREYSESTR. 4.**

Die neueren Schweißverfahren. Von Prof. Dr.-Ing. **P. Schimpke**, Chemnitz. Dritte, verbesserte Auflage. (Werkstattbücher, Heft 13.) Mit 71 Abbildungen und 5 Tabellen im Text. 63 Seiten. 1932. RM 2.—

Die neueren Schweißverfahren und ihre Schweißeinrichtungen. — Technik und Anwendungsgebiete der neueren Schweißverfahren. — Schweißnahtgüte und Prüfung. — Leistungen und Kosten der neueren Schweißverfahren. — Das Brennschneiden.

Das Lichtbogenschweißen. Eine Einführung in die Technik des Lichtbogenschweißens. Von Dr.-Ing. **Ernst Klosse** VDI, Köthen (Anh.). Zweite, völlig neubearbeitete Auflage. (Werkstattbücher, Heft 43.) Mit 141 Abbildungen im Text. 61 Seiten. 1937. RM 2.—

Allgemeines: Das Eisen. Grundbegriffe der Elektrotechnik. Die elektrischen Schweißverfahren. Lichtbogen. — Schweißzubehör: Stromquelle. Elektroden. Verschiedenes. — Der geschweißte Bauteil: Die Schweißnaht. Entwurf des Schweißwerkteiles. Festigkeitsberechnung der Naht. Kostenberechnung der Naht. — Schweißarbeit: Erlernen des Schweißens. Vorbereitung der Schweißarbeit. Durchführung der Schweißarbeit. Überwachung der Arbeit. Unfallverhütung. — Prüfungen von Schweißverbindungen: Prüfungen mit Zerstörung der Naht. Prüfung mit Verschwächung der Naht. Zerstörungsfreie Prüfverfahren. — Amtliche Bestimmungen: DIN-Blätter. Sonstige Vorschriften.

V e r l a g v o n J u l i u s S p r i n g e r i n B e r l i n

---

Durometer

DUROMETER

Apparat für die Härteprüfung nach Rockwell und Kugeldruckproben von 15,6 bis 250 kg Belastung

DURANDO

Original Brinellpresse für Kugeldruckproben von 187,5 bis 3000 kg Belastung

Verlangen Sie unsere Druckschriften

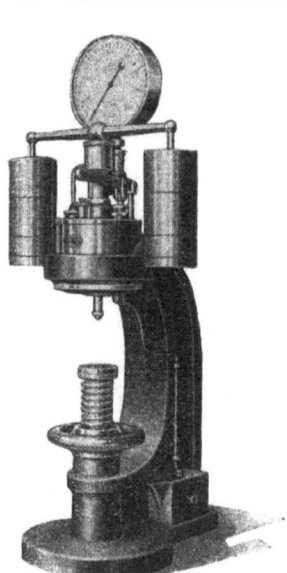

Durando

Reparaturen und Überholungen von Kugeldruckpressen „Alpha"
werden in unserem Betrieb sorgfältig und preiswert ausgeführt

P. F. DUJARDIN & CO., DÜSSELDORF 74

If you have any concerns about our products,
you can contact us on
ProductSafety@springernature.com

In case Publisher is established outside the EU,
the EU authorized representative is:
**Springer Nature Customer Service Center GmbH
Europaplatz 3, 69115 Heidelberg, Germany**

Printed by Libri Plureos GmbH
in Hamburg, Germany